U0185072

材料科学与工程著作系列

HEP Series in Materials Science and Engineering

高等学校教材

液态金属
结构与性质

Atomic Structures and Properties
of Liquid Metals

王海鹏 等 编著

高等教育出版社·北京

图书在版编目（ＣＩＰ）数据

液态金属结构与性质／王海鹏等编著．--北京：
高等教育出版社，2021.7
ISBN 978-7-04-056444-0

Ⅰ.①液… Ⅱ.①王… Ⅲ.①液体金属-结构 Ⅳ.
①TG111.4

中国版本图书馆 CIP 数据核字（2021）第 136743 号

Yetai Jinshu Jiegou yu Xingzhi

策划编辑 刘占伟	责任编辑 刘占伟 任辛欣	封面设计 姜磊	版式设计 王艳红
插图绘制 于 博	责任校对 张 薇	责任印制 赵义民	

出版发行	高等教育出版社	咨询电话 400-810-0598
社　　址	北京市西城区德外大街 4 号	网　　址 http：//www.hep.edu.cn
邮政编码	100120	http：//www.hep.com.cn
印　　刷	北京中科印刷有限公司	网上订购 http：//www.hepmall.com.cn
开　　本	787mm × 1092mm　1/16	http：//www.hepmall.com
印　　张	23.25	http：//www.hepmall.cn
字　　数	440 千字	版　　次 2021 年 7 月第 1 版
插　　页	5	印　　次 2021 年 7 月第 1 次印刷
购书热线	010-58581118	定　　价 79.00 元

本书如有缺页、倒页、脱页等质量问题，请到所购图书销售部门联系调换
版权所有　侵权必究
物 料 号　56444-00

主要符号及其物理含义

a	anisotropy constant	各向异性常数
a	coefficient for antitrapping current	反截留系数
a_0	atomic spacing	原子间距
a^{L}	function related to Gibbs-Thompson coefficient, liquidus slope, two-phase contact angle and two-phase volume ratio	与 Gibbs-Thompson 系数、液相线斜率、两相接触角和两相体积比有关的函数
$\boldsymbol{a}$	acceleration	加速度
A	surface area	表面积
$A(z)$	function related to coil structure	与线圈结构相关的函数
$\boldsymbol{A}$	magnetic vector potential	磁矢势
b	coherent scattering length	相干散射长度
$\boldsymbol{B}$	magnetic flux density	磁通量密度
B_o	Bond number	Bond 数
c	velocity of light	光速
c_{lm}	modal coefficient for describing the droplet shape	液滴形态的模态系数
C	solute concentration	浓度
C_0	solute concentration of liquid metal	液态金属的溶质浓度
C_{f}	characteristic parameter of flow inside liquid metal	液态合金内部流动的特征参数
C_1	molarity of solute in the matrix	基体中溶质的摩尔浓度

C_L	solute concentration in liquid phase	液相溶质浓度
C_L^e	equilibrium concentration of liquid phase at solid-liquid interface	固-液界面处液相平衡浓度
C_m	average molarity	平均摩尔浓度
C_p	specific heat under constant pressure	定压比热容
C_{pg}	specific heat of cooling gas	冷却气体的比热容
C_p^i	specific heat of pure metal i	组元 i 的比热容
C_p^L	specific heat capacity of undercooled liquid alloy at contant pressure	过冷液态金属的比热容
C_{pL}	specific heat of liquid under constant pressure	定压液相比热容
C_{pS}	specific heat of solid under constant pressure	定压固相比热容
C_S	solute concentration in solid phase	固相的溶质浓度
C_S^e	equilibrium concentration of solid phase at solid-liquid interface	固-液界面处固相平衡浓度
C_v	specific heat capacity at constant volume	定容比热容
C_β	the molarity of the solute in a second phase droplet	第二相液滴中的溶质摩尔浓度
C^*	solute content at the front of solid-liquid interface	固-液界面前沿的溶质含量
C_0^*	the length of the eutectic phase transition temperature plateau	共晶相变温度平台的长度
CN	nearest neighbor coordination number	配位数
CN_{ij}	partial nearest neighbor coordination number	偏配位数
ΔC_p	specific heat difference under constant pressure	定压比热容差
$\Delta C_{\alpha/\beta}$	the difference in the solute concentration between α/β phase and the liquid phase at the front of the solid-liquid interface	固-液界面前沿 α/β 相与液相的溶质浓度差值

d	sample diameter	样品直径
d	droplet diameter	液滴直径
d_e	the equatorial diameter of droplet	液滴的赤道直径
d_s	the diameter of at d_e height from origin	距离原点高度 d_e 处的直径
D	solute diffusion coefficient	溶质扩散系数
$\boldsymbol{D}_e$	electric displacement	电位移矢量
D_t	thermal diffusivity	热扩散系数
D_L	diffusion coefficient of solute in liquid phase	液相溶质扩散系数
D_S	solute diffusion coefficient in solid phase	固相溶质扩散系数
E	total energy of thermal radiation	热辐射总能量
$\boldsymbol{E}$	electric field strength	电场强度
E_a	activation energy	黏性流动活化能
E_c	bottom of conduction band	导带底
E_D	activation energy of diffusion	扩散激活能
E_g	forbidden band width	禁带宽度
E_n	energy level	能级
E_v	top of valence band	价带顶
f	evolution function of droplet surface shape	液滴表面形状演化方程
f	free energy density	自由能密度
f_A	free energy density of A component	组元 A 的自由能密度
f_c	the first derivative of free energy density f with respect to solute concentration C	自由能密度 f 关于溶质浓度 C 的一阶导数
f_{CC}	the second derivative of free energy density f with respect to solute concentration C	自由能密度 f 关于溶质浓度 C 的二阶导数

f_l	eigen frequency of lth-order droplet oscillation	l 阶液滴振荡的本征频率
f_L	liquid fraction	液相分数
f_R	2 order characteristic oscillation frequency of electromagnetic levitated droplet	电磁悬浮液滴的 2 阶轴对称振荡特征频率
f_{tr}	the mean translational frequency of droplet	液滴质心平均平移频率即低频段的频峰均值
f_V	volume fraction	体积分数
$f(q)$	atomic scattering factor	散射因子
F	embedding function for an atom	嵌入原子能函数
F	free energy functional	自由能泛函
$\boldsymbol{F}$	force	力
$\boldsymbol{F}_E$	electric force vector	电场力矢量
$\boldsymbol{F}_d$	cyclotron component of electromagnetic force	电磁力回旋分量
F_E	electric field force	电场力
$F_{附}$	adhesive force	附着力
$\boldsymbol{F}_p$	electromagnetic pressure component	电磁压力分量
g	gravitational acceleration	重力加速度
$\boldsymbol{g}$	gravitational vector	重力加速度矢量
g_A	Gibbs free energy of A component	组元 A 的吉布斯自由能
$g(r)$	pair distribution function	双体分布函数
$g_{ij}(r)$	partial pair distribution function	偏双体分布函数
G	Gibbs free energy	吉布斯自由能
G_b	Gibbs free energy of bulk phase	体相吉布斯自由能
G_c	concentration gradient	浓度梯度

G_{L}	liquid phase Gibbs free energy	液相吉布斯自由能
G_{mix}	mixed Gibbs free energy	混合吉布斯自由能
G_{S}	solid phase Gibbs free energy	固相吉布斯自由能
G_{t}	temperature gradient	温度梯度
$G(r)$	reduced distribution function	径向分布函数
$G(x)$	dimensionless function related to skin depth	与趋肤深度相关的无量纲函数
ΔG	Gibbs free energy difference	吉布斯自由能差
h	depth	深度
h	planck constant	普朗克常量
Δh	space step	空间步长
H	height	高度
H	enthalpy	焓
$\boldsymbol{H}$	magnetic field intensity	磁场强度
H_{c}	convective heat transfer coefficient	对流换热系数
H^{glass}	enthalpy of glass	非晶合金的焓
H_{L}	liquid phase enthalpy	液相焓
H_{S}	solid phase enthalpy	固相焓
ΔH	enthalpy changes	焓变
ΔH_{f}	formation enthalpy of glass	非晶合金的形成焓
ΔH_{m}	enthalpy of crystallization	结晶焓
$\Delta H_{\mathrm{m}}^{i}$	latent heat of i component	组元 i 的潜热
ΔH_{mix}	mixed enthalpy	混合焓
I	steady-state homogeneous nucleation rate	稳态均质形核率
I	alternating current	交变电流

I	scattering intensity	衍射强度
I	moment of intertia	转动惯量
I^{coh}	coherent scattering intensity	相干散射强度
I_0	intensity of γ ray	γ 射线入射前强度
I_s	steady-state heterogeneous nucleation rate	稳态异质形核率
$\boldsymbol{I}$	unit tensor	单位张量
$\boldsymbol{I}$	unit matrix	单位矩阵
$\boldsymbol{J}$	current density	电流密度
J	flux	流量
$\boldsymbol{J}_0$	source current density	源电流密度
k	k-fold symmetry for describing the dendrite morphology	枝晶形貌 k 次对称性
k_B	Boltzmann constant	玻尔兹曼常量
k_L	liquidus slope	液相线斜率
$k_{L\alpha/L\beta}$	the slope of the liquidus of α/β phase	α/β 相液相线的斜率
K_0	equilibrium solute partition coefficient	平衡溶质分配系数
K^e	equilibrium partition coefficient	平衡分配系数
$K_{\alpha/\beta}$	equilibrium solute partition coefficient of α/β phase	α/β 相的平衡溶质分配系数
l	distance between top and bottom electrodes	上下电极之间的距离
l	order of droplet oscillation	液滴振荡的阶数
l	index of oscillation mode	振荡模态指标
L	liquid phase	液相
L_c	capillary length	毛细长度
L_c	cutoff distance of potential function	势函数的截断距离

L_g	gravity level	重力水平
L_t	Thermal diffusion length	热扩散长度
L_z	width	宽度
m	mass	质量
m	index of oscillation mode	振荡模态指标
m^e	equilibrium liquidus slope	平衡液相线斜率
m_{ideal}	ideal mass	理想条件下的液滴质量
M	relative atomic/molecular mass	相对原子/分子质量
M	viscosity torque	黏性力矩
M_c	kinetic coefficient of solute diffusion	溶质扩散动力学系数
M_u	kinetic coefficient of thermal diffusion	热扩散动力学系数
M_λ	radiant exitance of black body	黑体辐射出射度
M_ϕ	kinetic coefficient of interface migration	相场界面迁移动力学系数
$\boldsymbol{n}$	outward unit normal vector	单位外法向向量
N	number of atoms	原子个数
$N_2(t)$	the number of droplets whose volume increased to $2V^*$ due to Brownian collision at time t	在 t 时刻 Brownian 碰撞体积增加至 $2V^*$ 的液滴数目
$N^*(t)$	the number of liquid nuclei changed by Brownian motion at time t	在 t 时刻 Brownian 运动而改变的液核数目
$\boldsymbol{p}^N$	momentum in phase space	相空间中的动量
P	pressure	压强
Pe	Péclet number	Peclet 数
P	function related to Péclet number and phase volume fraction	Peclet 数与相体积分数有关的函数

$\boldsymbol{P}$	pressure tensors	压力张量
P_a	hydrostatic pressure	流体静压力
Pe_c	solute Péclet number	溶质 Peclet 数
$P_{\text{induction}}$	induction power	感应功率
P_m	max pressure in bubble	最大泡压
$P_{\min}$	minimum heating power	最低加热功率
Pr	Prandtl number	普朗特数
Pe_t	thermal Péclet number	热 Peclet 数
q	wave vector	波矢
q	calibration coefficient	标定系数
Q	free charge	电荷量
Q_H	heat	热量
Q^L	functions related to layer spacing, two-phase volume ratio and P function	与层片间距、两相体积比和 P 函数有关的函数
Q_{lost}	loss heat	损失的热量
Q_c	loss heat of convection	对流损失的热量
Q_r	loss heat of radiation	辐射损失的热量
Q_H	heat source term	热源项
Q_s	electric quantity	电量
r_{ij}	distance between atoms i and j	i、j 原子间的距离
r	radius	半径
r	random number	随机数
r_0	droplet radius	液滴半径
r	capillary radius	毛细管半径

r_{cut}	distance of first minimum	截断半径
z_m	maximum value along vertical direction	水平方向径长最大值
r_p^*	liquid core radius	液核半径
$\boldsymbol{r}$	location	位置
$\boldsymbol{r}^N$	location in phase space	相空间中的位置
R	ideal gas constant	理想气体常数
R_a	crucible radius	坩埚内径
R_c	cooling rate of droplet center	液滴中心冷却速率
Re	Reynolds number	雷诺数
R_M	actual component of mechanical impedance	机械阻抗的实际分量
$r(\varphi)$	profile of levitated sample	悬浮样品的轮廓
s	dendrite model parameter	枝晶模型参数
S	entropy	熵
S_L	liquid phase entropy	液相熵
S_s	solid phase entropy	固相熵
$S(q)$	static structure factor	结构因子
$S_{CC}(q)$	concentration-concentration partial static structure factor	浓度–浓度结构因子
$S_{ij}(q)$	partial static structure factor	偏结构因子
$S_{NC}(q)$	number-concentration partial static structure factor	数–浓度结构因子
$S_{NN}(q)$	number-number partial static structure factor	数–数结构因子
ΔS	entropy change	熵变
ΔS_m	entropy of crystallization	结晶熵
t/τ	time	时间

Δt	time step	时间步长
T	temperature	温度
$\boldsymbol{T}$	Maxwell stress tensor	麦克斯韦应力张量
T_0	temperature of reference junction	参考端温度
$T_{A/B}$	A/B pure metal melting point	A/B 纯金属熔点
ΔT_c	constitutional undercooling	成分过冷度
T_c	critical temperature of gas and liquid	气液临界温度
T_E	eutectic phase transition temperature	共晶相变温度
T_g	temperature of surrounding gas	环境气体的温度
T_g	glass transition temperature	玻璃化转变温度
ΔT_k	kinetic undercooling	动力学过冷度
T_L	liquidus temperature	液相线温度
T_m	melting point/melting temperature	熔点
T_m^i	melting temperature of pure metal i	组元 i 的熔点
T_{min}	minimum temperature	最低温度
T_N	nucleation temperature	形核温度
T_p	peritectic phase transition temperature	包晶相变温度
ΔT_r	curvature undercooling	曲率过冷度
T_s	environment temperature	环境温度
T_S	complete temperature of solidification	完全凝固温度
T_{SS}	Temperature of solid-state phase transition	固态相变温度
ΔT_t	Thermal undercooling	热过冷度
T_{tar}	targeted temperature	目标温度值
T_{VFT}	temperature of VFT equation	VFT 温度

T_x	crystalline temperature	晶化温度
T_w	wall temperature	墙温度
T_v	boiling point/boiling temperature	沸点
ΔT	undercooling	过冷度
$\boldsymbol{u}$	flow velocity	流场速度
$|\boldsymbol{u}|_m$	maximum flow velocity inside droplet	液滴内部最大流速
$|\boldsymbol{u}|_a$	average flow velocity inside droplet	液滴内部平均流速
U	potential energy	势能
U	electric potential	电势
U	internal energy	内能
U_i	initial floating voltage	初始悬浮电压
U_m	midpoint floating voltage	中点悬浮电压
U_S^i	internal energy of pure metal i	组元 i 的固相内能密度
ΔU	exchange energy	交换能
v	rate	速率
v	velocity of electron or atom	电子/原子速度
v	specific volume	比体积
$\boldsymbol{v}$	velocity/rate	速度
v_0	sound velocity	声速
v_d	falling velocity of droplet	液滴下落的速度
v_D	atomic diffusion rate	原子扩散速率
v_m	Marangoni migration velocity	Marangoni 迁移速度
v_s	Stokes movement velocity	斯托克斯运动速度
$v(r_p,t)$	growth rate function of the second phase droplets	第二相液滴的生长速度函数

V	volume	体积
V_0	volume of ideal solution	理想溶液体积
V_m	molar volume	摩尔体积
V_m	velocity of moving interface	界面移动速度
V^*	liquid core volume	液核体积
ΔV^E	excess molar volume	过剩体积
W_g	barrier height of double well potential	双阱势的势垒高度
W_λ	blackbody spectral emissivity with wavelength λ	波长为 λ 的黑体光谱辐射率
Y_{lm}	spherical harmonic function	球谐函数
x	molar fraction of atoms	原子摩尔分数
X_0	oxygen concentration	氧浓度
X_{sat}	oxygen saturation concentration	饱和浓度
z_m	height of centroid position	质心位置高度
z^*	the dimensionless levitation position	无量纲悬浮高度
α	shape correction factor	形状修正因子
α	noise amplitude	噪声的幅度
α_{ij}	Warren-Cowley parameter	Warren-Cowley 参数
β	kinetic coefficient	动力学系数
β	volume expansion coefficient	体膨胀系数
γ_0	anisotropic strength	各向异性强度
γ_i	activity coefficient of i component	组分 i 的活度系数
γ^{-1}	taper angle	锥角
Γ	curvature	曲率
Γ	modified parameter	修正因子

$\Gamma_{\alpha/\beta}$	Gibbs-Thompson coefficient of α/β phase	α/β 相的 Gibbs-Thompson 系数
$\Gamma_{1/2}$	full width half maximum	半高宽
δ	stability constant	稳定常数
δ	interface width	界面厚度
δ	dimensionless stability factor	无量纲稳定性因子
δ^{*}	critical stability constant	临界稳定常数
ε	deformation amplitude of levitated droplet at stable state	悬浮液滴的稳态形变度
ε_0	vacuum permittivity	真空介电常数
ε_0	maximum amplitude of droplet oscillation	液滴振荡的最大振幅
ε_c	gradient energy coefficient of concentration field	溶质场梯度能系数
ε_h	thermal radiation coefficient	热辐射系数
ε_l	characteristic length	特征长度
ε_ϕ	gradient energy coefficient of phase field	相场梯度能系数
ε_r	relative permittivity	相对介电常数
ε_t	amplitude variation of droplet oscillation	液滴振荡的振幅变化
ε_T	emissivity	发射率
η	dynamic viscosity/coefficient of viscosity	动力黏度/黏滞系数
η^E	excess viscosity	剩余黏度
η_g	dynamic viscosity of cooling gas	冷却气体的黏度
θ	wetting angle	润湿角/接触角
θ	incident angle	入射角
θ	angle between the outward normal direction and the x-axis	界面外方向与 x 轴夹角

θ	polar angle in spherical harmonic function	球谐函数中的极角
θ	period time of oscillation	对数衰减周期
θ_T	dimensionless temperature	无量纲温度
$\theta_{\alpha/\beta}$	contact angle of α/β phase	α/β 相的接触角
λ	wave length	波长
λ	thermal conductivity	热导率
λ	logarithmic damping determent	对数衰减率
λ_d	thermal conductivity of metal droplet	金属液滴的热导率
λ_e	ply spacing	层片间距
λ_g	thermal conductivity of cooling gas	冷却气体的热导率
λ_{max}	maximum wavelength	最大波长
μ	kinetic growth coefficient	动力学生长系数
μ	absorption coefficient	质量吸收系数
μ	relative permeability	相对磁导率
μ_0	permeability of vacuum	真空磁导率
μ_B	chemical potential	化学势
ξ	Gaussian random noise vector	高斯随机噪声矢量
ξ_c	solute stability coefficient	溶质稳定性系数
ξ_t	thermal stability coefficient	热稳定性系数
ρ	density	密度
ρ	electron density	电子密度
ρ_0	average number density of atoms	平均原子个数密度
ρ_0	standard density	基准密度
ρ_d	density of metal droplet	金属液滴的密度

ρ_e	charge density	电荷密度
ρ_g	density of cooling gas	冷却气体的密度
ρ_L	liquid density	液态密度
ρ_N	number density of atoms	原子数密度
ρ_S	solid density	固态密度
$\rho(r)$	average number density of atoms with distance r	距离为 r 处平均原子数密度
$\Delta\rho$	density difference	密度差
σ	the area of scattering cross section	散射截面面积
σ	shear tension	液滴表面张力
σ	interface energy	界面能
σ	share rate	剪切速率
σ_0	standard surface tension	基准表面张力
σ_A	surface free energy	单位面积表面自由能
σ_e	surface charge distribution	表面电荷分布
σ_e	metal conductivity	金属电导率
σ_m	surface tension of liquid alloy at T_L/T_m	液态金属在熔点或液相线温度时的表面张力
σ_{sat}	surface tension during oxygen saturation	氧浓度饱和时的表面张力
σ_{SB}	Stefan-Boltzmann constant	Stefan-Boltzmann 常数
τ	attenuation coefficient	衰减系数
φ	azimuth in spherical harmonic function	球谐函数中的方位角
φ	thermodynamic factor	热力学因子
φ_0	initial phase angle	初始相位角

ϕ	pair potential energy	对势
ϕ	phase-field order parameter	相场序参量
ϕ_s	surface concentration	表面浓度
ϕ	scattering angle	散射角
ϕ	deflection angle	偏转角
$\psi(s)$	smooth function	光滑函数
ω	angular frequency of current	电流的角频率
ω_c	interaction coefficient between components	合金熔体中组元间的相互作用系数
w_l	angular frequency of droplet oscillation	液滴振荡的角频率
Ω	space angle	空间角
Ω	dimensionless supersaturation	无量纲过饱和度
Ω	enthalpy of mixing parameter	混合熵参数
Ω	computational domain	计算区域
Δ	differential operator	差分算符
∇	Hamiltonian operator	哈密顿算符
$\hbar$	reduced Planck constant	约化普朗克常量

前　言

金属材料在人类社会发展进程中发挥着不可磨灭的作用。一方面，人类从利用为数不多的金属材料伊始，就极大地促进了生产力的进步；另一方面，随着生产力水平的提升，人类发现了自然界更多的金属元素，当前已发现的金属元素约占所有元素种类的78%，并通过元素组合发明了更多的金属材料，从而实现了对生产力的再提升。从几千年前的青铜器到铁器，再到现如今的超强钢、钛合金、铌合金、钨合金等各种新型合金和先进金属材料，一次次促进了生产力的进步，为人类的生存和生活创造了物质前提，为人们对美好生活的向往提供了基本保障。在世界航空工业中，素有"一代材料，一代飞机"的共识，足见金属材料在民航客机、大型运输机和先进战机等飞行器研制和生产中的重要作用。国际航天事业的发展，如航天飞机、空间站、宇宙飞船等临近空间和深空飞行器的制造，更是离不开高强铝合金、新型钛合金、高端铌合金等一系列金属材料的发明和研制。可以说，金属材料在过去、现在和未来的人类社会中所扮演的角色都不可替代、不可或缺。

液态金属是金属材料的母体，无论是追溯历史，还是环视当代，在已为人类所用的所有金属材料中，80%以上来自液态金属。合金材料的制备需要采用传统冶金技术从各类矿石中提取金属元素并将不同金属元素按成分配比后，首先熔化为液态；各类金属铸件，也是首先将原材料熔化为液态，然后浇注成形；现在颇为流行的金属材料3D打印技术，依然是将金属粉体熔化为液态，然后喷至相应的位置凝固；当前最为先进的金属材料悬浮制造，也是必须将悬浮起来处于无容器状态的金属通过电磁感应或者高强激光熔化为液态，然后凝固成形。由此可知，液态金属是研制新型金属材料的前提和基础，在金属材料制备加工过程中非常重要且极为关键。

液态金属的结构与性质是金属材料的关键内涵，实施新型金属材料制备过程控制迫切需要获取其物理化学性质和短程结构，研究液态金属的物理化学性质对于推动凝固过程相变热力学和动力学向精确且定量化发展具有关键作用，研究液态金属的短程结构则有利于推动从原子组态出发制备新的金属材料，乃至提升其性能。但由于大多数金属材料具有"温度高、活性强"的特点，当前液态金属物理化学性质和结构的研究多为定性和半定量状态，且研究温度范围很小，无法建立液态金属物化性质和结构的数理模型，而且即使有了可靠的模型，定性和半定量的数据也无法给出精确的控制路径。针对上述问题，国内外的科技工作者，包括本书的作者和参撰人员，对液态金属的结构和性质进行了深入研究，并取得了重要的研究成果，为金属材料领域的人才培养提供了知识储备和体系支撑。

金属材料的发展离不开液态金属的结构与性质研究，在液体物理理论体系尚不完备的背景下，针对液态金属，将本领域前沿的知识，抑或开放性科学问题引入本科生和研究生教学，必将为传统的金属材料人才培养体系注入新的生命力。以金属材料科学研究和人才培养见长的西北工业大学率先将"液态金属结构与性质"作为材料物理专业的核心课程，将"液态金属物理"作为凝聚态物理和材料物理与化学学科的学位必修课，以使学生系统地掌握金属材料的基础理论知识。

经调研，国内许多高校材料科学的人才培养方案中均不同程度地涉及液态金属结构与性质的知识内容，如清华大学、北京航空航天大学、北京科技大学、北京工业大学、天津大学、哈尔滨工业大学、吉林大学、东北大学、大连理工大学、燕山大学、山东大学、上海交通大学、上海大学、浙江大学、兰州理工大学、中北大学、重庆大学、武汉理工大学、湖南大学、中南大学、东南大学、南京理工大学、昆明理工大学、南昌大学等，充分反映了液态金属结构与性质在金属材料领域人才培养的重要性。针对当前尚无内容较为全面系统的液态金属结构与性质教材这一现状，2020 年初，新冠病毒疫情暴发之际，作者长居家中，触发了埋藏心底许久的编写《液态金属结构与性质》教材的愿望，于是捉刀投笔，遂成此书。

本书面向材料科学与工程、凝聚态物理、冶金物理化学学科的研究生，和材料物理、应用物理专业的高年级本科生，以及强基计划的本科生，由王海鹏策划并统稿，共 7 章内容，其中 50% 左右的内容为作者研究团队多年的研究成果，同时，引入了本领域国内外最新的科研成果。本书主要介绍液态金属研究方法、数理模型、传热过程、原子排布结构、物理性质、晶体生长等内容，第 1 章主要由郑晨辉撰写，第 2 章主要由蔡晓、赵炯飞、李明星撰写，第 3 章主要由蔡晓、左冬冬、李明星撰写，第 4 章主要由李明星撰写，第 5 章主要由赵炯飞、王海鹏撰写，第 6 章主要由邹鹏飞、郑晨辉、王海鹏撰写，第 7 章主要由左冬冬、王海鹏撰写。由于撰写者的知识水平和能力有限，本书难免有不足之处，欢迎批评指正，以待改进。

本书撰写过程中，得到了中国科学院院士魏炳波的指导和国内外同行的帮助，获得了西北工业大学规划教材专项资助和高等教育出版社的大力支持，本书部分研究成果是在国家自然科学基金项目（No. 51734008，52088101）资助下取得的，这里一并致谢。

王海鹏

2021 年 3 月 26 日

Preface

    Metallic materials have played indelible roles in the development of human society. Humans greatly boosted productivity by use of few metallic materials five thousand years ago. As productivity grows, humans have discovered more metallic elements in nature, which now account for approximately 78 percent of all types of metal elements. Moreover, more metallic materials have been invented by means of element combinations, which contributes to further productivity improvement. Metallic materials, which range from bronzes to irons thousands of years ago to ultra-strength steels, titanium alloys, niobium alloys, tungsten alloys and other new and advanced metallic materials nowadays, have repeatedly contributed to increasing productivity, creating the material prerequisite for people's survival and life, and providing fundamental guarantees for a better life. In the aviation industry, there is a general consensus that "one generation of materials determines the generation of aircraft". It clearly demonstrates that metallic materials are the essentials for development and manufacture of aircraft, such as passenger aircraft, large transport aircraft and advanced fighter aircraft. The development of the international aerospace industry and the production of adjacent space and deep space vehicles such as space shuttles, space stations and spacecraft are inseparable from the invention and development of metallic materials, such as high-strength aluminum alloys, new titanium alloys and advanced niobium alloys. It can be concluded that metallic materials play irreplaceable and indispensable roles in human society no matter in the past, present or future.

    Liquid metals are the precursors of metallic materials. Both in past history and in contemporary era, more than 80 percent of all metallic materials that have been used by humans are originated from liquid metals. The primary step in preparing alloys is to melt the metal elements into liquid state after the elements are extracted from various types of ores by traditional metallurgical technology and mixed with a certain proportion. Melting the raw materials into liquid state is also the first step in metal casting. In the currently popular 3D printing technology of metallic materials, melting metal powders into liquid state is also the primary procedure which is before spraying the liquid on a certain position and solidifying it. In the current most advanced levitation manufacturing of metallic materials, it is also required to firstly melt the metals, which are levitated in a containerless state, into liquid state by electromagnetic induction or high-intensity laser. It can be seen that liquid metals are the premise and foundation for the development of new metallic materials, and are of critical importance in the process of preparing metallic materials.

The structures and properties of liquid metals are the key essentials of metallic materials. It is urgently needed to acquire the physical and chemical properties and the short-range structures of liquid metals with the purpose of controlling the process of preparing new metallic materials. Researches on physical and chemical properties of liquid metals are crucial to the development of thermodynamics and phase transition kinetics during the solidification towards high accurateness and quantitativeness. Researches on the short-range structures of liquid metals are beneficial to preparation of new metallic materials from the perspective of atomic configuration and improvement on the performance of the metallic materials. However, " high temperature and strong activeness" which act as the properties of most liquid metals lead to a qualitative and semi-quantitative analysis on physical and chemical properties and structures of liquid metals, and also a narrow temperature interval. This results in an unsuccessful establishment of mathematical models of physicochemical properties and structures of liquid metals. Even with a reliable model, qualitative and semi-quantitative data are not qualified as bases for an accurate control path. In response to the above problems, domestic and foreign scientists, including the authors of this book, have conducted in-depth researches on the atomic structures and properties of liquid metals, and have achieved important research results, which contribute to providing knowledge and support for personnel training in the field of metallic materials.

The development of metallic materials is inseparable from the researches on the structures and properties of liquid metals. Given that the theoretical system of liquid physics is not complete at present, that the leading-edge knowledge of liquid metals and the related open-ended scientific questions are introduced into undergraduates and graduates teaching will surely reinvigorate the traditional personnel training in the field of metallic materials. Northwestern Polytechnical University, which specializes in scientific research and personnel training in the field of metallic materials, takes Liquid Metal Structure and Properties as the core course of material physics specialty, and Liquid Metal Physics as a required course in the discipline of condensed matter physics and material physics and chemistry, with a view to laying a solid foundation for students in metallic materials.

It is investigated that many domestic universities have involved more or less the knowledge of the structures and properties of liquid metals in their training programs in material science, such as Tsinghua University, Beihang University, University of Science and Technology Beijing, Beijing University of Technology, Tianjin University, Harbin Institute of Technology, Jilin University, Northeastern University, Dalian University of Technology, Yanshan University, Shandong University, Shanghai Jiao Tong University, Shanghai University, Zhejiang University, Lanzhou University of Technology, North University of China, Chongqing University, Wuhan University of Technology, Hunan University, Central South University, Southeast University, Nanjing University of Science and Technology, Kunming University of Science and Technology, Nanchang University, etc. This fully reflects the great importance of structures and properties of liquid metals in personnel training in the field of metallic materials. In response to the current situation that there are no comprehensive textbooks on the structures and properties of liquid metals, the authors compiled the textbook of *Atomic Structures and Properties of Liquid Metals* in the beginning of the year 2020, when the Corona Virus Disease outbroke and my long stay at home aroused my aspiration deep down to compile the textbook.

This textbook is for graduate students who major in materials science and engineering, condensed matter physics and metallurgical physical chemistry, undergraduate students in senior grades who major in material physics and applied physics, and the undergraduates of Strengthening Basic Disciplines Plan. The textbook is planned, finally compiled and edited by Wang Haipeng. The textbook consists of seven chapters, in which about 50 percent of the contents are the research achievements of the author's team for many years and the latest research achievements in the related field at home and abroad have been introduced. The textbook mainly introduces research methods of liquid metals, mathematical models, heat transfer processes, physical properties, atomic arrangement structure, crystal growth, etc. Chapter 1 is mainly written by Zheng Chenhui. Chapter 2 is mainly written by Cai Xiao, Zhao Jiongfei, Li Mingxing. Chapter 3 is mainly written by Cai Xiao, Zuo Dongdong and Li Mingxing. Chapter 4 is mainly written by Li Mingxing. Chapter 5 is mainly written by Zhao Jiongfei and Wang Haipeng. Chapter 6 is mainly written by Zou Pengfei, Zheng Chenhui and Wang Haipeng, and Chapter 7 is mainly written by Zuo Dongdong and Wang Haipeng. Due to the limited knowledge and ability of the authors, mistakes and shortcomings in the textbook are inevitable. Comments and suggestions are welcome and appreciated.

I genuinely appreciate Professor Wei Bingbo, academician of the Chinese Academy of Sciences, for his guidance on the book writing and my colleagues at home and abroad for their help. This book was strongly supported by the Planned Textbook Funding of Northwestern Polytechnical University and Higher Education Press. Part of the research results in this book were obtained with the support of National Natural Science Foundation of China (No. 51734008 and 52088101).

Wang Haipeng

March 26th, 2021

目　录

Contents

Contents

第 1 章
绪　论

　　液态是自然界中物质存在的基本形态之一，与固态、气态和等离子态并称为物质的 4 种基本形态，尤其是固、液、气三态之间的相互转变，与人类的生存和生活关系密切。尽管固态和气态之间能够互相以凝华或者升华方式直接相变，但因原子、分子间作用力从气态到液态再到固态依次增强，液气和液固相变则成为三相转变的主要形式，因而液态顺理成章地成为气态和固态的桥梁，这充分表明了液态物质在自然界的重要作用。人类社会的发展与金属的利用息息相关，液态金属是固态金属材料的母材，从青铜器到铁器再到如今的各种合金，其背后离不开的是不断发展的金属冶炼、制造技术，更离不开人们对液态金属结构与性质的认识。

　　最早被人类利用的金属取决于冶炼技术能否将之熔化，即能否使之加热成为液态金属，其关键制约因素是冶炼温度，而如今随着冶炼技术的发展和特殊需求的涌现，制约金属材料广泛应用的因素则是对液态金属物理化学性质和原子尺度短程结构的认知。更进一步地，要实现对金属材料凝固微观组织和性能的调控进而达到控制金属产品成形，都不可避免地要经历液态金属这一状态，其科学基础均是液态金属的结构和性质，因此充分了解液态金属的特性是提高金属性能的基础。此外，液态金属还常被应用于冷却、导热、储热、柔性电子等领域。而相比于常规的固态金属，液态金属有什么特殊性质呢？人们是如何对液态金属进行研究的？这些问题即是本书将要回答的问题。为了系统全面地介绍液态金属结构和性质的知识，本章首先介绍物质的基本形态，液态金属的特性、结构模型和研究液态金属的科学意义和工程价值。

1.1　物质的基本状态

自然界中的物质以多种多样的形式存在，如旋转有序的雪花、高贵冷艳的牡丹、黢黑锃亮的石墨、飞流直下的瀑布、朦胧缭绕的烟雾、遮望眼帘的浮云、熠熠生辉的金属等，形形色色、不计其数。归根到底，物质不同的展现形式均取决于原子、分子的不同聚集方式，而以粒子间的相互作用关系作为依据，不考虑元素种类，只考虑物质状态，则自然界的物质最常见的就是气态、液态和固态三态。在深入学习液态金属的结构和性质的过程中，以物质存在的基本状态作为起点，并回顾三态之间的转变，将有助于理解液态金属的自身特征和相变行为。

1.1.1　常见的基本状态

物质状态是指物质聚集形态，也指一种物质出现的不同的相。除了人们最为熟悉的物质三态即气态、液态、固态外，还有一些其他的物质状态，比如被称为第 4 种物质状态的等离子态[1]，它是在高温下出现的高度电离化气体，由于粒子间相互作用力是离子力，与普通气体有着不同的性质，因此被认为是一种新的物质状态。此外，按所处能量状态归类，还有"液晶态""超导体""超流体""玻色-爱因斯坦聚集态"，高能状态下还有"夸克-胶子浆"等。

物质的状态与所处的环境条件有关，主要取决于温度和压力。控制温度和压力即可实现物质在不同状态之间的转化，最常见的相态转化就是"冰-水-水蒸气"的转化。在不同温度和压强条件下，水存在不同的状态，随着温度和压强的变化，水的相变过程也反映了物质状态的变化。高山上皑皑的冰雪是固态，融化后流入小溪的水是液态，太阳照射下河水蒸发进入大气中的水蒸气是气态，地球表面的水循环正是依靠水在这 3 种状态之间的不断转化而实现的。

对于常见的 3 种物质状态，各自又有何特点呢？图 1.1 展示了气态、液态、固态物质的凝聚状态示意图和对应的双体分布函数。从图 1.1（a）可以看出，在气、液、固 3 种状态下，微粒间距有明显的不同，固态有序排列，液态排列较为松散但微粒仍旧聚集在一起，气态中微粒则是四处飞散，既无排列也无聚集。双体分布函数 $g(r)$ 是指体系中距任意原子距离为 r 处的原子个数密度与体系平均原子个数密度的比值。$g(r)$ 为 0，说明在这个距离区间上的原子个数密度为 0，即没有原子。$g(r)$ 为 1，则说明无论在什么间距处的原子个数密度都与体系的平均原子个数密度相等，这样就表明了原子分布的无序特征。$g(r)$ 峰值则体现了有序特征。从图 1.1(b) 可以看到，气态表现出完全无序特征，液态则是短程表现为有序特征，随着原子间距增大开始出现无序特征，典型的固态晶体则是展现了有序特征。更多关于双体分布函数的内容将会在第 5 章中介绍。

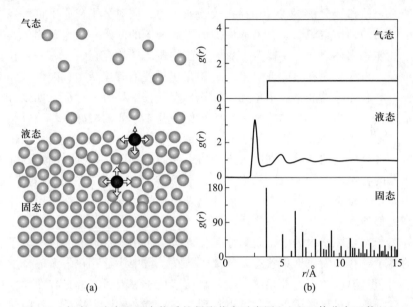

图 1.1　气态、液态和固态物质的凝聚状态示意图(a)和双体分布函数(b)

气态是原子或分子间几乎没有相互作用力，可以自由运动的物质聚集状态。气态物质中的原子或分子的动能比较高，可以自由运动，此时气体原子或分子间距比较大，相互作用力很弱，理想气体即认为气体原子或分子间不存在相互作用。从微观角度看，气体中的原子或分子几乎是完全无序分布的，不存在周期性结构，其主要结构特征是短程无序、长程无序。从宏观上看，气态物质在没有容器束缚的条件下可以随意扩散，因此不存在固定的体积和形状，其特点是可流动、可变形、可压缩。

固态是原子或分子紧密结合，不易自由运动的物质聚集状态。固体中的原子或分子间距小、相互作用力强，原子或分子通常难以自由运动，只能在平衡位置附近振动，金属中的电子可以自由运动，但是离子不能自由移动，因此固体中的原子或分子位置相对固定，只有在亚稳态固体中，原子可以实现局域扩散，或者在热激活条件下实现重组。固体中原子或分子的排布方式可分为 3

种：一是具有平移有序分布的周期性晶体结构，即短程有序且长程有序，如面心立方的金属铜、体心立方的金属钨、密排六方的金属钛等；二是短程有序但长程无序分布的非晶结构，如硅酸盐玻璃、急冷凝固制备 Fe-B-Si 合金[2]等；三是没有长程平移有序但具有旋转有序的准晶结构，如具有五重旋转对称但并无平移周期性的铝锰合金。宏观上来看，固态物质具有一定的形状和体积，在外力作用下可变形，不具有流动性。

液态是原子或分子之间互相存在较强作用力，同时分子或原子也可以在内部自由运动的物质聚集状态。液体中的原子或分子的间距一般大于固体，其动能介于气体和固体之间。从微观上看，液态物质的结构存在短程有序、长程无序的特点，短程上，在第一或者第二近邻存在显著的有序结构，配位数相对固定，但不具有晶体的晶格基本单元，故不具有长程平移有序特征，如以分子为基本单元的水、酒精、汽油等和以单原子作为基本单元的熔融铁水、合金熔体等[3-8]。从宏观上看，液态物质和气态物质的共同特征是具有流动性，也被称为流体，没有固定的形状，同时液态物质也和固态物质一样具有固定的体积和不可压缩的特性。综合来看，液态的物理性质既不同于固态，也不同于气态，但与固态较为接近，这也是在缺乏液体物理模型的情况下，往往采用固体物理模型来近似处理用以研究液态物质的原因。

等离子态是原子内的电子脱离原子核的吸引，形成带负电的自由电子和带正电的离子共存的物质聚集状态。等离子体在宇宙中广泛存在，大部分发光的星球，由于其温度和压力都很高，内部物质多处于等离子态，只有在那些昏暗的行星和分散的星际物质里，才可以找到气态、液态和固态物质。不同于普通气态物质(由电中性的原子或分子组成)，等离子态物质虽然整体呈电中性，但主要由自由电子和带正电的离子共存组成。由于粒子带电，等离子态物质中粒子间的主要作用力是离子力，故而一些性质与气体的差别较大。同时等离子态物质可与电磁力作用，也具有较大的电导率。等离子体在工业、农业和军事上都有广泛的用途，如利用等离子弧进行切割、焊接、喷涂、制造各种新颖的光源和显示器等。

1.1.2　物质状态之间的相变

物质的状态不是一成不变的，气态、液态和固态之间可通过改变压强和温度实现互相转化。生活中有很多物质状态转变的例子，例如：雨水的形成是从气态变成液态，即液化；结冰是从液态变成固态，即凝固；天气变暖，冰变为水，即融化；地面水分变为蒸汽进入大气，即蒸发；特殊的还有从固态直接变为气态，如白炽灯变黑是钨丝转化为气态并在灯泡壁上变为固态所致，即升华和凝华。三态之间的变化在生活中如此常见，不仅如此，相变规律在工业生产中也发挥着重要作用,如金属冶炼过程中,钢水凝固成钢锭,就是典型的从液态变成固态的过程,晶粒形核、晶体长大、溶质再分布等均是在该凝固过程中完成的,因而相变过程在很大程度上决定了产品的凝固组织和加工应用性能。

图 1.2 展示了一般物质的相图,可以看到,通过改变温度和压强,气态、液态和固态 3 种状态可相互转化,在固、液、气三态之间的分界线上可以实现两相共存。例如液态和气态之间的单点划线表示液-气共存,液态和固态中间的实线表示液-固共存,实线和左侧虚线之间的范围表示过冷液体,在某些特殊条件下液体可以在熔化温度以下稳定存在即出现过冷现象。在三相的交界点可以固、液、气三态共存,因而被称为三相点。此外对气体不断升温或者加强磁场还可使气体分子电离,变成等离子体。一般来说,物质超过临界温度和临界压强时还会进入一种特殊的超临界流体状态。

物质状态的转变方向与所处的温度或压强及其变化有关。例如:当物质为固态时,若升高温度且保持极低压强则会跨过气-固共存线,发生升华现象,固态直接变成气态;当气压高于三相点处气压时,随着温度的升高,物质状态会由固态变为液态再变为气态,就是常见的融化和蒸发现象;当温度保持一定时,随着压强的增高,物质也可从气态变为液态再变为固态,工业中制取液氧等就是通过压缩空气实现的。

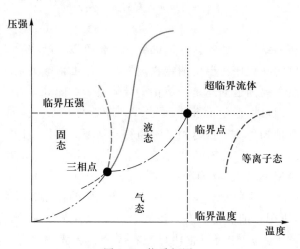

图 1.2 物质相图

1.1.3 状态判断

前面介绍了常见的物质状态,以及物质状态之间是可以通过改变压强和温度进行转化的。那么如何去区分物质状态呢?通常我们主要依据它所表现的直观性质即可做出判断，例如形变能力、流动性、压缩性等。简单地，如水和冰，直接通过流动性就可以区分是液态还是固态；对于气体和固体可以直接通过可压缩性来区分。如图 1.3 所示是经典的"沥青滴漏实验"，1927 年，澳大利亚昆士兰大学的 Thomas Parnell 教授将一些沥青装在一个被封了口的漏斗中，1930 年漏斗封口被剪开，直至 1938 年 12 月才有第一滴沥青滴落在烧杯内。该实验证明，在室温下沥青虽然看起来像是固体，但其实是一种黏度极大的液体。时至今日，该实验已经历经了近一个世纪之久，目前共滴落了 9 滴沥青。

图 1.3　沥青滴漏实验[9]

通过热分析并结合一些物理性质的变化，也可以判断物质状态。热分析技术可以广义理解为在程序控温下测定物理性质与温度依赖关系的一类技术。例如，在某一温度下要知道固体是否熔化、液体是否凝固等，有时通过肉眼直接观测难以判断，但可以通过分析温度曲线判断熔化是否完全或者凝固是否发生。还有很多其他物理性质可以用来判断物质状态的变化，例如，同一金属的液态密度和固态密度通常存在较大的差异，图 1.4(a) 所示是在静电悬浮条件下测得的难熔金属 Re 液态和固态时的密度，其中空心点表示固态的密度结果 ρ_S，实心点表示液态的密度结果 ρ_L。由于过冷现象的存在，即液态金属已经降温至熔点 T_m 以下但仍旧保持液态，液态密度中包含了一部分过冷液态金属的密度结果。从图 1.4(a) 中可以很明显地看到金属从液态到固态密度的差别较明显，特别是同一温度下，过冷液态 Re 的密度要明显低于固态 Re[10]。结合密度和温度即可判断这些金属在某一温度下的物质状态。图 1.4(b) 是静电悬浮 Zr-Fe 合金的振荡特性曲线。当合金处于液态时，在激励信号的激发下可以发生谐振，撤去激励信号后受内部黏滞力的作用发生振幅（ε）衰减的阻尼振荡，而在相同的激励信号下，固态 Zr-Fe 合金却不会发生谐振，这是由固态和液态的本身性质差异导致的，因此可以依据这种振荡特性来判断物态。图 1.4(c) 是黏度(η) 与温度关系,T 为约化温度,其中 T_v 和 T_m 分别表示沸点和熔点,可以看到金属的黏度随着温度的下降而升高,在沸点和熔点处有明显的突变,特别是当液体凝固成晶体时黏度会不连续地增大十几个数量级,固体的黏度数值通常可达 10^{14} Pa·s 数量级,而当液体随着降温形成非晶体时黏度会连续增大直至进入固体量级[11]。图 1.4(d) 是 $Ni_{80}Cu_{10}Si_{10}$ 合金的比热容随温度的变化关系曲线,可以看到液态时,虽然实验测量和计算所得的比热容数值有所偏差,但是其显示的变化趋势是一致的,比热容随温度变化不大,几乎为常数,而固态 $Ni_{80}Cu_{10}Si_{10}$ 合金的比热容呈现随温度下降而减小的趋势,且固态比热容要明显小于液态时的数值[12]。

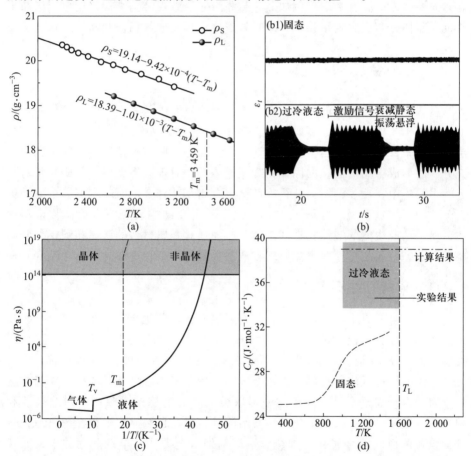

图 1.4 物质在不同状态下的物性差异:(a) 难熔金属 Re 的密度[10];(b) 静电悬浮 Zr-Fe 合金的振荡特性曲线;(c) 黏度(η) 与温度的关系[11];(d) $Ni_{80}Cu_{10}Si_{10}$ 合金的比热容(C_p) 与温度关系曲线[12]

　　不同物态下的宏观性质差异本质上都源于微观原子的不同聚集状态，因此通过微观结构的分析也可以直接判断物质状态。以固、液、气三态为例，从微观角度上看，这 3 种状态之间的转变最直观的就是粒子间距的变化。随着粒子间距变化，粒子间相互作用力发生变化，不同作用力下的粒子间相对位置呈现出有序或无序的分布，最终体现在微观结构以及宏观物理化学性质上的差异。通过 X 射线衍射或者中子衍射等结构分析手段可得到微观结构信息等，或者通过计算模拟技术也可得到微观的原子分布信息等。以双体分布函数为例，不同的物态所呈现的双体分布函数异同点十分明显，其示意图如图 1.1 所示，通过峰的特征即可判断物质所处的状态。但有时仅从单一层面也难以判断物质状态，需要多方面综合考虑。例如，非晶和液体的微观结构类似，衍射图谱结果相近，双体分布函数也很相似，这时就需要结合其他信息来判断物质状态了。

1.2　液态金属的特点

　　金属作为一类重要的材料，在人类社会的发展中起着重要的推动作用。当前已知的 118 种元素中，金属元素占据了 92 种，此外还有 5 种金属元素在高温等特殊条件下也表现出金属的特性。由于固态金属结构稳定，对其研究相对充分，已形成了相对成熟的固体物理理论体系；对于液态金属，其研究相对匮乏，主要集中在镓、铟、锡、铅等低熔点金属及其合金，而对占据了金属种类大多数的高熔点金属，在研究方法、性质测定和结构表征等方面面临诸多挑战，尚未形成成熟的液体物理理论体系。加强对金属材料的认识和利用，既需要掌握固态金属的特性，更需要理解液态金属的特点和规律。

1.2.1　金属的主要特点

　　金属在自然界中广泛存在，且种类繁多，通常以化合态存在，只有少数几种金属元素如金、银、铂等存在游离态。虽然人类利用金属的历史源远流长，而事实上，在 18 世纪以前，人类所认识了解的金属种类仅有 10 种左右，主要集中在锡、铅等低熔点金属，以及金、银等贵金属和较易开采的铜、铁等。这一方面是由于技术不足，从矿物中提取纯金属的冶炼技术限制了对金属的利用；另一方面是由于大多数化学性质活泼的金属在自然界中不存在游离态，只有少数几种稳定的金属元素如金、银等例外。人类社会早期利用的铜，如青铜，是铜锡合金，也是金属冶铸史上最早的合金，国家一级文物春秋越王勾践剑就是青铜材料的；又如黄铜，是铜锌合金，明嘉靖年间的通宝铜钱就是黄铜材料的；最为著名的后母戊大方鼎重达 832.84 kg，是商后期的青铜制品。由此可以看出青铜器的铸造技术很早就达到相当的高度。正是铜在地壳中丰富的含量和合适的熔点(1 357.77 K),使得铜制品能在人类社会的发展初期被大量使用,而同样含量很高的铁却被人类社会利用得晚很多。世界上最早的冶炼铁器是出土于土耳其北部的铜柄铁刃匕首,距今 4 000 多年,我国最早的冶炼铁器出现于 3 500 年前,铁器发展相对较晚的主要原因在于铁的熔点(1 811 K)比铜要高。随着冶炼温度的提高,冶铁工艺逐渐发展起来,并极大地促进了生产力的发展,至今钢铁依旧是主要的金属材料,2018 年中国钢铁产量 9.28 亿吨,2019 年 9.96 亿吨。随着科学技术的不断发展,人类对于金属的利用逐渐丰富且多功能化,对金属的研究不断推进,对其认知也日益深刻。

金属通常具有较高的熔点,纯组元在常温常压(293 K,1 bar)下为液态的只有汞,其他的都为固态,其中有近一半以上的金属熔点在 1 000 K 以上,难熔金属(钨、钼、钽、铌、锆等)的熔点更是普遍在 2 000 K 乃至 3 000 K 以上。纵观金属的利用史,熔点是限制其开发利用的主要因素之一。为何金属通常会具有较高的熔点呢?这一特性与金属原子的结构有关,大多数金属原子的外层电子数小于 4,这使得金属中存在大量可自由移动的电子,处于凝聚状态的金属原子将它们的价电子贡献出来,作为整个原子基体的共有电子,自由电子及金属离子之间产生静电吸引,形成了较强的金属键,金属原子的脱离需要更高的能量,因此造成了较高的熔点。金属键的强度主要受金属离子半径以及自由电子数量的影响,一般地,金属离子半径越小,自由电子数目越多,金属键就越强,熔点就越高。较强的原子间作用力在液态金属中也有所体现,如一般液态金属的沸点远高于熔点,汽化热也远大于熔化热。

金属具有较好的导热性。常温常压下,铁的热导率为 80.4 $W \cdot m^{-1} \cdot K^{-1}$,铝为 247 $W \cdot m^{-1} \cdot K^{-1}$,铜为 398 $W \cdot m^{-1} \cdot K^{-1}$,金为 317.9 $W \cdot m^{-1} \cdot K^{-1}$,银为 428 $W \cdot m^{-1} \cdot K^{-1}$,而陶瓷的热导率仅为 1.22 $W \cdot m^{-1} \cdot K^{-1}$,木头的热导率约为 0.50 $W \cdot m^{-1} \cdot K^{-1}$,聚苯乙烯的热导率为 0.08 $W \cdot m^{-1} \cdot K^{-1}$,由此可以看到不同金属的热导率虽然有所差别,但相较于其他材料,金属具有较好的导热性。固态金属良好的导热能力源于其微观结构,由于金属键的特殊性,金属内部存在大量可自由移动的电子,这些自由电子在金属导热时主要起到了传递能量的作用,当金属被加热时,受热部分的电子能量增加、运动加剧,其与金属离子的碰撞也加强,通过和金属离子的不断碰撞实现热量的传递。

金属具有良好的导电性。依据量子力学理论,可知被束缚在单个原子周围或有限空间中的电子的能量只能是分立值,即能量是量子化的,而泡利不相容原理指出任意给定的量子态只能被一个电子占据。将此概念扩展到多原子,则多原子之间的相互作用会导致电子分立化的能级分裂形成能带,多个能级会分裂成多个能带,称为允带,允带之间的能量间隔称为禁带。固体材料的能带结构由多条能带组成,其中允带可分为导带、价带,如果用 E_v 表示价带顶,E_c

表示导带底，则价带顶和导带底之间的带隙即为禁带宽度 $E_g = E_c - E_v$。材料的导电性就是由导带中含有的电子数量以及禁带宽度决定的。对于金属，其能带结构图如图 1.5 所示，有两种可能：一种是导带部分填满，价带满带且禁带宽度也极小，此时由于导带中有很多助于导电的电子，从而使金属材料表现出很大的电导率；另一种是导带和价带相互交叠的状态，此时导带中出现了很多电子和可供电子占据的空状态，从而金属材料也表现出很高的电导率。简而言之，就是金属导带中自由电子多且禁带宽度极其小，这是金属导电性的根源。相比之下，绝缘材料的禁带宽度很大，大于 9 eV，电子很难从价带跃迁到导带，半导体的禁带宽度介于两者之间，为 1~3 eV。

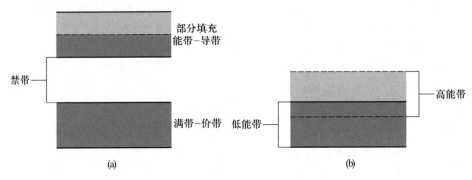

图 1.5　金属的能带结构[13]：（a）半满带；（b）允带交叠

　　金属在固态下一般都是晶体，这取决于金属键的无方向性以及无饱和性，使金属内部的原子趋于紧密排布，构成具有高度对称性的晶体结构。为了便于研究晶体的结构，通常将晶体中的每个质点抽象为排列规则的几何点，三维空间中规则排列的阵列称为空间点阵，简称点阵，空间点阵反映了晶体结构中的周期性和对称性。布拉维（Bravais）依据"每个阵点周围环境相同"的要求，通过数学方法证明了能够反映空间点阵全部特征的单位平面六面体只有 14 种，即 14 种布拉维点阵。这 14 种点阵依据晶胞的点阵参数特点（即晶胞 3 个棱边是否相等，3 个夹角是否相等以及夹角是否为直角）又可归类为 7 大晶系。表1.1 列举了这 14 种布拉维点阵以及其所属晶系和特点。需要注意的是，这些点阵中每个阵点的周围环境都是一样的，点阵是理想化处理的结果，而实际晶体中原子、离子或分子的不同排列情况会形成不同的晶体结构，因此实际晶体结构是无限的。金属晶体中最常见的晶体结构主要有面心立方结构 fcc、体心立方结构 bcc 和密排六方结构 hcp。面心立方结构中，原子分布在立方晶胞的8 个顶点和 6 个面心上，具有这种晶体结构的金属元素约有 20 种，如 Cu、Al、Ni、γ-Fe 等。体心立方结构中，原子分布在立方晶胞的 8 个顶点以及体心位置上，具有这种晶体结构的金属元素有 30 多种，如 Mn、W、Nb、Mo、α-Fe 等。密排六方结构中，原子分布在六方晶胞的 12 个顶点、上下底面的中心以及晶胞体内两个底面中间的 3 个间隙处，具有这种晶体结构的金属元素有 20 多种，如 Be、Mg、Zn、Ti 等。与面心立方和体心立方不同的是密排六方并不是一种空间点阵，因为密排六方结构中存在两种不同环境的质点，此时密排六方晶体中晶胞的质点并不能简单地等同于点阵的阵点。密排六方结构可以看成由两个简单六方点阵偏差一定距离穿插而成的复式点阵。

表 1.1　布拉维点阵[14]及其所属晶系和特点

布拉维点阵	晶系	晶胞棱边长度及夹角关系
简单三斜	三斜	$a \neq b \neq c$, $\alpha \neq \beta \neq \gamma \neq 90°$
简单单斜 底心单斜	单斜	$a \neq b \neq c$, $\alpha = 90° = \gamma \neq \beta$
简单正交 底心正交 体心正交 面心正交	正交	$a \neq b \neq c$, $\alpha = \beta = \gamma = 90°$
简单六方	六方	$a_1 = a_2 = a_3 \neq c$, $\alpha = \beta = 90°$, $\gamma = 120°$
简单菱方	菱方	$a = b = c$, $\alpha = \beta = \gamma \neq 90°$
简单四方 体心四方	四方	$a = b \neq c$, $\alpha = \beta = \gamma = 90°$
简单立方 体心立方 面心立方	立方	$a = b = c$, $\alpha = \beta = \gamma = 90°$

除了晶体结构外，固态金属还存在另两种结构：准晶结构和非晶结构。

准晶是一种特殊的晶体，其具有严格长程有序但无平移周期性，具有明锐的衍射斑点却不具备传统晶体学旋转对称性，准晶的典型特点就是准周期性和自相似性。准晶结构最早是以色列科学家 Shechtman[15] 博士于 1982 年用熔体急冷法制备 Al-Mn 合金时发现的，并于 1984 年公开报道。Al-Mn 合金中准晶的电子衍射图展现了 10 次对称性，在正空间中对应 5 次对称性，这违背了经典晶体学理论所认为的晶体中只允许有 2、3、4、6 次旋转对称轴，这也是准晶发现之初不为人们接受的主要原因。近 40 年来，科学家们陆续发现了

8、10、12 次等更高阶的旋转对称准晶合金，从而拓宽了人类对金属材料的认识。

非晶结构是一种常见的结构，被称为冻结的液体，其结构和性质与液态物质类似，但以往在金属中并不多见，特殊的结构决定了其特别的性能[16-19]。1934 年，德国哥廷根大学的科学家 Krammer 博士报道了采用气相沉积法首次制备的非晶合金膜。最近半个世纪以来，非晶薄带、丝材、棒状大块非晶陆续问世。非晶物质最大的结构特点就是短程有序、长程无序，如图 1.6 所示，非晶没有晶体的长程周期性，使得非晶在宏观上表现出各向同性。非晶结构的电子衍射花样呈现宽晕和弥散的环。

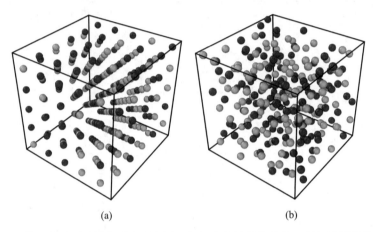

(a)   (b)

图 1.6 晶体和非晶原子结构对比示意图：(a) 有序的晶体结构；(b) 无序的非晶结构

1.2.2 液态金属的原子组态

原子尺度上液态金属的结构特征和其他液体一样，都显示出"短程有序、长程无序"的特征。表 1.2 给出了晶体、非晶、准晶、液体和气体在空间结构上的异同。如前文所说，非晶被称为"冻结的液体"，主要原因便是非晶合金的微观结构特征和液态金属的类似，都是短程有序、长程无序，不同的是非晶中的原子相对固定，不能自由运动，而液态金属中的原子会自由运动，即非晶中的原子具有定域性，而液态金属是非定域的，液态金属中的原子能作长程扩散或迁移。从表 1.2 可以看到气体也是非定域的，但是气体原子的扩散性要远高于液体原子，气体原子会四处扩散，而液体原子仅在液体内部自由运动。

表 1.2 晶体、非晶、准晶、液体以及气体在空间结构上的异同[20]

	短程结构序	长程结构序	定域性
晶体	有	有	定域
非晶	有	无	定域
准晶	有	有	定域
液体	有	无	非定域
气体	无	无	非定域

液态金属中的原子具体是如何分布的呢？除了定性的描述，更需要采用定量的函数进行精细的表征，如此才能准确地得到液态金属的微观原子分布特点以及变化趋势。常见的用于表征液态金属微观原子分布的参数有双体分布函数、结构因子、配位数、H-A 键型指数等。例如，双体分布函数统计了以某一原子为中心、不同距离处的其他原子分布状态。液态金属的双体分布函数曲线上有若干个峰值，这表明液体仅在距离参考原子不远处存在有序结构即短程有序，这也是液态金属原子局部密堆的结果；当距离增加时，曲线会趋于平缓，值趋于 1，表明各处的原子数密度与体系中的平均原子数密度相等，这量化了原子分布的长程无序特征。对于液态合金的不同种类的原子分布特点，通过偏双体分布函数可以分析同种原子是否聚集、不同种原子之间是否分离、原子之间的配位情况如何等。当改变液态金属的温度甚至进入过冷态时，原子分布的变化也会体现在双体分布函数上，最常见的就是，随着温度的下降直至过冷态，双体分布函数的各峰值通常会增加，从而定量说明了随着温度下降，原子分布的有序度会增加。

除了双体分布函数，结构因子、配位数、H-A 键型指数等也直观反映了液态金属原子的分布特点。双体分布函数虽然可以清晰地描述液态金属原子分布的有序性，但却无法直接由实验测得，更多的是基于模拟数据计算或是通过结构因子间接获得。相比双体分布函数，结构因子可以直接通过中子散射、X射线衍射等实验测试手段获得。根据结构因子的特征峰位置可以反映原子的分布特征，例如，前置峰的出现与否与液态金属中是否存在中程序结构有关。液态金属中的配位数是晶体中配位数概念的扩展，反映了液态金属原子堆积的紧密程度，可以通过对径向分布函数的第一近邻峰积分得到。基于配位数以及偏配位数随温度的变化可以得知液态金属原子的聚集倾向，间接反映了微观结构的演变。由 Honycutt 和 Andersen 提出的 H-A 键型指数弥补了双体分布函数不能很好地描述局域原子结构三维特征以及细微变化的缺陷，从而可以从三维尺度上分析原子排列的几何特征，例如液态金属或者非晶中便存在大量的 1551/

1431/1541 键对。同时 H–A 键型指数也可以用于描述液态金属随着温度变化过程中微观几何结构的演变特点,并通过分析键对的含量变化表征局域结构的变化。

1.2.3　液态金属的特点

液态金属的许多特点和普通液体一样,如具有固定的体积,同时具有流动性、黏滞性以及和其他液体一样剪切模量为 0 等,同时仍具备金属的特点如优良的导热、导电性。金属的熔化热与汽化热相比较低,通常熔化热仅为汽化热的 3%~5%,以镓为例,其熔化热为 5.59 kJ·mol⁻¹,而其汽化热为 254 kJ·mol⁻¹,是熔化热的 45 倍[21]。这说明金属熔化时其内部的相互作用键只有部分被破坏,因此其内部原子的局部分布仍旧存在一定的有序性。同时,也正是由于液态金属中仍旧存在较强的相互作用力,使得一般液态金属的沸点和熔点间的温度差别较大,表现为液态金属通常不易汽化,饱和蒸气压较低(也存在特例,如汞在 400 K 时饱和蒸气压为 140 Pa,这使得汞易挥发,相比之下,另外一种常见的低熔点金属镓在 800 K 时饱和蒸气压仅为 1.94×10^{-7} Pa)。液态金属内部较强的相互作用力也使得液态金属的物理性质更接近固态而不是气态。特别地,当液态金属温度接近熔点时,其物理性质更接近固态时的性质。此外液态金属普遍具有较强的活性,金属的高熔点也使得液态金属的工作温度普遍较高。

液态金属和其他液体一样具有黏滞性。在运动的流体内部,可将流体按速度分为不同层,不同层流体运动的速度不一致,导致各个流层之间将会产生切向力,其方向与相邻层的流体运动方向相反,从而阻碍流层间的相对运动,这就是流体的黏滞性,简称黏性。黏性本质上是由内摩擦产生的,当两层液体做相对运动时,两层液体分子间的平均距离增大,不同层液体分子的吸引力随之增大,宏观上则表现为产生黏滞力以抵抗液体的相对运动。在液态金属中,黏滞性是表征其原子间作用力、动量传递以及原子输运性质的重要物理特性,影响着液态金属内部的传质传热特性以及液态金属的流体力学特性。此外熔体的黏滞性还反映了熔体中原子集团间结合力以及相互作用力的强弱,是一个结构敏感特性,可用于研究液态金属结构。

液态金属具有良好的导热性能。液态金属镓的热导率为 33.7 W·m⁻¹·K⁻¹,液态金属汞的热导率为 8.7 W·m⁻¹·K⁻¹,液态金属镓铟共晶合金(EGaIn)的热导率为 26.6 W·m⁻¹·K⁻¹,相比之下,液态水的热导率仅为 0.6 W·m⁻¹·K⁻¹,液态金属的高热导率以及良好流动性使得其在冷却剂领域被广泛应用。液态金属的传热能力普遍强于水的传热能力,造成这种差异的主要原因是液态金属具有远低于水的普朗特数(Prandtl number,即黏度与扩散系数的比值,该标量反映了流体流动中动量交换与热交换的相对重要性)[22]。例如液态金属钠在 200～800 ℃ 范围内的普朗特数变化范围为 0.01 至 0.005，液态铅铋共晶合金的普朗特数变化范围为 0.03 至 0.005，而水的变化范围为 1 至 6，可以明显对比出水的普朗特数相较于液态金属要大几个数量级。这也反映了相比于液态水，液态金属中热传导与热对流的比值更大。

液态金属具有良好的导电性能。虽然相比于固态金属，其电导率有所下降，但液态金属仍旧是优良的导体，液态镓的电导率为 $3.73×10^6 S·m^{-1}$，液态镓铟共晶合金 EGaIn 的电导率为 $3.4×10^6 S·m^{-1}$。利用无容器法测得液态铜在熔点处的电导率为 $4.7×10^6 S·m^{-1}$。也正是由于液态金属优良的导电性能加之液体属性，使得其天然就适合作为柔性器件的导电材料。高温和高活性也是液态金属较为常见的特点，这也是在加工处理过程中要面临的挑战。高活性使得液态金属易与容器发生反应，从而导致液态金属被污染，这增加了对液态金属研究的难度，例如污染会对测量高温液态金属的热物性带来较大的偏差，从而会限制测量的温度范围等。图 1.7 显示了钛合金熔体与各种坩埚的界面反应，由此可知，对于钛合金这类反应活性尤为剧烈的金属，其液态性质，如表面张力在传统测量方法下难以实现准确的测定。此外高温也是测量液态金属性质的一大挑战，随着温度升高，许多常规的性质测量方法不再适用或者需要进行额外的改进，例如，测量密度的阿基米德排水法、膨胀计法等，测量表面张力的最大泡压法、悬滴法等。悬浮无容器技术则可完全避免以上这些困扰，不需要与容器接触的特点使得无容器技术或为测量高温液态金属结构和性质必不可少的手段。目前悬浮无容器技术已被应用于密度、黏度、表面张力、比热容、发射率等热物理性质的测量中[23-28]，此外结合高能光源以及原位衍射技术即可应用于高温液态金属的结构研究上[29-31]。这些内容将在后续章节中详细介绍。

液态金属的特殊性使得其在众多行业得到广泛应用。例如：作为一种优良的柔性导体，液态金属在柔性电子领域大展身手；作为一类高效的导热材料，液态金属在核工业、电子产业、能源行业等被广泛应用。而液态金属得以应用的前提是要对其各种性能参数有详细的了解。同时液态金属作为冶金工业中重要的中间态，其许多性质直接关系到后续工艺的进行，如液态金属的密度在提炼过程中被用于物质平衡和传热的计算。液态金属的表面性质如表面张力等则是理解及控制冶金工艺中许多现象如熔渣-金属反应、杂质的形核与生长等所必需的基本参量之一。此外还有黏度、比热容等液态金属的热物理性质都是工程应用或理论研究所需要的基本参数。

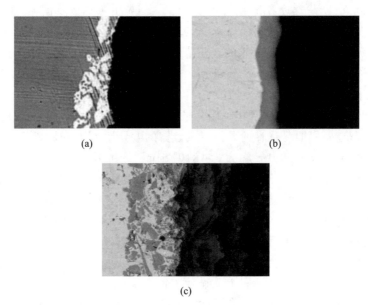

图 1.7　钛合金熔体与不同坩埚间的界面反应：（a）Y_2O_3[32]；（b）石墨[33]；（c）Al_2O_3[34]

1.3　液态金属的模型

前面已经介绍了液态金属的结构特点：短程有序、长程无序。不同于固态原子位置固定，也不同于气态原子完全自由无规运动，液态原子仅可以在内部自由流动，这种特殊性使得液态金属的结构难以被准确描述，从而对其性质也缺乏全面而又深刻的认识。对于固态晶体金属，其结构可以通过空间点阵和其他相应的参数来进行精确的描述，另外结合能带理论、电子结构等理论可以得到晶体相应的各种性质。对于气体，由于原子间相互作用极弱，同时在长程和短程上都表现为无序状态，因此理想气体方程可以很好地对其结构及性质进行描述。液态金属的性质及结构介于固态和气态之间，无法直接采用固态或气态的模型，加之液态金属往往温度较高，也增加了对液态金属结构与性质研究的难度。到目前为止仍旧没有一种可以广泛应用的、理想的描述液态金属结构与性质的模型，从事材料研究的学者们提出了很多液态金属的热力学模型[35,36]与结构模型[37,38]，虽然有些模型适用面很窄，有些模型也不再适用，但这些都促进了人们对液态金属的认识，起到了很好的指导作用。

1.3.1 晶体缺陷模型

最早对液态金属结构的研究借鉴了晶体学的概念，基于晶体点阵结构提出了一系列晶体缺陷模型，如微晶模型、空穴模型、位错模型等。这些模型都是基于固−液相似性所提出的。微晶模型是 Cargill[39] 于 1970 年提出的，其基本观点是：将液态金属看作由 1 到几个纳米的微小晶粒的集合，晶粒内每一个原子与其近邻原子的相对位置与晶体基本相同，这解释了液态的短程有序性，同时这些微晶粒取向杂乱不一致，导致长程无序。由于微晶尺寸无法确定，导致难以进行定量分析，从而无法证明和实验结果定量相符，使得微晶模型并没有得到广泛的认可。空穴模型的基本观点是：金属晶体熔化时在网格点阵上形成大量空位，从而解释了长程无序性，同时空位的存在也可以定性解释液态金属的流动性，但同样缺乏定量分析。位错模型也是类似的思想：将液态金属看成位错破坏点阵结构的结果。这些模型都是从固态晶体空间点阵结构基础上建立起来的，因此在定性描述上较为符合固−液相似性，但是都难以准确定量分析，对高温液态金属的微观结构也难以解释。

1.3.2 硬球无规密堆模型

在液态金属和非晶结构的研究中，应用最广泛的是硬球无规密堆(random close packing，RCP)模型。最早在 1936 年，Morrel[40] 采用胶球表示液体分子，以此给出了三维液体的微观图像。到了 1959 年，剑桥大学的 Bernal[41] 对这种模型进行了改进，由此建立了无规密堆模型。该模型中液态金属中的原子被当作刚性的硬球，当小球之间没有接触时相互之间没有作用力，一旦小球相互接触，势能便无穷大，即小球不可压缩，直径一样的众多刚性小球无规连续地堆垛，即可模拟原子之间无规紧密堆垛。Bernal 带领小组将相同的小钢球装入内壁不均匀的容器内以避免有序排列，通过充分晃动以及挤压使得小钢球尽量密堆而没有可以容纳其他小球的空洞，利用蜡和胶固定小球位置后，通过标记方法记录每个小钢球的球心位置，以此模拟无规密堆结构。Bernal 发现无规密堆结构主要由 5 种多面体组成，这些多面体也被称为 Bernal 多面体，如图 1.8 所示，分别是四面体、正八面体、三角棱柱、阿基米德反棱柱以及四方十二面体。这 5 种多面体所占体系的百分比分别为 73%、20.3%、3.2%、0.4% 和 3.1%，其中占比最大的是四面体。无规密堆状态下的硬球球心均位于这些多面体的顶点，多面体的各个面也都是等边三角形。Bernal 在实验中测得无规密堆模型的最大堆积密度即堆密度约为 0.636 6，相比之下，面心立方和六方密堆的堆密度为 0.740 5，这说明无规密堆不是真正的密堆，而是一种局域密堆。实验和模拟的数据均表明从无规密堆到晶态密堆需要经历原子重构，即要经历相变，这也解释了非晶合金微观结构稳定的原因。

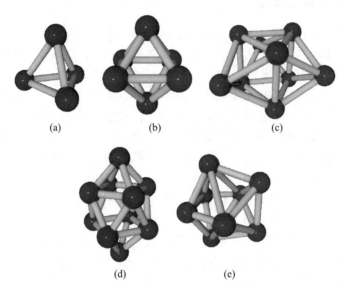

图 1.8　5 种 Bernal 多面体示意图[42]：（a）四面体；（b）正八面体；（c）三角棱柱；（d）阿基米德反棱柱；（e）四方十二面体

　　1964 年，Scott[43]用无规密堆模型合理地揭示了简单液体的几何结构。另一方面，Coxete[44]在 1958 年就从统计数学的角度推导出无规密堆结构存在的可能性。Finney 首先采用 Voronoi 多面体来分析解释硬球无规密堆模型中的无序结构，发现无规密堆模型中还存在由 13 个原子构成的二十面体以及由 55 个原子构成的 Mackay 二十面体团簇，X 射线衍射以及中子散射实验也证实了液态金属中存在二十面体短程有序结构。随后 Nelson[45]进一步拓展了密堆多面体的存在类型，发现除二十面体团簇外还存在着配位数更高的三角面构成的多面体团簇。

　　硬球无规密堆模型是一种理想的简化处理，其几何图像清晰具体，能形象地描述液态金属短程有序、长程无序的特点，特别是在描述简单液体时，依据该模型理论计算得到的双体分布函数与实验测得的双体分布函数基本符合。该模型也为后续液态结构和非晶结构的研究奠定了几何基础，但同时也存在局限性，例如：在描述多元合金和过渡金属的液态结构时就出现偏差；难以解释晶体熔化相变的不连续性；难以描述液态中分子和原子的热振动特征等。由于忽略了原子间的化学作用，所构建出来的结构与非晶合金的实际结构也存在一定的偏差。

1.3.3 有效密堆团簇模型

2005 年 Miracle[46] 提出了团簇密堆模型，该模型有两个基本假设：一是液态合金中的基本结构单元可以视作以溶质原子为中心的原子团簇，中心位置的溶质原子被溶剂原子所包围，二者的半径比决定溶质原子的配位数，溶质原子和溶剂原子的半径比存在一个临界值，真实比例越接近临界值，原子密排程度越高；二是液态合金中各基本结构单元之间通过共用原子，以共点、共线或共面的形式相互连接，并在空间中以堆密度最大的面心立方（fcc）或密排六方（hcp）结构排布。有效密堆团簇模型考虑了液态结构的短程有序特征和中程有序特征，较为成功地描述了某些合金体系的液态结构，也能较好地反映非晶合金的结构特征，但同时也存在一些问题。其中最大的问题就是当原子组分发生变化时，径向分布函数却未出现明显的变化，同时原子半径比难以估算，导致该模型对基本结构单元的描述不够清晰与准确。此外，各基本结构单元在空间中的分布局限于面心立方和密排六方，这也不符合真实液态结构的长程无序性。

1.3.4 准等同团簇模型

在 Miracle 工作的基础上，2006 年 Sheng[47] 提出了准等同团簇模型。在建立模型的过程中，原子不再被当作硬球而更像是软球，综合考虑了真实原子间的化学效应和原子弛豫，他们采用 X 射线衍射、扩展 X 射线吸收结构谱、逆蒙特卡罗方法、从头算分子动力学模拟，重构分析了多种具有不同原子半径比和化学性质的二元非晶合金（Ni-P、Ni-B、Zr-Pt、Zr-Pd、Ni-Nb、Al-Ni、Al-Zr）的 3D 结构，综合分析后提出了准等同团簇密堆模型。该模型提出了多种不同种类的以溶质原子为中心构造的 Voronoi 多面体为基本结构单元，其中有两到三种团簇占主导地位。占主导地位的团簇通过共心、共面、共棱和共顶点等方式相互连接形成大小不一的链状或网格状的中程序结构。

1.4 液态金属的用途

液态金属的流动性使得其可任意变形，并可直接铸造成毛坯件或者成品零件。此外液态金属作为母材，通过控制液态金属的状态与凝固过程，可实现对固态金属的性能调控。一些特殊性能的金属材料如非晶、单晶、准晶等便需要特殊的凝固控制。同时液态金属原子的自由运动，使得多种金属原子也可以实现均匀混合，因此通过往某种液态金属中加入不同配比的其他元素或多种纯金属同时熔化是目前获取特定成分合金的主要方法之一。

　　液态金属除了在金属冶炼制造过程中发挥至关重要的作用以外，还有什么用途呢？30 年前的电影《终结者》也许能做出一部分回答，看过该电影的人想必都对其中来自 2039 年的液态机器人惊叹不已，正是由于液态金属完美结合了液体与金属的特性，电影中的液态机器人才能拥有超强的自愈能力和变形能力。虽然现如今的技术还远远无法实现电影中的效果，但自愈电路、可伸缩电路、可伸缩天线、简单的液态金属驱动机器人等的出现已经展现了液态金属的潜力。目前，液态金属及合金已被广泛应用于众多领域，如柔性电子、散热材料、生物医疗、能源行业等。

1.4.1　多种纯组元的合金化

　　液态金属合金化是目前多组元金属合金化的主要方法之一，这类方法依赖于液态金属的液体特性，得以实现多种原子的充分混合，最终获得多元合金。这种方法的主要实现途径之一就是将多种纯组元按指定配比同时熔化。最常见的便是电弧熔炼，将不同的纯元素颗粒按指定配比混合后，置于真空或惰性气体下，利用电极间产生的电弧对固态金属进行加热熔化，熔化后的液态金属初始时由于浓度不均，在浓度梯度的驱动下，不同种类原子自由扩散趋于均匀混合。电弧熔炼由于成本较高，通常多为实验室使用，工业上应用更多的是感应熔炼，它是通过交变磁场在金属内部产生涡流，进而产生大量电阻热，从而实现固态金属的感应加热熔化。激光表面合金化法也是一种新型的液态金属合金化途径，通过在基底上预置相应配比的合金化粉末，随后在高能激光的加热下实现粉末熔化成合金，合金粉末的厚度，激光的功率、扫描速度、光斑大小等都会影响合金化层的性能。

　　液态金属中加入固态金属是另一种液态金属合金化的途径。这一过程中涉及固态金属在高温液态金属中转变为液态金属的过程，包括固态金属的"熔化"与"溶解"。铸造过程中很多工艺都涉及这一过程，例如成分调控、变质处理、孕育处理等。固态金属加入液态金属中是发生熔化还是溶解，与固态金属的熔点、液态金属的温度、固态和液态金属种类等众多因素相关[48]。熔化主要发生在固态金属熔点低于液态金属温度的情况下，此时固态金属吸热熔化成液态并混合入液态金属中。例如，液态铁中加入硅锰合金，液态铜中加入铝等就是固态金属先发生熔化后混入液态金属。溶解则大多发生在固态金属熔点高于液态金属温度的情况下，包括高熔点固态金属原子与液态金属原子直接相互扩散溶解，如铜、硅等在液态铝中溶解，铝在液态锡中溶解。或者固态金属和液态金属在界面上先反应生成高熔点的金属间化合物，随后金属间化合物在液态金属中溶解，如铁加入液态铝中会先在界面处生成 Fe_2Al 和 Fe_3Al，镍加入液态镁中时会先在界面上生成 Mg_2Ni，往液态硅铝合金中加入锶会先生成分散粒状的 $SrAl_2Si_2$ 和 Al_4Sr，往低温铁碳合金液中加入硅铁合金会先反应生成 FeSi 和 SiC，这些生成的金属间化合物之后再溶解于液态金属中。

1.4.2 固态金属成形成性的母材

通过液态金属铸造是获得金属毛坯件和零件的主要方法之一。铸造是通过将熔化的液态金属浇注到特定的模具空腔中，等液态金属凝固后获得金属铸件的技术。铸造技术主要是利用液态金属的流动性，通过模具限制液态金属的形状，最终凝固得到特定形状的固态金属产品。人类通过铸造生产加工金属的历史已有 6 000 多年，商朝的"后母戊方鼎"、战国时期的"曾侯乙尊盘"、后周的"镇海吼"等便是古代铸造的代表作。现如今，铸造技术已广泛应用于航空、航天、舰船、汽车、电力、纺织、艺术品等众多行业。大到航空发动机、汽车发动机、大型燃气轮机，小到钟表、照相机、日用五金等都离不开金属铸件。液态金属铸造成形的零件或毛坯件具有表面光洁、尺寸精度高、可实现复杂形状等优点，特别是对于一些大型的或者内腔形状复杂、难以切削加工的零件具有较好的适用性。

控制液态金属的凝固过程是获取性能优异的金属材料的重要途径之一。传统凝固条件具有冷速小、枝晶生长速度慢、近平衡凝固等特点，所获得的晶粒组织粗大、晶粒取向不受控、材料性能不佳，通常需要进行二次热处理以提升材料性能[21]。基于高性能材料的开发需求，多种凝固技术逐渐发展起来，如定向凝固技术[49,50]、快速凝固技术[51-53]、激光熔覆技术[54,55]等，这些技术本质上都是通过改变凝固条件，控制凝固过程，以实现获取特殊金属材料。以快速凝固技术为例，包括深过冷快速凝固和急冷快速凝固，前者通过无容器技术、熔融玻璃净化等方法抑制异质形核使得液态金属进入深过冷状态实现快速凝固[56-58]，后者通过提高冷速实现液态金属的快速凝固[59]。快速凝固获得的金属通常具有固溶度更高、成分更均匀、晶粒更细小等特点，具有更优异的性能。此外快速凝固技术也是制备非晶、准晶金属材料的主要途径。

更进一步地，液固相变成形的固态金属可以被再次调制应用性能，塑性加工就是既常见又十分重要的调制技术之一，它可以调整和控制固态金属材料固有的微观组织结构和力学性能。在锻造、轧制、环轧、挤压和旋压等热力耦合加载过程中，固态金属的晶粒会发生较大变形、再结晶乃至固态相变，原有液固相变成形的粗大枝晶或者柱状晶粒转变为晶粒细小、均匀的等轴再结晶组织，从而可以使原始固态金属内原有的偏析、疏松、气孔、夹渣等问题得到明显改善[60,61]，尤其会使组织变得更加致密和强韧，这在航空航天工业的关键承力构件的加工中，如隔框、翼梁、起落架、发动机叶片、机匣、火箭环轧构件等，发挥着重要的作用，从而保证高端装备关键承力构件满足苛刻的服役条件[62,63]。

1.4.3　柔性电子电路

液态金属的变形性、延展性、高电导率和热导率使得其在柔性电子领域天然具备广阔的应用前景，可应用于可拉伸电路、自愈电路、可拉伸天线、柔性传感器以及其他柔性电子元件等[64]。以中国科学院宁波材料技术与工程研究所的李润伟团队的报道结果为例[65]，他们开发了一种基于非对称结构的液态金属嵌入式柔性应变传感器，通过光刻 3D 技术构建微型管道，然后将常温液态金属（67.3 wt.% Ga-19.2 wt.% In-13.5 wt.% Sn，熔化温度为-1.4 ℃，电阻率 $3.5 \times 10^{-7} \Omega \cdot m^{-1}$）作为压力敏感材料注入微型管道中而制得，该传感器具有良好的机械稳定性，弯曲传感器时微型管道内液态金属发生形变并输出不同的电信号，该传感器可分辨-70°~70°范围内的角度和方向变化，分辨率为1°，可应用于监测手指、关节运动等。液态金属应用于柔性电子技术的关键是，将液态金属图案化，即形成所需的形状，例如前面的传感器例子中就是通过将液态金属注入特定形状的微型管道内从而实现了液态金属的图案化。目前液态金属图案化的方法主要可分为 4 大类：光刻法、注射法、减除法、添加法[66]。

1.4.4　导热材料

液态金属的高热导率及其液体特性使其成为一种理想的导热材料，无论是在低温场景还是高温场景中都被广泛应用。例如，生活中最常见的芯片散热，随着处理器性能需求的不断提高，其制造工艺不断升级，晶体管密度越来越大，随之而来的是处理器芯片对散热能力需求的提高，相比于传统的导热硅脂、水冷散热等，基于液态镓基合金的散热系统极大地提高了散热器对芯片的降温能力[67]。液态金属在核工业中作为导热材料也被广泛应用，如美国曾将液态钠作为快堆冷却剂应用于核潜艇上，但钠的活性高，容易发生故障，苏联吸取其教训在核潜艇上改用铅铋合金作为核反应堆的冷却剂。第 4 代核电站系统中就有钠冷快堆和铅冷快堆，这两种堆形就是以液态金属作为反应堆冷却剂。此外液态铅和铅铋合金也是加速器驱动次临界系统（ADS，一种理想的核废料嬗变处理装置，其原理是由加速器发出高能的质子束流持续轰击次临界堆芯中的液态金属散裂靶引起裂变反应，然后通过核内级联与核外级联产生中子，利用产生的外中子源维持和驱动堆芯嬗变反应，同时输出能量）中的冷却剂和散裂靶的候选材料。

1.4.5 液态金属电池

液态金属电池[68]源于全液态电解池，其研究最早可以追溯到近一个世纪以前应用电解方法制备高纯铝的三层液态 Hoopes 电化学池。随着可再生能源的发展，对大规模、低成本、长寿命储能技术的需求不断提高，液态金属电池技术越来越受到重视。液态金属电池主要由 3 层液态物质组成，分别是上层低密度的液态金属负极、中间高温熔盐电解液以及下层高密度的液态金属正极。液态金属电池利用金属负极材料与正极材料的合金/去合金化过程实现充放电，具体原理为：当放电时，负极材料金属 A 以粒子形态通过中间层熔盐电解液迁移至正极一侧，与正极的 B 金属形成 AB 合金，此时负极液态金属 A 厚度减小，正极液态金属 B 厚度增加；充电时，粒子运动和充电时相反。目前研究的液态金属电池电极材料体系主要有 Na-Bi 体系、Mg-Sb 体系、Li-Pb-Sb 体系、Ca-Mg-Si 体系、Li-Sn-Sb 体系等。液态金属电池具有高功率、低成本、长寿命等优点，同时也面临着很多难点，在大规模应用之前仍旧需要解决腐蚀、密封、热量管理等方面的问题。

1.4.6 其他用途

磁流体发电机依据导电流体与磁场的相互作用产生电能，其中按流动的发电工质种类来分，主要有高温等离子气体磁流体发电机和液态金属磁流体发电机两种。相比于高温等离子气体磁流体发电机，液态金属磁流体发电机具有输出功率较高、可工作热源温度范围广（300～3 000 K）、循环过程中工质无化学反应和物性变化、可直接与核反应堆耦合等特点，既可在地面工作，也可应用于空间站、卫星、深空探测器等太空环境中。第一套液态金属磁流体发电系统便是为空间应用设计的，采用了液态金属锂和铯作为流体工质。目前应用于液态金属磁流体发电机的液态金属种类主要有液态钠钾合金、液态汞合金、液态铅铋合金、液态镓、液态锡等。

基于液态金属制造机器人也是一个重要的研究方向，其中液态金属电动机是关键部件。一种途径是利用液态金属的化学活性，通过控制反应产生的氢气泡实现液态金属的自驱动。另一种途径是对液态金属进行不同的处理，使得其可以在电场、磁场、光场、化学场等环境下实现一定的驱动性能。这些驱动方法中，液态金属在电场作用下的驱动性能最好，由于液态金属拥有较大的表面张力，仅需要极低电场功耗就可以使其液滴表面产生沿着表面的张力梯度，从而实现液态金属的驱动。例如，2014 年清华大学的刘静教授团队[69]通过改变电场实现了控制镓基合金的液滴在水溶液中的自旋状态、定向运动和形态转变等。液态金属驱动控制的实现使得液态智能机器人的设想又近了一步。基于液态金属的电驱性能，清华大学的研究人员开发了一种新型的利用液态金属作为驱动力的毫米级船[70]。基于相同的运动机理，中国科学技术大学的研究人员又开发了一种以液态金属作为轮子以及驱动力的微型可控小车[71]。这些应用展示了液态金属在微小机器人领域的巨大潜力。

1.5　液态金属研究的科学意义与工程价值

液态金属具有的原子扩散、流动、高温、不透明等特性使得对其液态结构的描述十分困难，近年来，尽管液态金属的结构与性质研究取得了长足发展[72-75]，但是至今仍未建立完善的液态金属结构理论，而随着对液态金属的深入研究，扩展至整个液态物理的理论体系亟待建立。基于液态金属的重要性，开展液态金属结构与性质研究的科学意义与工程价值主要有以下 3 个方面：

（1）开展液态金属研究，将推动液态金属自身特征规律的揭示，有助于液态金属结构与性质理论的建立，从而有效支撑液体理论的构建与发展。

对液态金属性质的研究，一方面促进了对液态金属的认识，另一方面也为计算模拟提供了准确的参数，使得模拟可以更接近事实，结果也更加可信，进而为理论研究提供有效的模拟手段。特别是，随着结构探测技术、模拟技术的发展，对液态金属微观结构的观测可以更加细致，从而促进了对液态结构的认知。对金属结构的研究，促进了人们对液体微观结构的认识，从最初的晶体缺陷模型，到硬球无规密堆模型，再到如今的团簇模型，液态理论在不断完善。微观短程结构研究结果表征了液态金属在原子尺度上的化学和拓扑结构特征，更加本源地揭示出液态金属短程结构与物理化学性质的内在联系。

（2）开展液态金属研究，掌握其性质和结构变化规律，有助于探明液态金属相变等基础科学问题。

液态金属中微观结构在空间上表现为短程有序、长程无序，这些短程拓扑结构对凝固过程中的多相竞争形核起着决定性作用。准确表征合金熔体的结构并建立其与结晶相结构之间的联系，对于从原子尺度探索液-固相变机理和凝固过程中的相选择规律具有重要的作用[76]。Holland-Moritz[77]采用电磁悬浮结合中子散射技术研究了过冷液态 $Al_{60}Cu_{34}Fe_6$ 合金中的短程序，发现了液态合金中存在大量的二十面体短程序，并且讨论了二十面体短程序对过冷熔体中晶体形核的影响。Kelton 等[78]利用静电悬浮结合同步辐射 X 射线研究了过冷液态 Ti-Zr-Ni 合金的二十面体短程序，证实了液态合金中二十面体团簇的存在是产生液态合金深过冷现象的原因。王磊[79]等利用静电悬浮系统测量液态 $NiZr_2$ 合金的热物性时发现，$NiZr_2$ 合金熔体在过热度 166~251 K 范围内存在液-液相变，且发生的液-液相变对合金熔体的过冷能力产生明显的影响。本书作者对液态结构中的团簇键对关系进行了研究，提出了调控过冷度进而实现对凝固过程中相选择的主动控制，如 Ni-Zr 包晶合金体系，Ni_5Zr 和 Ni_7Zr_2 两种金属间化合物的竞争形核与生长，从不同过冷条件下液态原子团簇结构可以预测，进而根据合金制备需求实现微观组织的可控制备。上述研究使得人们对液态金属的结构与性质有了更进一步的了解，对于揭示液态金属相变过程的相选择等基础科学问题具有重要科学意义。

（3）开展液态金属研究，有利于从液态金属的本源出发控制材料的成形成性，进而实现高性能固态金属工业产品的全过程加工控制。

液态金属可作为工业产品直接应用于散热系统、微电机、微型机器人、柔性电子电路等，而这都需要以液态金属研究作为支撑。例如：应用于散热系统，液态金属的黏度、密度、导热系数等物理性质会直接影响热循环效率；应用于微电机、微型机器人，则液态金属的化学活性、表面张力、密度、导电性等性质会决定其驱动方式；应用于柔性电子电路，则液态金属的导电性、黏度、表面张力等物理性能会影响图案化以及最终电子器件的性能。

液态金属更多的是作为固态金属的母材，即通过凝固制备高性能的固态合金，这必然离不开对液态母材结构与性质的研究，例如，液态金属的密度关系到浇铸工艺中的补缩问题[80]，表面张力和黏度也直接关系到冶金工业中的流动、气泡生成、熔渣分离等问题，研究液态金属有助于改进工艺、减小材料缺陷等，从而提高合金工业产品的质量。尤其是新兴的凝固制备技术，如快速凝固，是提升固态金属性能的重要途径[81-84]，而这也需要对液态金属的研究作为支撑，包括如何实现液态金属的深过冷，如何控制液态金属的凝固取向，如何控制液态金属的凝固速率等。可以说，对液态金属深入系统的研究，将有利于从本源出发控制材料的成形成性，进而实现高性能固态金属工业产品的全过程加工控制[85-87]。

1.6 本章小结

本章主要从液态金属的物质状态、基本特点、结构模型以及液态金属的用途、科学意义、工程价值出发，对液态金属进行了简要的概述。首先将物质的液态与其他基本状态如固态、气态等对比，介绍了液态的基本特点，以及不同物质状态之间的内在联系，进而通过多种物理量包括热物性、微观结构等来判断物质所处的状态。

金属是自然界中广泛存在的一类材料，通常具有高熔点、较好的导热性、良好的导电性等特点，固态金属通常为晶体结构，此外还存在准晶结构和非晶结构。而液态金属除了具有良好的导热导电性外，同时具有黏滞性、流动性，通常还具有高温、高活性的特点。液态金属的结构特点为"短程有序、长程无序"，其内部原子具有自由流动的特殊性，使得液态金属的结构难以被准确描述。本章介绍了几种具有代表性的液态金属模型，例如，借鉴晶体学理论提出的一系列晶体缺陷模型，基于无规密堆模型发展出的硬球无规密堆模型以及后来进一步发展出的团簇模型。不断深入研究液态金属是为了更好地利用液态金属为人类服务，无论是间接利用，如通过控制液态金属来实现对固态金属的性能调控以及对特殊金属材料的开发，还是直接将液态金属应用于柔性电子电路、散热材料、生物医疗等领域。本章最后概述了在液态金属结构与性质理论、液态金属相变、高性能金属产品的开发等基础科学和工程应用领域开展液态金属研究的意义与价值。

参考文献

[1]　汤文辉，徐彬彬，冉宪文，等. 高温等离子体的状态方程及其热力学性质[J]. 物理学报，2017，66(3)：70-88.

[2]　Zhang P C, Chang J, Wang H P. Transition from crystal to metallic glass and micromechanical property change of Fe－B－Si alloy during rapid solidification [J]. Metallurgical and Materials Transactions B：Process Metallurgy and Materials Processing Science, 2020, 51：327-337.

[3]　Wang H P, Li M X, Zou P F, et al. Experimental modulation and theoretical simulation of zonal oscillation for electrostatically levitated metallic droplets at high temperatures [J]. Physical Review E, 2018, 98：63106.

[4]　Cai X, Wang H P, Wei B. Migration dynamics for liquid/solid interface during levitation melting of metallic materials [J]. International Journal of Heat and Mass Transfer, 2020, 151：119386.

[5]　Zou P F, Wang H P, Yang S J, et al. Density measurement and atomic structure simulation of metastable liquid Ti-Ni alloys[J]. Metallurgical and Materials Transactions a, 2018, 49(11)：5488-5496.

[6]　Sondermann E, Kargl F, Meyer A. In situ measurement of thermodiffusion in liquid alloys [J]. Physical Review Letters, 2019, 123(25)：255902.

[7]　Flores-Ruiz H, Micoulaut M, Piarristeguy A, et al. Structural, vibrational, and dynamic properties of Ge-Ga-Te liquids with increasing connectivity：A combined neutron scattering and molecular dynamics study[J]. Physical Review B, 2018, 97(21)：214207.

[8]　Vella J R, Chen M, Stillinger F H, et al. Structural and dynamic properties of liquid tin from a new modified embedded-atom method force field[J]. Physical Review B, 2017, 95(6)：064202.

［9］ 维基百科. 沥青滴漏实验图［EB/OL］.［2021-03-17］.

［10］ 杨尚京. 难熔金属材料的静电悬浮过程与快速凝固机理研究［D］. 西安：西北工业大学，2018.

［11］ Kurz W，Fisher D J. 凝固原理［M］. 李建国，胡侨丹，译. 北京：高等教育出版社，2010.

［12］ Ma X B，Wang H P，Zhou K，et al. Specific heat determination and simulation of metastable ternary $Ni_{80}Cu_{10}Si_{10}$ alloy melt［J］. Applied Physics Letters，2013，103（10）：104101.

［13］ Neamen D A. 半导体物理与器件（第四版）［M］. 赵毅强，姚素英，史再峰等，译. 北京：电子工业出版社，2018.

［14］ 胡赓祥，蔡珣，戎咏华. 材料科学基础（第三版）［M］. 上海：上海交通大学出版社，2010.

［15］ Shechtman D，Blech I，Gratias D，et al. Metallic phase with long-range orientational order and no translational symmetry［J］. Physical Review Letters，1984，53（20）：1951-1953.

［16］ Bian X F，Sun B A，Hu L N，et al. Fragility of superheated melts and glass-forming ability in Al-based alloys［J］. Physics Letters A，2005，335（1）：61-67.

［17］ Bian X F，Sun B A，Hu L N. Medium-range order structure and fragility of superheated melts of amorphous CuHf alloys［J］. Chinese Physics Letters，2006，23（7）：1864-1867.

［18］ 惠希东，董伟，王美玲，等. 超常塑性 $Mg_{77}Cu_{12}Zn_5Y_6$ 块体金属玻璃基内生复合材料［J］. 科学通报，2006，51（2）：224-229.

［19］ Ma M Z，Liu R P，Xiao Y，et al. Wear resistance of Zr-based bulk metallic glass applied in bearing rollers［J］. Materials Science and Engineering：A，2004，386（1-2）：326-330.

［20］ 汪卫华. 非晶态物质的本质和特性［J］. 物理学进展，2013，33（5）：177-351.

［21］ 胡汉起. 金属凝固原理［M］. 北京：机械工业出版社，2000.

［22］ Mikityuk K. Heat transfer to liquid metal：Review of data and correlations for tube bundles［J］. Nuclear Engineering and Design，2009，239（4）：680-687.

［23］ 胡亮，王海鹏，解文军，等. 单轴反馈控制条件下的静电悬浮研究［J］. 中国科学：物理学 力学 天文学，2010，40（6）：722-728.

［24］ Xie W J，Cao C D，Lü Y J，et al. Acoustic method for levitation of small living animals［J］. Applied Physics Letters，2006，89（21）：214102.

［25］ Wang H P，Luo B C，Qin T，et al. Surface tension of liquid ternary Fe-Cu-Mo alloys measured by electromagnetic levitation oscillating drop method［J］. The Journal of Chemical Physics，2008，129（12）：124706.

［26］ Wang H P，Luo B C，Chang J，et al. Specific heat and related thermophysical properties of liquid Fe-Cu-Mo alloy［J］. Science in China Series G：Physics，Mechanics & Astronomy，2007，50（4）：397-406.

［27］ Wang H P，Wei B B. Surface tension and specific heat of liquid $Ni_{70.2}Si_{29.8}$ alloy［J］.

Chinese Science Bulletin, 2005, 50(10): 945-949.

[28] Mohr M, Wunderlich R, Dong Y, et al. Thermophysical properties of advanced Ni-Based superalloys in the liquid state measured on board the international space station [J]. Advanced Engineering Materials, 2020, 22(4): 1901228.

[29] Holland-Moritz D, Yang F, Gegner J, et al. Structural aspects of glass-formation in Ni-Nb melts[J]. Journal of Applied Physics, 2014, 115(20): 203509.

[30] Okada J T, Sit P H, Watanabe Y, et al. Persistence of covalent bonding in liquid silicon probed by inelastic X-ray scattering[J]. Physical Review Letters, 2012, 108(6): 67402.

[31] Jeon S, Sansoucie M P, Shuleshova O, et al. Density, excess volume, and structure of Fe-Cr-Ni melts[J]. The Journal of Chemical Physics, 2020, 152(9): 94501.

[32] 原赛男, 唐晓霞, 张虎. Ti-47Al-2Cr-2Nb 合金熔体与 Y_2O_3 型壳的界面作用[J]. 特种铸造及有色合金, 2010, 30(7): 593-596.

[33] Frenzel J, Zhang Z, Neuking K, et al. High quality vacuum induction melting of small quantities of NiTi shape memory alloys in graphite crucibles [J]. Journal of Alloys and Compounds, 2004, 385(1-2): 214-223.

[34] 陈玉勇, 牛红志, 田竞, 等. Ti-47Al-2Cr-2Nb-xTiB$_2$ 合金与 Al_2O_3 陶瓷型壳界面反应的研究[J]. 特种铸造及有色合金, 2010, 30(3): 197-200.

[35] 周国治. 新一代的溶液几何模型及其今后的展望[J]. 金属学报, 1997, 33(2): 126-132.

[36] 陈福义, 介万奇. 液态结构对 Al-Cu 熔体过剩自由能的影响[J]. 金属学报, 2003, 39(3): 259-262.

[37] 田学雷, 沈军, 孙剑飞, 等. 金属 Cu 液态结构的纳米晶粒模型[J]. 材料科学与工艺, 2004, 12(1): 15-19.

[38] Finney J L. Bernal's road to random packing and the structure of liquids[J]. Philosophical Magazine, 2013, 93(31-33): 3049-3069.

[39] Cargill G S. Structural investigation of noncrystalline nickel-phosphorus alloys[J]. Journal of Applied Physics, 1970, 41(1): 12-29.

[40] Morrell W E, Hildebrand J H. The distribution of molecules in a model liquid[J]. The Journal of Chemical Physics, 1936, 4(3): 224-227.

[41] Bernal J D. A geometrical approach to the structure of liquid[J]. Nature, 1959, 183(4655): 141-147.

[42] Bernal J D. Geometry of the structure of monatomic liquids[J]. Nature, 1960, 185(4706): 68-70.

[43] Scott G D, Charlesworth A M, Mak M K. On the random packing of spheres[J]. The Journal of Chemical Physics, 1964, 40(2): 611-612.

[44] Coxeter H S M. Close-packing and froth[J]. Illinois Journal of Mathematics, 1958, 2(4B): 746-758.

[45] Nelson D R. Order, frustration, and defects in liquids and glasses[J]. Physical Review B,

1983，28(10)：5515-5535.

[46] Miracle D B. A structural model for metallic glasses[J]. Nature Materials, 2004, 3(10)：697-702.

[47] Sheng H W, Luo W K, Alamgir F M, et al. Atomic packing and short-to-medium-range order in metallic glasses[J]. Nature, 2006, 439(7075)：419-425.

[48] 曾大新，苏俊义，陈勉己.固体金属在液态金属中的熔化和溶解[J].铸造技术，2000(1)：33-36.

[49] 陈亚军，陈琦，王自东，等.定向凝固过程中柱状晶的生长机制[J].清华大学学报：自然科学版，2004，44(11)：1464-1467.

[50] Deng P R, Li J G. Slow cooling conditions for texturing ferromagnetic materials by solidification in a magnetic field[J]. Scripta Materialia, 2006, 55(8)：747-750.

[51] Liu L, Li J F, Zhou Y H. Solidification interface morphology pattern in the undercooled Co-24.0at.%Sn eutectic melt[J]. Acta Materialia, 2011, 59(14)：5558-5567.

[52] Liu L, Li J F, Zhou Y H. Solidification of undercooled eutectic alloys containing a third element[J]. Acta Materialia, 2009, 57(5)：1536-1545.

[53] 彭平，周征，谢泉，等.快速凝固 NiAlFe 系形状记忆合金的研究进展[J].材料导报，1996(3)：20-22.

[54] Liu Y C, Lan F, Yang G C, et al. Microstructural evolution of rapidly solidified Ti-Al peritectic alloy[J]. Journal of Crystal Growth, 2004, 271(1-2)：313-318.

[55] 王华明.金属材料激光表面改性与高性能金属零件激光快速成形技术研究进展[J].航空学报，2002，23(5)：473-478.

[56] 傅恒志，魏炳波，郭景杰.凝固科学技术与材料发展[C]//第十届全国特种铸造及有色合金学术年会暨第四届全国铸造复合材料学术年会，2004：1-6.

[57] Wang H P, Lü P, Cai X, et al. Rapid solidification kinetics and mechanical property characteristics of Ni-Zr eutectic alloys processed under electromagnetic [J]. Materials Science and Engineering：A, 2020, 772：138660.

[58] 魏炳波，杨根仓，周尧和.Ni-32.5%Sn 共晶合金的净化与深过冷[J].金属学报，1990，26(5)：343-348.

[59] 陈熙琛，管惟炎，易孙圣，等.急冷 Al-Si-Ge 合金的微观结构及正常-超导转变特性[J].物理学报，1982，31(2)：268-270.

[60] 杨合，孙志超，詹梅，等.局部加载控制不均匀变形与精确塑性成形[M].北京：科学出版社，2014.

[61] Li H, Fu M. Deformation-based Processing of Materials：Behavior, Performance, Modeling, and Control[M]. Amsterdam：Elsevier, 2019.

[62] Li H, Wei D, Zhang H, et al. Texture evolution and controlling of high-strength titanium alloy tube in cold pilgering for properties tailoring [J]. Journal of Materials Processing Technology, 2020, 279：116520.

[63] Yang H, Li H, Ma J, et al. Temperature dependent evolution of anisotropy and asymmetry

of α-Ti in thermomechanical working: Characterization and modeling[J]. International Journal of Plasticity, 2020, 127: 102650.

[64] Zhou X P, He Y, Zeng J. Liquid metal antenna-based pressure sensor[J]. Smart Materials and Structures, 2019, 28(2): 25019.

[65] Yu Z, Shang J, Niu X H, et al. A Composite elastic conductor with high dynamic stability based on 3D-calabash bunch conductive network structure for wearable devices[J]. Advanced Electronic Materials, 2018, 4(9): 1800137.

[66] Dickey M D. Stretchable and soft electronics using liquid metals[J]. Advanced Materials, 2017, 29(27): 1606425.

[67] 马坤全. 液态金属芯片散热方法的研究[D]. 北京: 中国科学院理化技术研究所, 2008.

[68] Kim H, Boysen D A, Newhouse J M, et al. Liquid metal batteries: Past, present, and future[J]. Chemical Reviews, 2013, 113(3): 2075-2099.

[69] Sheng L, Zhang J, Liu J. Diverse transformations of liquid metals between different morphologies[J]. Advanced Materials, 2014, 26(34): 6036-6042.

[70] Yao Y Y, Liu J. Liquid metal wheeled small vehicle for cargo delivery[J]. RSC Advances, 2016, 6(61): 56482-56488.

[71] Li X X, Xie J, Tang S Y, et al. A controllable untethered vehicle driven by electrically actuated liquid metal droplets[J]. IEEE Transactions On Industrial Informatics, 2019, 15(5): 2535-2543.

[72] Kelton K F, Lee G W, Gangopadhyay A K, et al. First X-ray scattering Studies on electrostatically levitated metallic liquids: Demonstrated influence of local icosahedral order on the nucleation barrier[J]. Physical Review Letters, 2003, 90(19): 195504.

[73] Zu F Q. Temperature-induced liquid-liquid transition in metallic melts: A brief review on the new physical phenomenon[J]. Metals, 2015, 5(1): 395-417.

[74] Zhang Q, Lai W S, Liu B X. Glass-forming ability determined by the atomic interaction potential for the Ni-Mo system[J]. Physical Review B, 1999, 59(21): 13521-13524.

[75] Liu R S, Dong K J, Tian Z A, et al. Formation and magic number characteristics of clusters formed during solidification processes[J]. Journal of Physics: Condensed Matter, 2007, 19(19): 196103.

[76] He J, Zhao J Z, Ratke L. Solidification microstructure and dynamics of metastable phase transformation in undercooled liquid Cu-Fe alloys[J]. Acta Materialia, 2006, 54(7): 1749-1757.

[77] Holland-Moritz D, Schenk T, Simonet V, et al. Neutron scattering experiments on the short-range order in undercooled metallic melts[J]. MRS Proceedings, 2002, 754: 123-128.

[78] Kelton K F, Gangopadhyay A K, Kim T H, et al. A case for local icosahedral order in undercooled metallic liquids and the influence on the nucleation barrier[J]. Journal of Non-

Crystalline Solids, 2006, 352(50-51): 5318-5324.

[79] Wang L, Hu L, Yang S J, et al. Liquid state property and intermetallic compound growth of Zr_2Ni alloy investigated under electrostatic levitation condition[J]. Chemical Physics Letters, 2018, 711: 227-230.

[80] Mizukami H, Yamanaka A, Watanabe T. Prediction of density of carbon steels[J]. Isij International, 2002, 42(4): 375-384.

[81] Li Y F, Li C, Wu J, et al. Microstructural feature and evolution of rapidly solidified Ni_3Al-based superalloys[J]. Acta Metallurgica Sinica (English Letters), 2019, 32(6): 764-770.

[82] Li Y F, Li C, Wu J, et al. Formation of multiply twinned martensite plates in rapidly solidified Ni_3Al-based superalloys[J]. Materials Letters, 2019, 250: 147-150.

[83] 王海鹏, 魏炳波. 液态金属凝固过程微观结构原位表征[M]//制造科学编委会. 10000 个科学难题: 制造科学卷. 北京: 科学出版社, 2018.

[84] Chen G, Peng Y, Zheng G, et al. Polysynthetic twinned TiAl single crystals for high-temperature applications[J]. Nature Materials, 2016, 15(8): 876-881.

[85] Wan M, Xiao Q, Liu Y, et al. A new decoupled tangential contouring control scheme for multi-dimensional motion[J]. Mechanism and Machine Theory, 2020, 151: 103944.

[86] Luo Z C, Wang H P. Primary dendrite growth kinetics and rapid solidification mechanism of highly undercooled Ti-Al alloys[J]. Journal of Materials Science & Technology, 2020, 40: 47-53.

[87] Zheng C H, Wang H P, Zou P F, et al. Determining thermophysical properties of normal and metastable liquid Zr-Fe alloys by electrostatic levitation method[J]. Metallurgical and Materials Transactions A, Physical Metallurgy and Materials Science, 2020, 51(8): 4074-4085.

第 2 章
液态金属的研究方法

与固态金属相比，液态金属因自身特殊的物理化学性质而为其研究带来了巨大挑战，其"易流动、活性高、温度高、不透明"等特性是引发众多研究难题的主要根源，产生的问题具体表现在以下 3 个方面。

（1）容器问题。对于常规液态物质（如水、酒精等），使用普通的玻璃器皿即可实现对液体的操作处理，并对其密度、比热容等物理性质进行测定。而大多数液态金属均处于高温条件下，这使容器的选材变得十分苛刻：一方面容器的熔化温度必须要高于液态金属的温度，而对于有些金属，比如金属钨，是所有金属中熔点温度最高的，显然人们难以找到能够作为液态金属钨容器的材料；另一方面，液态金属多具有高的化学活性，如液态金属钛，几乎与所有的容器发生化学反应，致使研究无法进行。

（2）性质测定方法问题。液体热物性的传统测量方法，如测量密度的阿基米德方法、测量表面张力的毛细管上升法等，由于实验条件的限制，都无法适用于高温高活性的液态金属性质的测量。此外，传统方法无法避免材料与容器的接触问题，材料无法维持亚稳深过冷状态，导致其亚稳态性质难以被测定。

（3）结构测定问题。对于固态金属，采用 X 射线衍射仪、透射电镜、原子探针等技术可以较为便捷地表征原子组态结构，而液态金属中的原子具有高的扩散系数，以致上述方法对液态金属测试无效。

因此，如何对液态金属实施有效可控的实验操作？如何避免高温接触环境中杂质的引入？如何获取高温液态金属的结构性质？如何对液态金属的结构和性质开展多维度的深入研究？这一系列问题给研究和认识其特征和变化规律带来了极大的困难。为了有效解决上述问题，近年来，国内外研究者研发了无容器处理技术，如气动悬浮、电磁悬浮、静电悬浮、超声悬浮等技术，无容器处理技术为液态金属的研究提供了无污染的环境，克服了"容器"的问题，有利于开展深过冷条件下的液态金属相关研究。同时引入了高能射线测试方法，通过高通量为液态金属的结构研究提供了强有力的支撑。此外，还发展了第一性原理、分子动力学、相场等计算方法对液态金属开展研究。本章重点介绍液态金属的主要研究方法，包括电磁悬浮和静电悬浮无容器处理技术、电磁冷坩埚技术、高能射线测试方法、分子动力学计算及相场模拟。

2.1　悬浮无容器处理原理与技术

"无容器"是空间环境的主要特征之一，它避免了材料与容器壁的接触从而消除了固态有形界面，被广泛应用于空间科学实验、深过冷研究、亚稳材料制备、快速凝固理论研究等领域[1-5]。电磁悬浮利用导体在交变电磁场中所受的洛伦兹力来平衡其重力从而实现悬浮无容器状态，由于能够悬浮多数金属及其合金而被研究者所青睐。静电悬浮是利用带电样品在静电场中所受的库仑力来平衡其重力从而达到悬浮无容器状态，适用于在表面能够保留静电荷的各种金属和非金属材料。静电悬浮样品内部扰动极小，有利于进行液态合金的深过冷和快速凝固研究，悬浮可在真空环境中进行，避免了介质的影响。采用这两种悬浮技术可以实现自然界绝大多数物质的悬浮，为开展液态金属研究提供了重要的方法和途径。

2.1.1　电磁悬浮技术

电磁悬浮方法具有悬浮力强且悬浮过程稳定的特点[6-8]，其原理为：加载高频交变电流的电磁线圈周围空间产生特定分布的电磁场，由于电磁感应在金属样品内部产生涡流，涡流与磁场相互作用产生洛伦兹力，从而平衡重力而实现悬浮。电磁悬浮线圈的几何构型对金属材料的悬浮特性有十分重要的影响，如图 2.1(a)所示，典型的悬浮线圈由上下反绕的两部分空心铜导管绕制而成。具有多匝线圈的悬浮绕组用于提供竖直向上的悬浮力平衡样品重力。位于悬浮绕组上端的稳定线圈绕组，产生竖直向下的微弱电磁力，起到约束样品悬浮的作用。高频交流电在悬浮绕组和稳定绕组的流通方向相反，因此在悬浮空间形成电磁场势阱。图 2.1(b)是电磁悬浮实物图，特定构型的铜管中激励着高频电流，高温液态金属稳定地悬浮于电磁势阱之中。电磁悬浮技术最早可追溯到 1923 年德国人 Musk 公开的一份关于电磁悬浮的专利文件，金属的悬浮冶炼从理论得到论证。第一次电磁悬浮实验是在 1952 年由 Okess 等[8]实现，他们分析了获得样品悬浮力与线圈的电流、上下线圈的自感和互感之间的关系。随后，研究者陆续对 Ag、Cu、Al、Ti、Fe、Si、Ni 等材料开展了悬浮熔化实验研究[9,10]。Brisley[11]等通过轴对称线圈结构，基于磁矢势的麦克斯韦方程组，推导出固态样品的悬浮力和吸收功率与多种线圈系统参数的解析表达式。随着研究的深入，研究者进一步探索了电磁悬浮系统的稳定性[9,12-14]、液态金属温度特性[15-17]、液态金属流场预测及线圈结构优化[18-20]等。在材料领域成功开展了包括金属材料的加热与熔化、液态金属中快速晶体生长、液态合金的深过冷实验和热物理性质测定等研究。

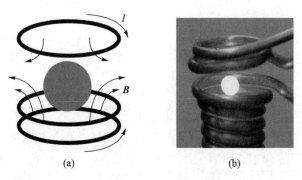

图 2.1　电磁悬浮技术[5]：（a）电磁悬浮原理示意图；（b）电磁悬浮实物图

　　根据对四极场的电磁学分析，金属球体在电磁线圈中所受悬浮力计算公式[7]为

$$F = \frac{3}{2}\pi\mu_0 I^2 r_0^3 G(x)\,A(z) \tag{2.1}$$

$$G(x) = 1 - \frac{3}{4x}\frac{\sinh 2x - \sin 2x}{(\sinh x)^2 + (\sin x)^2} \tag{2.2}$$

式中，$A(z)$是与线圈结构相关的函数；$G(x)$是与趋肤深度相关的无量纲函数；I 是交变电流；r_0 为金属球体样品半径；μ_0 为真空磁导率。

　　根据麦克斯韦方程组计算线圈周围空间的磁场分布：

$$\begin{cases} \nabla \times \boldsymbol{H} = \boldsymbol{J} + \varepsilon_0 \dfrac{\partial \boldsymbol{E}}{\partial t} \\[2mm] \nabla \times \boldsymbol{E} = - \dfrac{\partial \boldsymbol{B}}{\partial t} \\[2mm] \nabla \cdot \boldsymbol{B} = 0 \\[2mm] \boldsymbol{J} = \sigma_e \boldsymbol{E} \end{cases} \tag{2.3}$$

式中，∇ 是哈密顿算符；$\boldsymbol{H}$ 是磁场强度；$\boldsymbol{J}$ 是电流密度；ε_0 是介电常数；$\boldsymbol{E}$ 是电场强度；$\boldsymbol{B}$ 是磁通量密度；σ_e 是金属的电导率。在高频时，交变电流产生的电磁场中，位移电流的作用基本可以忽略，可推导出如下关系[21]：

$$\begin{cases} \boldsymbol{B} = \mu_0 \boldsymbol{H} \\[2mm] \boldsymbol{B} = \nabla \times \boldsymbol{A} e^{i\omega t} \\[2mm] \nabla \cdot \boldsymbol{A} e^{i\omega t} = 0 \\[2mm] \boldsymbol{J} = - \sigma_e \dfrac{\partial \boldsymbol{A} e^{i\omega t}}{\partial t} + \boldsymbol{J}_0 e^{i\omega t} \end{cases} \tag{2.4}$$

式中，$\boldsymbol{A}$ 是磁矢势；$\boldsymbol{J}_0$ 是源电流密度；ω 是电流的角频率。考虑到电磁悬浮系统具有中心旋转对称性，磁矢势 $\boldsymbol{A}$ 只存在旋转的切向分量，因此

$$\frac{1}{\mu_0} \nabla^2 \boldsymbol{A} - i\omega \sigma_e \boldsymbol{A} - \nabla \left(\frac{1}{\mu_0} \right) \times (\nabla \times \boldsymbol{A}) + \boldsymbol{J}_0 = 0 \tag{2.5}$$

高频感应过程中，非均匀电流分布存在趋肤效应、邻近效应、齿槽效应等。在数值计算过程中，主要关注线圈系统的洛伦兹力和感应功率的分布：

$$P_{\text{induction}} = \frac{1}{2} \text{Re} \left(\frac{\boldsymbol{J} \cdot \boldsymbol{J}^*}{\sigma_e} \right) \tag{2.6}$$

数值计算中，金属球体所受电磁力可通过如下两种方式计算。

（1）通过获取金属球体中电流分布及磁场分布，对金属中的洛伦兹力进行体积分：

$$\boldsymbol{F} = \int (\boldsymbol{J} \times \boldsymbol{B}) \, dV \tag{2.7}$$

（2）根据动量守恒定律，把悬浮金属球体作为一个封闭系统，利用麦克斯韦电磁应力张量在金属表面进行面积分[22]，可获得金属球体表面应力分布和总电磁力：

$$\boldsymbol{T} = - \varepsilon_0 \boldsymbol{EE} - \frac{1}{\mu_0} \boldsymbol{BB} + \frac{1}{2} \boldsymbol{I} \left(\varepsilon_0 \boldsymbol{E}^2 + \frac{1}{\mu_0} \boldsymbol{B}^2 \right) \tag{2.8}$$

$$\boldsymbol{F} = \oiint \boldsymbol{T} \cdot d\boldsymbol{A} \tag{2.9}$$

式中，V 为体积；$\boldsymbol{T}$ 为麦克斯韦应力张量；$\boldsymbol{I}$ 为单位张量；A 为表面积。

　　线圈半径增大，在相同电流条件下必将致使磁感应强度减小。提高磁场强度的途径有两种：一是增加悬浮线圈匝数，二是增大线圈电流。但是电流的增大受到电源额定功率的限制，因此增加悬浮线圈匝数是提高悬浮性能的主要途径。如图 2.2 所示为悬浮 Al、Ti 在不同悬浮线圈匝数下所需的最小电流、金属质量及电流减小率的变化关系。当线圈匝数增加时，悬浮同等质量金属样品所需最小电流值减小。同时，随总匝数增加，在其基础上每增加一匝线圈引起的电流减小率 δ 越来越小，增加到第 8 匝线圈时，悬浮 Al、Ti 的电流减小量为 5%，这是由于增加的线圈相距悬浮金属球体位置越来越远，致使其在金属球体位置处叠加产生的磁场越来越弱，表明在线圈总匝数较少时，增加下端线圈匝数是提高悬浮力的有效途径，但在线圈总匝数较多时，不能单一地依靠增加悬浮线圈匝数提升悬浮力。Al 与 Ti 的悬浮行为不同：一是相同匝数的线圈，悬浮 Al 所需电流更小，这是因为 Al 的电导率较高，密度较小，这两种因素促

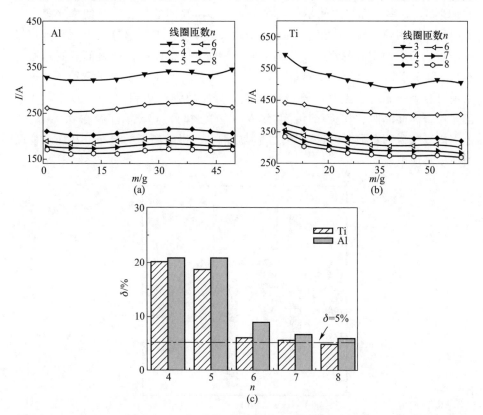

图 2.2 　(a)、(b) Al(a) 和 Ti(b) 在不同匝数线圈下所需最小悬浮电流 I 随金属质量 m 的变化关系；(c) 不同悬浮线圈匝数 n 下，每增加一匝线圈引起的电流减小率 δ 的变化情况[6]

使其在线圈电流较小时产生的悬浮力足以平衡重力；二是随 Al 质量增加，所需电流值并没有明显增加，而是在一定区域范围波动。而从不同质量金属 Ti 的悬浮实验可以看出，随悬浮质量增加所需要最小电流呈现先下降再趋于平缓的趋势，这是因为质量偏小的金属 Ti 尺寸在毫米量级，同时 Ti 的电导率较小，施加 50 kHz 高频电流时，其感应电流趋肤深度约为 1.5 mm，超过样品尺寸的 1/10，甚至与样品尺寸相当。而同样条件下，金属 Al 的趋肤深度只有 0.25 mm。因此，趋肤深度极大地影响了洛伦兹力在小尺寸金属体内的分布，从而影响悬浮力的大小。

为此提出感应线圈优化设计的两种模拟方案。选择直径为40 mm 的铜球作为悬浮对象，置于如图 2.3(a)所示的线圈中上端稳定线圈 1 匝，下端悬浮线圈共 6 匝，线圈内径为 50 mm。两种优化设计方案如图 2.3(b)、(c)所示：方案一是在下端悬浮线圈底部增加 1~3 匝线圈；方案二在下端线圈外层增加 1~3 匝线圈。方案一和二之间不同点在于增加多匝线圈的位置以及线圈半径。对不同构型线圈建立统一对照体系，线圈轴线为 z 轴，下半部分从上至下数以过第一匝线圈平面中心的水平直线为 r 轴，建立 r–z 坐标系，球表面点到球心连线与 z 轴负半轴夹角为角度参量 θ，用来表征金属球体表面不同位置。从模拟结果可看到：感应线圈轴心部分磁场强度分布较强，达到 0.05 T 以上。当悬浮球形金属样品时，在金属样品与线圈的空隙之间，其磁场强度在 0.1~0.3 T 范围内。这说明金属与线圈电路之间形成耦合，影响磁场的分布，从而在样品中产生感应电流。

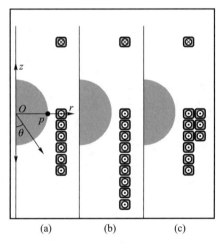

图 2.3　线圈几何结构示意图 (a) 单层 6 匝；(b) 单层 9 匝(方案一)；(c) 双层 9 匝(方案二)

图 2.4(a)和(b)分别是方案一与方案二线圈的磁场和表面麦克斯韦应力张量分布图，可明显看出，在金属球体及铜管内部的磁感应强度几乎为 0，每一匝铜管内边的顶角处磁场强度更大，这是电流集中分布在方形截面螺线管内侧棱角的表现。在方案一中，磁场强度 B>0.1 T 的区域中只存在于第 1、2 匝线圈的内侧边缘附近，而在方案二中，区域显著扩大至第 1~3 匝线圈与金属球体间隙的全部空间。同时，方案二中金属球体的表面应力张量强度分布显著大于方案一的值。这充分说明相比单层 9 匝线圈，双层线圈外层更近的 3 匝线圈产生的悬浮力效果十分显著，双层线圈在金属球体附近产生更强的磁场。两种方案中金属球体的表面应力分布趋势基本相同，都呈现金属表面在线圈中受力极不均匀的现象。由于线圈具有轴对称结构，在同一 z 轴坐标的金属球体表面上各部分受力大小相同；设 p 为应力峰值所在的点，其位置在球的赤道面附近。峰值的位置和大小由金属球和线圈的位置关系决定。当 $\theta \in \{0, \theta_p\}$，金属表面与线圈的距离逐渐减小，金属表面的麦克斯韦应力张量逐渐增大，洛伦兹力增强，而悬浮力主要依靠这部分洛伦兹力提供。在金属球体底部量，洛伦兹力强度为 0；当 $\theta \in \{\theta_p, \pi\}$，此部分金属表面距离主线圈较远，同时稳定线圈绕组较少，所产生的磁场较弱，金属表面应力张量趋近于 0。

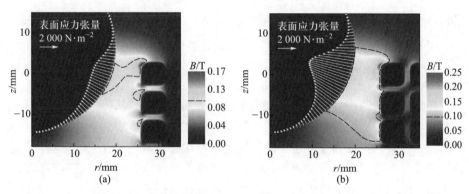

图 2.4　不同结构线圈的磁场和表面应力分布[6]：（a）单层线圈；（b）双层线圈。
（参见书后彩图）

通过在惰性气体氛围中进行大体积金属电磁悬浮实验，对液态金属悬浮形态进行量化分析[4]。如图 2.5(a)所示为等效直径为 20 mm 的液态金属 Al 的悬浮形态，液态金属稳定地悬浮于线圈之间，整体呈现为圆锥形形态。在电磁悬浮过程中，液态金属形态除了被线圈形态、电流参数影响之外，与液态金属本征属性如样品尺寸、密度、表面张力也存在直接的相关性。随着电流的增加，液态金属位置升高，其稳定形态呈现"长锥形→短锥形→菱形"的演变规律。

同时液态金属内的流场会随着洛伦兹力的改变而改变。目前，通过电磁悬浮技术实现了 Al、Ti、Cu 和 Ni 等金属或者合金的悬浮无容器处理[6]。图 2.5(b)给出了利用高速摄像机拍摄的过冷 Ni-Zr 包晶合金快速凝固时液-固界面推移照片。红色区域为过冷液态金属，黄色区域代表凝固后的固相。可以看出初生相 Ni_7Zr_2 的生长从上表面开始，并持续向四周和下表面推移，整个过程持续约 120 ms。通过高速摄影机快速拍摄的多帧图像可原位观测到再辉现象。通过液-固界面推移距离 d 除以推移时间 t 即可得到该过冷度下初生相的生长速度。

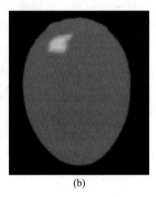

(a)　　　　　　　　　　　　　(b)

图 2.5　不同液态金属的电磁悬浮实验[3,4]：(a) Al；(b) Ni-Zr 合金。(参见书后彩图)

2.1.2　静电悬浮技术

静电悬浮是利用静电场所提供的库仑力来克服重力，从而实现悬浮无容器状态的。它可适用的材料种类广泛，只要样品产生了足够多的电荷量就可实现悬浮，而且材料可在真空环境中保持稳定悬浮状态，避免了介质的影响。与电磁悬浮、超声悬浮和气动悬浮相比，静电悬浮不存在电磁搅拌、超声空化和气流扰动，外场对样品的影响很小。因此材料可在近似完全静态的环境中实现无容器熔化和凝固，从而使材料易于获得深过冷，便于对过冷态物理化学性质和凝固过程进行实时原位测定。所以，静电悬浮成为进行材料无容器处理的重要途径[23-25]。静电悬浮实验最早可追溯到 1910 年，Millikan[26] 在静电场中使大量雾化油滴带电后达到悬浮状态。1959 年，Wuerker 等[27] 在无反馈控制的情况下实现了微米级粒子的静电悬浮。1984 年，美国喷气推进实验室(Jet Propulsion Laboratory，JPL)的 Wang 等[28] 设计了用于空间材料科学实验的静电悬浮实验装置，实现了直径 5 mm 镀银苯乙烯小球、金属球壳等物体的悬浮。1993 年，他们实现了静电悬浮条件下高温材料的熔化与凝固[29]。到 2001 年，德国宇航中心(Deutsches Zentrum für Luft-und Raumfahrt，DLR)[30]、不莱梅大学[30]和日本宇宙航空研究开发机构（Japan Aerospace Exploration Agency, JAXA)[31]也相继开展了静电悬浮实验研究。2003 年，日本 Paradis 等设计了结合中子衍射进行材料结构分析的静电悬浮系统[32]，静电悬浮开始被用于液态结构研究。同年，他们把静电悬浮与气动悬浮结合起来，用于氧化物的热物理性质与凝固过程研究。目前，国际上主要采用静电悬浮技术进行材料的物理化学性质、液态微观结构和快速凝固等方面的研究[32-37]。国内对静电悬浮的研究相对较晚，主要集中在静电微陀螺仪和非接触无损操作等方面[38-40]。2010年，国内西北工业大学空间材料科学与技术实验室的魏炳波等成功研制了具有独立自主产权的静电悬浮系统，并利用此设备进行了多种金属及合金的热物理性质和快速凝固方面的探索[41-45]。韩国标准科学研究院（KRISS）的 Lee 等在2013 年完成了静电悬浮仪器的建设[46,47]，并把它拓展到了溶液内多步形核机制研究的领域。目前美国、德国、日本、中国和韩国 5 个国家相继建立了完善的静电悬浮无容器处理装置，并在以下 3 方面对液态金属开展了探索性的科学实验：

（1）比热容、辐射率、密度、黏度和表面张力等热物理性质的测定；

（2）凝固、形核和亚稳相生成等材料处理与合成方面的研究；

（3）结合中子衍射和同步辐射实验对材料短程结构和分子运动规律的探索。

与电磁悬浮不同，静电场不存在空间电势能的势阱，并且样品在悬浮过程中的带电量也会发生变化，这都给实现静电悬浮带来了很大困难和挑战。为了实现稳定静电悬浮，必须对样品施加反馈控制。从国外静电悬浮的研究来看，研究对象主要是高温金属材料。从研究静电场分布的特征入手，通过优化设计位置探测系统和悬浮电极几何形状，实现包括金属材料在内的多种材料的静电悬浮，系统地开展了单轴反馈控制条件下的静电悬浮实验研究。

静电悬浮实验装置主要由 3 部分组成：悬浮电极、位置探测器和反馈控制系统，如图 2.6 所示。悬浮电极由上下两个金属电极组成，可设计不同的电极曲面用于产生合适的静电场。为了实现对样品的反馈控制，必须确定样品在静电场中的空间位置。将位置探测器探测样品的位置作为反馈控制系统的输入信号，根据位置的变化实时调节施加在电极上的高压，从而改变电场力最终实现样品的动态稳定悬浮。

悬浮电极的合理设计是实现稳定悬浮的先决条件。对于静电场，电势满足泊松方程：

$$\nabla^2 U = \frac{\rho_e}{\varepsilon_0} \tag{2.10}$$

式中，U 为电势；ε_0 为真空介电常数；ρ_e 为电荷密度。边界条件分别为第一

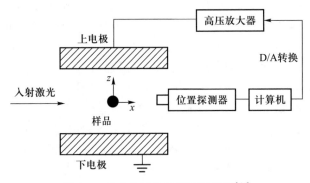

图 2.6　静电悬浮装置原理示意图[41]

类 Neumann 条件 Γ_1：$\partial U / \partial n = g$ 和第二类 Dirichlet 边界条件 Γ_2：$U = U_0$。

　　设计了两种不同尺寸的平面和球面电极的电场分布，通过数值求解式 (2.10) 得到直径为 2 mm 的球形样品置于不同电极中的静电场分布，结果如图 2.7 所示。图 2.7(a) 中阴影部分代表电极形状，图 2.7(b) 中 $\Phi45$ mm 和 $\Phi25$ mm 大小球面电极曲率半径分别为 128 mm 和 40 mm。上下极板之间施加的电势差为 -5 kV，细线为等势线，箭头代表电场强度矢量 $\boldsymbol{E}$。计算结果表明，在图 2.7(a) 所示的平面以及上下均为凸面电极所形成的电场中，A 区域为均匀电场，B 区域电场强度方向指向外侧，水平方向不存在约束力，因此样品在此电场中容易脱离电极之间的区域，这是样品不稳定的原因。对于图 2.7(b) 所示上凸面和下凹面组合球面电极所形成的静电场，由于 B 区域的电场指向内部，因此样品会受到四周向内的约束力，从而保证了水平面内的稳定性，是较为理想的悬浮电极。

　　实现稳定悬浮的关键在于使样品产生足够多的电荷，因此必须对样品带电量和悬浮电压进行理论分析。在通过电容器感应方式使样品带电的情况下，当球形样品分别位于下电极和上、下电极之间时，球体和电极表面带电情况有所不同，如图 2.8(a) 和 (b) 所示。球形样品位于下电极时，在图中所示的电场作用下球体表面将感应产生正电荷，且靠近上电极部分的电荷密度较大。随电势差 U 的不断增大，球体表面电荷增多，当电荷量增大到使电场力大于样品重力时，球形样品离开下电极向上运动。当其运动到电极之间的某一位置时，在电场作用下，球体的表面电荷重新分布，其下表面会感应产生一定量的负电荷，但球体的净电荷为正。而且球形样品表面的感应电荷也会影响电极表面的电荷分布，球形样品越靠近上电极，上电极中心附近的电荷面密度越大。

　　在此对球形样品的带电量进行初步理论分析。当球形样品处于接地无限大带电平板之上时，表面所带的电量为

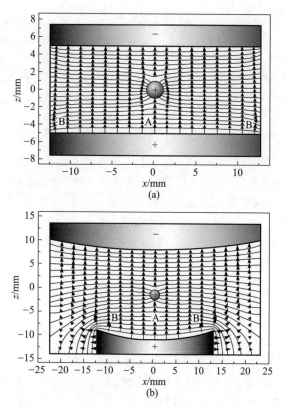

图 2.7 不同形状电极间的静电场分布[41]：（a）Φ25 mm 平面电极；（b）Φ45 mm 上凸
球面电板和 Φ25 mm 下凹球面电极

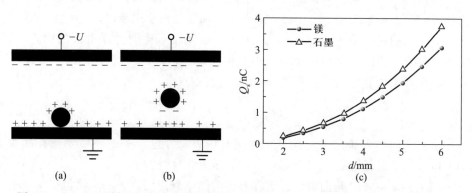

图 2.8 （a）、（b）样品电容感应带电模型：样品位于下电极（a），样品位于两电极中
间（b）；（c）不同球形样品带电量 Q_s 随其直径 d 的变化[41]

$$Q_s = \alpha \pi \varepsilon_0 d^2 \frac{U_i}{l} \tag{2.11}$$

式中，α 为形状修正因子；U_i 和 l 分别为上下电极之间的电势差和距离；d 为样品直径。实际上样品位于下极板时，极板表面的电荷会影响样品的带电量。通过"电像法"可得此时样品受到的电场力为

$$F_E = Q_s \frac{U_i}{l} - \frac{Q_s^2}{4\pi \varepsilon_0 d^2} \tag{2.12}$$

由于样品距上极板较远，式（2.12）中忽略了上极板所产生的像电荷对样品的影响。根据式（2.11）和式（2.12），并利用 $mg = EQ_s$ 的基本原理，可获得当样品电量累积到刚好等于重力时的初始悬浮电压：

$$U_i = \sqrt{\frac{2\rho g d l^2}{3\alpha(4-\alpha)\varepsilon_0}} \tag{2.13}$$

此时样品的带电量 Q_s 为

$$Q_s = \sqrt{\frac{2\pi^2 \alpha \rho g \varepsilon_0 d^5}{3(4-\alpha)}} \tag{2.14}$$

以金属镁和非金属石墨为实验样品，计算了样品带电量随其直径的变化关系，如图 2.8（c）所示。随着悬浮样品直径增大，表面电荷量增多。同一直径下，由于石墨的密度较大，其表面带电量更多。计算发现，样品在电容器感应条件下的带电量为 10^{-9} C 量级。因此可参照不同直径样品带电量的计算结果，选择合适的控制参数，从而达到最优的控制效果。由式（2.14）可知，对于同种材料的样品，直径越大带电量越多，质量增大也导致需要更大的初始悬浮电压，而且同一直径的样品，密度增大时悬浮所需的电压也更大，据此初始悬浮电压可作为控制系统中的一个输入参数。样品在脱离下电极之后，与上电极发生碰撞之前的过程中可近似认为 Q_s 不变。当样品运动到悬浮电极的中点时，上下电极所产生的像电荷对样品的影响相互抵消，式（2.12）中最后一项为 0，此处即为理想的悬浮位置。利用 $mg = F_E$ 可得中点悬浮电压 U_m：

$$U_m = \frac{4-\alpha}{4} U_i \tag{2.15}$$

由式（2.15）所确定的初始悬浮电压和中点悬浮电压关系表明要使样品脱离下电极实现悬浮，必须先经历一个向上加速的过程。

图 2.9（a）和（b）是固态镁合金和石墨的静电悬浮照片，其悬浮电极呈现上凸下凹的结构，样品稳定地悬浮于上下电极中心。图 2.9（c）是典型的静电悬浮实物图，上下不同形状的静电悬浮电极可改善悬浮空间的静电场分布，提高悬浮稳定性，可在静电悬浮系统中对难熔金属材料的快速凝固特性进行系统观

测。图 2.9(d)采用静电悬浮实验对 W 的快速凝固过程进行研究，图中是其再辉过程的高速摄影照片，其中明亮部分是凝固的固态 W 由于释放结晶潜热而发亮，剩余部分是过冷的液态金属 W。图 2.9(e)是液态金属 Zr 的悬浮照片，呈现为十分完美的球形。图 2.9(f)所示是通过红外测温得到纯 W 的温度-时间曲线。在激光加热下样品温度升高到熔点 T_m 时，由于熔化吸热出现了一个温度平台，然后样品转变成液态后温度继续升高。液态金属过热一段时间后关闭激

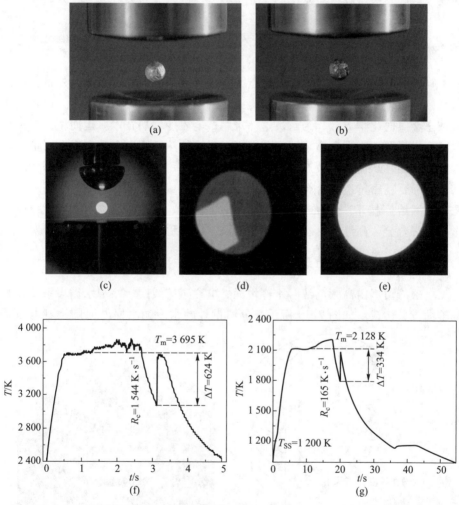

图 2.9 (a)~(e)静电悬浮实验照片[41,43]：镁合金(a)、石墨(b)、静电悬浮实物图(c)、W(d)、Zr(e)；(f)纯 W 的温度-时间曲线；(g)纯 Zr 的温度-时间曲线。(参见书后彩图)

光，由于辐射散热，液态金属温度降低，纯 W 的平均冷却速率 R_c 为 1 544 K·s^{-1}。在无容器环境下，液态金属可以获得很大的过冷度，所以其温度降到熔点时不会凝固，只有当过冷度到达一定程度时才会形核并且发生再辉现象，这是由于液态金属内部快速枝晶生长引起温度在极短时间内迅速升高。由图 2.9(f) 和 (g)可以看出，液态纯 W 在温度降到熔点之下 624 K 才发生凝固再辉，液态纯 Zr 的过冷度达到 334 K，且在 1 200 K 时发生高温 BCC 相到低温 HCP 相的固态转变，引起二次再辉现象发生。

2.2　电磁冷坩埚原理与技术

自 20 世纪 60 年代开始，高熔点或难熔金属的熔炼开发在国内外得到广泛重视，但由于高温液态金属易与模壳或坩埚发生反应而将杂质引入，以致改变了液态金属的化学成分。为解决这一难题，电磁冷坩埚技术应运而生，它是将水冷铜坩埚置于交变电磁场，利用交变电磁场的热效应和力效应对金属熔化过程进行控制，从而减少液态金属与坩埚壁的接触，实现高活性液态金属的超洁熔炼。随着精密铸造、合金制备、材料提纯等领域对高端材料的迫切需求，电磁冷坩埚熔炼技术[48-50]推动了包括氧化物材料、高熔点金属、放射性材料、形状记忆合金、高纯硅材料、磁性材料及其他各种新型合金的研制和开发。

2.2.1　电磁冷坩埚原理

电磁冷坩埚由高频电源、水冷坩埚、电磁感应线圈、冷却水循环系统和其他辅助设备构成。如图 2.10 所示，分瓣设计的水冷铜坩埚外面围绕着电磁感

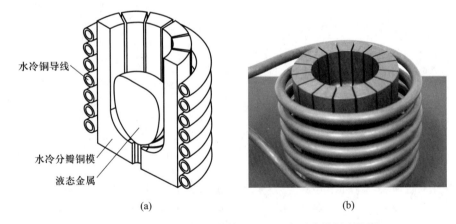

图 2.10　(a) 电磁冷坩埚结构图；(b) 电磁冷坩埚实物图

应线圈，当线圈通交变电流时，利用交变电磁场产生的涡流效应加热熔化坩埚内的金属。同时依靠电磁力使液态金属与坩埚壁保持软接触或者非接触状态，从而能保持金属的高纯度，防止液态金属与坩埚发生反应，实现高纯度材料的超洁熔炼[51-54]。电磁冷坩埚技术组件最重要的是如何设计水冷坩埚，它由数个铜质弧形块组成，内部通冷却循环水，分瓣的缝隙填充耐高温绝缘材料。这种分瓣的结构有助于减少铜坩埚对电磁场的屏蔽，提高加热熔化效率。

当线圈通入交变电流时，线圈周围产生交变电磁场，若冷坩埚中的每一根金属管彼此绝缘，则每根管内均产生感应电流[52]。当感应线圈的瞬时电流为逆时针方向时，在每根管内同时产生顺时针方向的感生电流，相邻两个管的截面上电流方向相反，所以在管间形成的磁场方向相同，外在表现为磁场效应增强。坩埚将磁力线聚集到坩埚内的金属上，坩埚内的金属就被这个交变磁场的磁力线所切割。根据电磁场理论，在金属的表面将会形成涡流，由于涡流回路的电阻通常很小，会产生大量的热，从而使金属熔化，其功率通过欧姆定律确定。电流和磁场的相互作用会形成电磁力，趋肤效应使得磁场和感应电流集中于表层，电磁力可以分为电磁压力分量 $\boldsymbol{F}_p$ 和电磁力回旋分量 $\boldsymbol{F}_d$ [55]：

$$\boldsymbol{F} = -\nabla\left(\frac{\boldsymbol{B}^2}{2\mu}\right) + \frac{1}{\mu}(\boldsymbol{B} \cdot \nabla)\boldsymbol{B} = \boldsymbol{F}_p + \boldsymbol{F}_d \tag{2.16}$$

式中，μ 为相对磁导率；最后一个等号后的第一项为电磁压力项，垂直于液态金属外表面并指向液态金属内部，重力、表面张力和电磁压力分量对液态金属形态进行约束，在冷坩埚中表现为液态金属上部自由表面形成驼峰状，而下部分液态金属与冷坩埚壁"软接触"；第二项为电磁力回旋分量 $\boldsymbol{F}_d$，它是由液态金属中电流密度的径向分布不均匀引起的，该项驱动流体旋转。由于感应加热效应，电磁冷坩埚中的金属会被加热并逐渐升温，其加热功率可由式(2.6)描述，温度变化满足传热方程：

$$\rho C_p \frac{\partial T}{\partial t} - \nabla(\lambda\nabla T) = Q_H \tag{2.17}$$

式中，ρ 为坩埚内金属密度；C_p 为比热容；λ 为热导率；Q_H 为感应热源。金属在加热阶段还通过辐射和热传导等方式与外界进行热交换。

根据冷坩埚的感应、熔化和搅拌原理，它具有如下优点：

（1）电磁力的约束行为使液态金属与坩埚软接触，实现金属的无污染熔化；

（2）由于采用感应加热，其加热效率高，可以熔化不同成分和性质的金属；

（3）电磁搅拌可以使液态金属的温度和成分更加均匀；

（4）有利于提高连续铸造过程中铸锭的表面质量；

（5）电磁力强烈的搅拌作用有利于液态金属中气体的排出；

（6）高温液态金属对冷坩埚无实质性的腐蚀，使用寿命长。

在电磁熔炼过程中，液态金属与冷坩埚壁无接触或者轻微接触，坩埚结构与电磁场特性之间的相关性是研究者关注的重点。冷坩埚中电磁场的加热效率主要是由电源参数、冷坩埚几何结构、感应线圈设计以及金属物理特性等因素决定的。

电磁冷坩埚的分瓣结构可有效避免坩埚内磁场的衰竭，其结构特征包括坩埚分瓣数、坩埚质量、坩埚分瓣形状、开缝宽度等[52,53]。如果坩埚不开缝，内部磁场十分弱，不能有效加热金属。开缝后则磁场增强，当切缝数达到一定的数量时，透过坩埚壁的磁力线密度达到饱和；继续增加切缝数，透磁效果无明显改变，而增加切缝数会提高加工制造难度。同时，坩埚质量对加热效率有较大影响，大的坩埚质量导致功率较多地消耗于坩埚本身，所以在保证坩埚刚度的同时，应尽可能减小坩埚的质量。开缝宽度较大时，有利于内部电磁场的增加，并提高熔炼的效率，但是宽度的扩大可能使液态金属发生泄漏。因此，综合上述几个因素，合理设计冷坩埚的几何构型显得尤为重要。

电源参数主要包括功率、激励电流幅值和电流频率[53]。交变电磁场在液态金属中产生的电磁压力随着磁场频率的提高而增加，因此，液态金属表面质量也相应提高。电源频率决定了电磁场对液态金属的渗透深度，频率越高，磁力线越集中于液态金属表面，使磁感应强度上升，液态金属表面的电磁压力增大，同时使作用于金属内部的搅拌力减小。因此，高频电磁场有利于形成液态金属与坩埚的软接触，而低频电磁场则有利于液态金属内部的电磁搅拌，合理选择频率亦是关键所在。

金属的电导率和密度等物理性质也决定了熔化过程[49,54,56]。对于液态金属，其电磁力、电磁力梯度和表面电磁压力较大。由于高频场强烈的趋肤效应，金属熔炼过程中凝壳吸收热量并对其中液态金属产生屏蔽作用。对于氧化物熔体，自身的感应电流和磁场相对较弱，主要由冷坩埚所感生的电流和磁场控制。

感应线圈的位置关系到熔体的软接触状态[53,56,57]，感应线圈与坩埚的间隙则决定了电磁系统的漏磁强度、感应效率。坩埚内部和感应线圈中流通的冷却水则对设备的稳定运行至关重要，为了防止冷却水在冷却壁附近汽化，从而阻碍坩埚热量的导出，需要保持冷却水达到一定流速，使温度增幅较小。

2.2.2　电磁冷坩埚合金制备

电磁冷坩埚可熔化高熔点、活泼材料且具有制备化学成分均匀的材料等优点，在高温高活性金属(如 Ti 基合金和单晶硅材料等)、低电导率材料(如玻璃和陶瓷等)研发领域具有广泛的应用。通过电磁冷坩埚熔炼技术结合定向凝固技术制备航天航空用的高温合金铸锭，可解决模壳污染以及尺寸受限问题。为了获得连续生长、层片方向可控的微观组织，以改善合金的力学性能，需要对电磁冷坩埚定向凝固的工艺参数进行深入分析。哈尔滨工业大学陈瑞润等[48,55-59]在 TiAl 基合金的电磁冷坩埚定向凝固研究过程中，针对不同工艺条件下电磁压力和感应热的大小和分布的变化，分析了其对熔池传热和温度分布的作用关系。

　　电磁冷坩埚中的电磁搅拌作用会在熔池中产生较强的湍流，有助于获得成分均匀的合金。杨耀华等[55,60]利用 W 颗粒示踪法对冷坩埚内熔池流场进行分析验证，发现 W 颗粒首先在表层中沿着上下环流流动，随后由于惯性力作用进入熔池内部，最终在上下环流之间的振荡流动作用下均匀分布。同时具体分析了不同功率和时间下熔池内凝固组织及 W 颗粒的分布情况。在熔体凝固中，最初凝固的 β 相中含有大量 W 元素。W 是较强的 β 相稳定元素，最终含有大量 W 元素的 β 相经过有序化被保留下来形成 B2 相，因此可根据 B2 相的分布来分析 W 颗粒在熔池的分布情况。如图 2.11(a)和(b)显示了功率为 30 kW 且

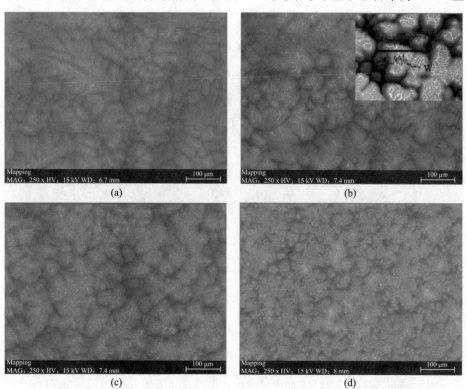

图 2.11　不同条件下 TiAl 合金熔体钨 W 颗粒近稳态分布[60]：(a) 功率为 30 kW，搅拌时间为 30 s；(b) 功率为 30 kW，搅拌时间为 2 min；(c) 功率为 40 kW，搅拌时间为 2 min；(d) 功率为 44 kW，搅拌时间为 2 min

搅拌时间分别为 30 s 和 2 min 的凝固组织，W 颗粒在 TiAl 熔体中搅拌长时间后，熔池中 W 颗粒分布较为均匀。如图 2.11(c)和(d)分别为 40 kW 和 44 kW 功率下搅拌 2 min 后熔池内的凝固组织和 W 颗粒的分布情况。由于熔池上下环流之间的振荡速度与功率正相关，所以熔池中 B2 相的分布随着功率增加而变得更加均匀。

　　研究者还探索了电源功率等工艺参数与凝固路径之间的相关性[61]。如图 2.12 所示，使用冷坩埚对 Ti44Al6Nb1Cr2V0.15Y0.1B 合金进行定向凝固实验，该 4 组实验有统一的抽拉速度即 0.5 mm·min⁻¹。图中显示了 40～50 kW 不同电源功率作用下定向凝固的合金组织。如图 2.12(a)所示，当电源功率为 40 kW 时，由于较低的温度梯度导致组织成为细化的等轴片层团。当电源功率增加到 45 kW，图 2.12(b)所示的组织存在十分明显的定向凝固效果。图 2.12(c)为电源功率增加到 48 kW 时的凝固组织，其定向效果变差。当功率为 50 kW 时，由于较强的电磁搅拌作用和较高的熔体温度，图 2.12(d)中出现柱状晶和等轴晶的混合组织。

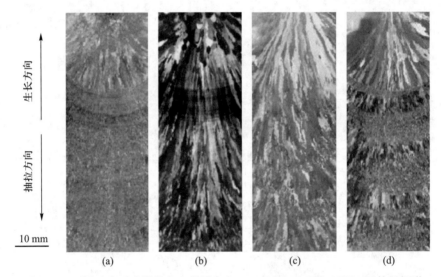

图 2.12　不同功率下冷坩埚定向凝固合金 Ti44Al6Nb1Cr2V0.15Y0.1B 的组织形貌[61]：(a) 40 kW；(b) 45 kW；(c) 48 kW；(d) 50 kW

2.3　液态金属结构测试方法

　　对于固体金属材料，可由多种方法来表征相组成、晶粒取向、微观缺陷以及表面应力等，这些方法包括光学显微术、扫描电子显微术、背散射电子显微术和透射电子显微术等，而对于液态金属，由于其自身具有流动性和原子快速扩散的特征，传统低能量的可见光难以分辨其微观结构。为了研究液态金属结构以及液-固相变过程，研究者们将高能粒子方法引入了液态金属的研究中，例如，高温 X 射线衍射技术最先被用来研究低熔点金属及其合金的双体分布函数等结构特征。随着研究的发展，获得熔点更高的合金、更深层次的液态结构以及更宽广温度范围（包含过冷态）的液态数据成为研究者们追寻的目标，尤其是深过冷液态金属数据。无容器技术的出现为实现高温金属的研究提供了可能。无容器技术通过完全消除样品和容器之间的接触，可对样品进行高度控制并获得极高的加热温度；此外，由坩埚壁引起的异质形核受到抑制，这使得金属可以在低于其熔点以下几百开尔文的温度下仍保持液态。高能量的光束可以穿透到液态合金的内部，进而反映更为本质的结构信息。无容器技术和高能光束的出现为研究高温金属过冷态结构提供了实验方法和理论基础。20 世纪 80 年代，悬浮无容器处理技术与同步辐射等先进光源得到了大力发展，研究者们创造性地将两种技术结合起来用于高温液态金属结构与液-固相变过程的研究，推动了高温金属液态结构研究领域的发展。这里介绍目前测量液态金属结构尤其是过冷液态结构的两种主要方法：X 射线衍射和中子散射。

2.3.1 高温 X 射线衍射

在研究液态金属的结构时，研究者们借鉴了固体材料中确定结构的方法——X 射线衍射，因此最先用于研究液态金属结构的仪器是基于测定固体材料结构而发展的高温 X 射线衍射仪。研究者们利用高温 X 射线衍射方法研究了大量的低熔点液态金属以及合金[62-64]。图 2.13 给出了 θ-θ 型高温 X 射线衍射仪的示意图[65]，整套设备包括 7 部分，分别为：加热与温度控制系统、真空系统、循环水及压力传感器系统、X 射线发射与接收系统、角度测量系统、样品支持与高温工作室以及操作模式控制系统。为了确保实验数据的准确性，液态金属结构的测定在高纯 Ar 气保护环境下进行，测量前需根据激光定位器和水准仪调整样品台，确保液面水平，测量时样品处于水平位置静止不动，X 射线管和探测器以样品为中心进行转动，从 X 射线管射出的 X 射线经样品衍射后经过准直器以及石墨单色器后被探测器接收。对接收的衍射强度数据进行极化和吸收修正后即可得到液态合金的结构信息。

国内率先采用 X 射线衍射测定液体金属结构的是山东大学，图 2.14 给出的是边秀房教授利用该方法测量的 $Ag_{50}Sn_{50}$ 合金的液态结构信息随温度的变化关系[66]。由图 2.14(a) 可知随着温度的降低，液态 $Ag_{50}Sn_{50}$ 合金的结构因子几

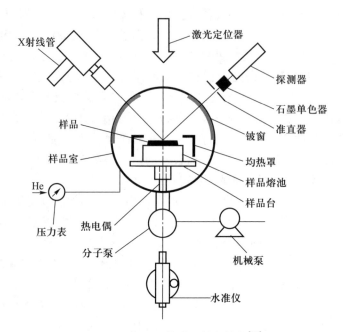

图 2.13　高温 X 射线衍射仪结构[65]

乎不发生变化，仅在液相线温度处(753 K)第一峰变得尖锐，呈现凝固的趋势。为了对比研究，图 2.14(a)中也给出了液态 Sn 和 Ag 的结构因子，可以看出液态 $Ag_{50}Sn_{50}$ 合金结构因子的各衍射峰与液态 Ag 的结构因子各峰接近，而大于

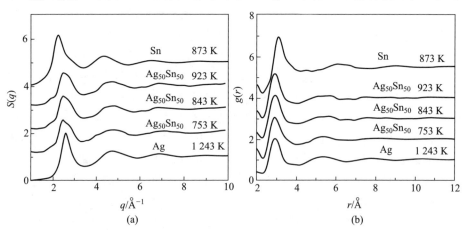

图 2.14　Sn、$Ag_{50}Sn_{50}$、Ag 液态结构信息随温度变化关系：(a) 结构因子；(b) 双体分布函数[66]

液态 Sn 的各衍射峰；此外，液态 Sn 结构因子的第一衍射峰在高波矢处出现了一个肩膀，这表明液态 Sn 中存在各向异性共价键；相反，液态 $Ag_{50}Sn_{50}$ 合金结构因子的第一峰并没有出现肩膀，这表明在合金化的过程中 Sn-Sn 的共价键被破坏或削弱。通过对结构因子作傅里叶变换可以求得液态合金的双体分布函数，如图 2.14（b）所示。液态 $Ag_{50}Sn_{50}$ 合金双体分布函数的形状几乎不随温度的降低而发生变化，这表明该合金在液态具有一定的稳定性；同时，其各衍射峰的位置与液态 Ag 双体分布函数的位置基本一致，而小于液态 Sn 双体分布函数各峰位置，这表明液态 $Ag_{50}Sn_{50}$ 合金结构与 Ag 更相似。共价键一般强于金属键和离子键，而合金化的过程中 Sn-Sn 的共价键被破坏或削弱，因此液态 $Ag_{50}Sn_{50}$ 合金双体分布函数第一峰的位置与液态 Ag 相近而小于液态 Sn。

2.3.2　同步辐射 X 射线衍射

当以接近光速运动的带电粒子在做曲线运动时，会沿轨道切线方向发射电磁波，即同步辐射，利用同步辐射高能 X 射线的衍射及成像可以探测物质的结构，尤其是"高纯净与高亮度"特征，当代同步辐射光源的 X 射线亮度是传统 X 射线衍射仪的 10^{10} 倍以上，是测定液态金属结构的理想选择。

同步辐射现象于 1947 年在美国通用电气公司实验室被首次观察到[67]，研究人员从一台 70 MeV 的同步加速器上探测到了同步辐射的 X 射线。当时，同步加速器仅仅被用来产生高能粒子，同步辐射只是其副产品。由于同步辐射会使带电粒子耗损能量，阻碍高能粒子速度的提升，因此在当时并不被重视。随着对同步辐射理论和实验的研究，人们慢慢发现同步辐射具有强大的优势，如光谱范围广、偏振性好、强度高等，作为光源，对于科学研究具有很大的价值。20 世纪 60 年代，科学家们开始研究同步辐射的应用，到目前为止同步辐射光源已经发展到第三代[68-70]。第三代同步辐射光源具有高亮度、高准直、高偏振和宽波段等特点，已经成为物理、化学、生物学、材料科学等领域的重要研究手段。

图 2.15 为产生同步辐射的示意图，当电子以接近光速的速度在一个与加速器相连的储存环中做径向运动时，高能电子每次受到磁场偏转时都会产生同步加速辐射，这些同步辐射会被聚集成一个锥角为 γ^{-1} 的高能 X 射线束，锥角可以用式（2.18）表达[70]：

$$\gamma^{-1} = \sqrt{1 - (v/c)^2} \qquad (2.18)$$

式中，v 为电子的速度；c 为光速。

由式（2.18）可知，提高电子的速度可以降低高能 X 射线的锥角，使得高能 X 射线具有更高的准直性。为了获得相干性好、发散度小的高能 X 射线，

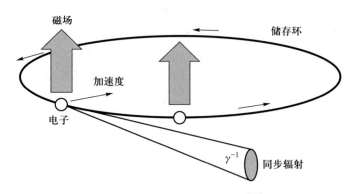

图 2.15　同步辐射产生示意图[70]

必须使电子运动的速度无限接近于光速 c，即不断提高同步加速器的能级，最新一代的同步加速器产生的高能 X 射线锥角已经小于 0.1 nm·rad。

　　同步辐射光源主要由以下 4 部分组成：① 电子枪和直线加速器；② 增压同步加速器；③ 储存环；④ 实验站。其中实验站又包括光束线、光学单色仪箱、实验箱、控制室。图 2.16(a)是位于法国圣奥宾的第三代同步辐射光源及基本元素示意图[71]。电子枪为同步辐射光源提供电子，电子是由加热的阴极发射出来的。直线加速器将电子加速使其具有足够的能量后，高能电子被送入一个加速器同步加速器环中，利用射频能量源进一步加速电子。之后推进器产生的高能电子被送入储存环，电子将以近似光速的速度在一个由弯曲磁铁控制的近圆形轨道中运动。随着同步辐射的发射，储存环中的电子将失去能量；当电子在环中循环时，这些损失的能量通过射频腔的能量激增得到补充。储存环不是一个完美的圆，相反，由于它包含许多插入设备的直线部分(摆动器和波动器)，可以被近似认为是一个多边形，其简化示意图如图 2.16(b)所示[72]。摆动器和波动器由许多不同磁极的磁铁组成，可以为粒子束提供弯曲所需的横向位移，并产生高能 X 射线束用于同步辐射实验。

　　图 2.17(a)给出了高能 X 射线衍射实验的原理示意图[73]。使用二维平面探测器接收衍射斑点或德拜环，当样品绕 x 或 z 轴旋转时可以覆盖更大的倒易空间以获得更多的信息。图 2.17(b)～(d)分别给出了单晶衍射斑点、马氏体超点阵以及多晶的衍射花样。对于单晶而言，其高能 X 射线衍射花样的特征是周期性的点阵；对于超点阵而言，其衍射花样和单晶类似，不同的是其衍射花样存在着部分不具有周期性的点阵；对于多晶而言，由于其晶向取向是随机分布的，因此，多晶衍射花样中的点会旋转成为环状。

　　同步辐射的发展使得研究金属内部结构成为现实，而悬浮技术的发展促进了亚稳液态金属性质、结构及其凝固机理的研究。在悬浮条件下，液态金属往

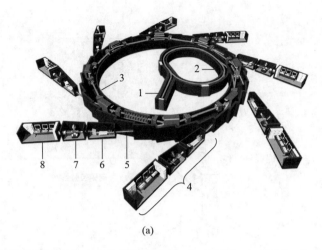

(a)

1—电子枪和直线加速器；2—增压同步加速器；3—储存环；4—实验站；5—光束线；
6—光学单色仪箱；7—实验箱；8—控制室

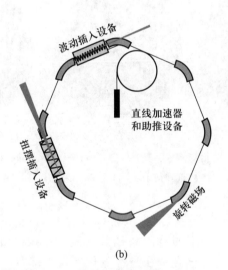

(b)

图 2.16 同步加速器辐射源：（a）法国圣奥宾的第三代 2.75 GeV 同步辐射光源[71]；
（b）装置简化示意图[72]

往能达到很大的过冷度，很多情况下能诱发亚稳相的生成，进而出现与常规凝固不一样的凝固路径。如果亚稳相不能保存至室温，则采用常规的分析手段，根据凝固组织并不能确定凝固路径，也无法判断优先生长相，甚至有时并不能确定相。采用同步辐射可以得到金属的内部结构，若将同步辐射技术和悬浮技术相结合，对于亚稳液态金属结构及其凝固过程的研究将具有重要的意义。

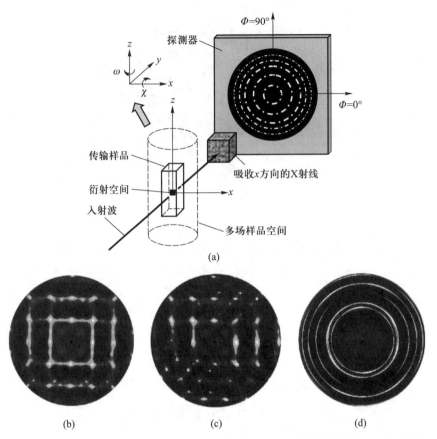

图 2.17　高能 X 射线衍射实验：(a) 装置示意图；(b) 单晶衍射斑点；(c) 马氏体超点阵衍射；(d) 多晶衍射花样[66]

2003 年，Kelton 等[74]通过同步 X 射线衍射结合静电悬浮技术研究了 $Ti_{39.5}Zr_{39.5}Ni_{21}$ 合金在过冷条件下的凝固路径及其液态结构，结果如图 2.18 所示。从图 2.18(a) 中可以看出该合金在过冷条件下发生了两次再辉，结合图 2.18 (b) 可知，两次再辉分别对应 i 相和 C14 相的生成；图 2.18(c) 给出了样品处于不同温度时的液态结构因子，可以看出，随着温度的降低，在第二个峰的右侧出现了一个"肩膀"，这表明过冷 $Ti_{39.5}Zr_{39.5}Ni_{21}$ 合金熔体内部存在着二十面体短程有序结构，这在实验上首次证实了二十面体的存在。

Quirinale 等[75]利用静电悬浮结合同步辐射技术研究了过冷 $Fe_{83}B_{17}$ 合金不同的凝固路径，其结果如图 2.19 所示。$Fe_{83}B_{17}$ 合金的平衡凝固路径为熔体直接凝固生成稳定的 Fe_2B 相+fcc Fe 相，而在深过冷条件下 $Fe_{23}B_6$ 亚稳相优先于 Fe_2B 相从熔体中析出。图 2.19 给出了亚稳 $Fe_{23}B_6$ 相优先形成的凝固行为，综

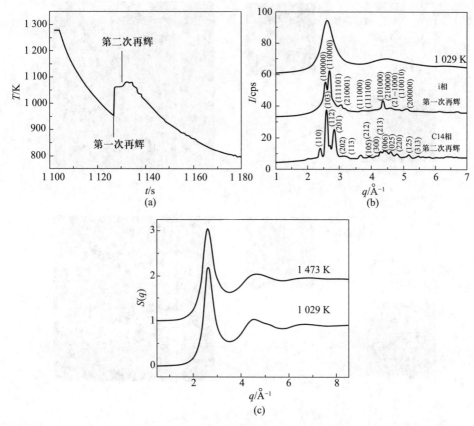

图 2.18 $Ti_{39.5}Zr_{39.5}Ni_{21}$ 合金的凝固路径与结构转变：(a) 冷却曲线；(b) X 射线衍射结果；
(c) 不同温度下的液态结构因子[74]

合降温曲线和降温过程中的衍射图谱可以判断其降温过程中的相转变，从而确
定凝固路径。对于凝固路径 I 其结果如图 2.19(a) 和 (b) 所示，凝固过程中优
先生成 Fe_2B 相+fcc Fe 相，随后在二次再辉中完全转化为稳定的 Fe_2B 相+bcc
Fe 相；而图 2.19(c)、(d) 为凝固路径 II，亚稳 $Fe_{23}B_6$ 相+fcc Fe 相优先从熔
体中析出，随后并不发生二次再辉转化为稳定的 Fe_2B 相+fcc Fe 相，而是直接
生成 Fe_3B 相+bcc Fe 相，并且亚稳 $Fe_{23}B_6$ 相+fcc Fe 相保留至室温。对于过冷
条件下金属的复杂凝固路径只有结合无容器处理和同步辐射技术才能准确判断
凝固过程中各相之间的转化关系。

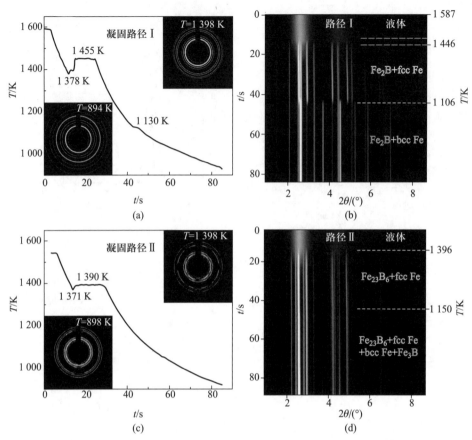

图 2.19　液态 $Fe_{83}B_{17}$ 合金的凝固行为：（a）凝固路径 I 的降温曲线及典型温度下的衍射图；（b）凝固路径 I 下降温过程的衍射结果；（c）凝固路径 II 的降温曲线及典型温度下的衍射图；（d）凝固路径 II 下降温过程的衍射结果[75]。（参见书后彩图）

2.3.3　中子散射

由于中子具有不带电、能量低、有磁矩、穿透性强等独特性能，中子散射已经被应用于各类物质微观结构和动力学研究中[76-78]，成为继高能 X 射线衍射的又一新兴表征技术，尤其是中子对轻元素灵敏，可区分同位素和近邻元素，可有效解决传统能谱方法难以识别轻元素和同位素的难题。

具有动能的中子比其他具有类似能量的核粒子，如 α 粒子、负电子、正电子、质子或电子，更容易通过物质，因而被用于测定物质的微观结构。与其他带电荷的核粒子形成鲜明对比的是，中子可以穿过原子、电子无法穿透的库仑势垒，与原子核发生碰撞，并在碰撞过程中被散射或被原子核俘获。中子与原子核的碰撞会导致中子与反冲原子核的散射，典型的中子散射原理示意图如图2.20所示[77]。假设一束波矢为 q_i 的中子束射向样品，由于原子核占据的体积分数较小，大部分中子会穿过样品，其中一小部分中子束会在原子核的作用下发生散射，而被散射的中子束 q_f 可以被立体角为 Ω 的探测器探测到。

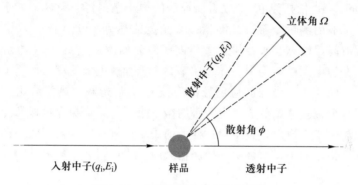

图 2.20　中子散射实验原理图[77]

中子与原子核的碰撞会导致中子与反冲原子核的散射，根据中子在散射过程中的能量变化，中子散射可分为弹性散射、准弹性散射和非弹性散射 3 种类型。弹性散射不涉及中子能量交换，常用于确定物质在各种尺度上的微观结构。处于扩散运动中的原子、分子在对中子散射时，由于多普勒效应，弹性散射中子的能量会产生微小的变化，形成准弹性散射，因此，准弹性散射可以用来研究原子、分子的扩散运动。非弹性散射是指散射前后中子能量有变化的散射过程，中子和原子、分子一次碰撞中能量的变化就是原子、分子从中子吸收或交付给中子的能量，所以只要分析散射中子的能谱就能获知原子、分子的能谱。中子非弹性散射实验研究内容包括晶格振动，磁矩扰动，分子的振动、转动、扭曲等现象。

中子散射技术是研究高温熔体结构和动力学的重要手段。广角中子散射可以测量静态结构因子 $S(q)$，进一步根据 $S(q)$ 可以计算得到双体分布函数 $g(r)$，$S(q)$ 和 $g(r)$ 是表征熔体短程和中程有序结构的重要参数。此外，准弹性中子散射是探测固体和液体结构松弛的最佳技术之一，飞行时间准弹性中子散射技术能很好地适用于液体样品中原子扩散的研究。在这种技术中，松弛时间和扩散系数可以直接从测量的动态结构因子 $S(q, E)$ 中得到。

根据中子源的不同，测量高温熔体结构因子的方式可分为两种。对于中子反应堆，其可以长时间稳定地输出恒定的单色中子束，因此，测量结构时一般使用双轴式衍射仪，它可以测定中子束经过样品散射后其强度随散射角 2θ 的变化关系，如劳厄-朗之万研究所的 D20[79] 和 D4[80] 装置。对于脉冲式中子源，由于其只能输出脉冲式的单色中子束，因此不能实现对散射强度随散射角变化的测定，其一般使用飞行时间衍射仪来测定结构，它可以测定脉冲中子束在经过样品散射后在固定散射角处其散射强度随飞行时间 τ 的变化关系，如美国橡树岭中子散裂源的 DOMAD[81] 装置。

Kordel 等[82] 依托劳厄-朗之万研究所的中子散射源，设计了基于静电悬浮的广角中子散射测量装置，其测量最大角度能达到 130°，配合双轴式衍射仪可以实现对高温液态金属结构在大角度范围内的测量，图 2.21 给出了其装置示意图。在静电悬浮实验中，样品在垂直电极和侧电极的耦合作用下被稳定地悬浮在真空腔体中，当样品稳定悬浮后被 CO_2 激光器加热并熔化。中子束在输出中子源后被狭缝调节成一定大小的中子束，为了避免穿过样品的中子束在墙体壁上产生二次散射，直接穿过样品的中子束被镉吸收器吸收，经过散射的中子束穿过铝制的中子窗被中子探测器吸收，进而得到衍射强度随角度的变化关系。

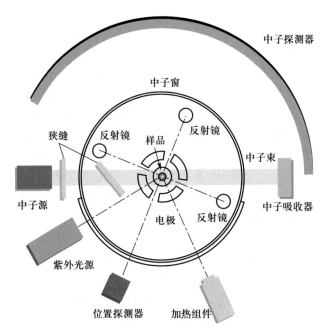

图 2.21 　 静电悬浮结合中子散射测量液态金属结构实验装置示意图[82]

图 2.22(a) 给出了 Kordel 等[82] 在静电悬浮条件下，利用广角中子散射测量的液态 $Ni_{36}Zr_{64}$ 合金的衍射图谱，通过扣除仪器背景散射可以得到液态 $Ni_{36}Zr_{64}$ 合金的衍射强度 I 随角度 2θ 的变化关系，进一步根据结构因子 $S(q)$ 与衍

射强度 I 之间的线性关系可以得到液态 $Ni_{36}Zr_{64}$ 合金的结构因子。图 2.22(b)给出了不同温度下液态 $Ni_{36}Zr_{64}$ 合金的结构因子，由图可知，总结构因子存在一个小的前置峰，这表明液态 $Ni_{36}Zr_{64}$ 合金中存在中程有序结构，且随着温度的降低，中程有序结构的含量不断提高。此外，当温度降低至 1 085 K 时，总结构因子第二峰出现了劈裂，这表明液态 $Ni_{36}Zr_{64}$ 合金中形成了二十面体短程有序结构。总结构因子各峰的高度随温度的降低几乎没有发生变化，这可能是由测量的温度范围较小导致的。

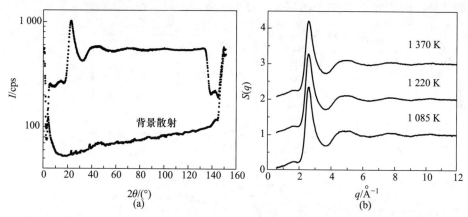

图 2.22　液态 $Ni_{36}Zr_{64}$ 合金的结构测定：(a) 温度为 1 085 K 时的广角中子散射图谱；
(b) 不同温度下的总体结构因子[82]

利用广角中子散射技术只能得到液态合金的总体结构因子，然而为了深入研究液态合金中的元素占位、分布等必须获得更多关于合金结构的信息，这些信息可以从偏结构因子中获取。通过在中子散射实验中利用同位素替换可以得到不同同位素下合金的总体结构因子，进而得到合金的偏结构因子。

Holland-Moritz 等[83]利用静电悬浮结合中子散射，研究了非晶合金 $Ni_{59.5}$$Nb_{40.5}$的静态结构因子，同时，结合同位素标定法完整地测量了 $Ni_{59.5}Nb_{40.5}$ 合金的偏结构因子。图 2.23 为测量得到的 1 495 K 温度下不同同位素替换下的总体结构因子，根据图 2.23 中的 3 个总结构因子可以求得 $Ni_{59.5}Nb_{40.5}$ 合金的 Faber-Ziman 偏结构因子和 Bhatia-Thornton 偏结构因子。图 2.24(a)和(b)分别给出了 1 495 K 下液态 $Ni_{59.5}Nb_{40.5}$ 合金的 Bhatia-Thornton 偏结构因子 S_{NN}、S_{NC}、S_{CC} 和 Faber-Ziman 偏结构因子 S_{Ni-Ni}、S_{Ni-Nb}、S_{Nb-Nb}。S_{CC} 结果表明液态 $Ni_{59.5}$$Nb_{40.5}$ 合金中存在着化学短程有序结构，这些化学短程有序结构和 Ni—Nb 键有密切的关系。图 2.24(b)中 S_{Ni-Nb} 的第 1 峰值明显大于 S_{Ni-Ni} 和 S_{Nb-Nb} 的现象也表明了这一点。图 2.23 中液态 $^{Nat}Ni_{59.5}Nb_{40.5}$ 合金的结构因子在波矢 $q = 1.8$ Å^{-1} 处

存在一个前置峰，这表明液态 $Ni_{59.5}Nb_{40.5}$ 合金中存在着中程结构有序。而 S_{Ni-Ni} 和 S_{Nb-Nb} 在低波矢处明显地存在一个前置峰，这表明 Ni-Ni 键和 Nb-Nb 键存在着明显的中程结构有序；同时该前置峰的位置和合金总结构因子前置峰的位置相同，这表明液态合金中的中程结构有序是由 Ni-Ni 键和 Nb-Nb 键的存在导致的；而 S_{Ni-Nb} 在对应的低波矢处存在一个峰谷，这抵消了 S_{Ni-Ni} 和 S_{Nb-Nb} 在低波矢处的前置峰，使得在 S_{NN} 在第一峰前平缓增加。此外，根据图 2.24(b) 展示的 Faber-Ziman 偏结构因子可知，Ni-Ni 键的键长小于 Ni-Nb 键和 Nb-Nb 键的键长，这是由于 Ni 原子的原子半径小于 Nb 原子的原子半径。

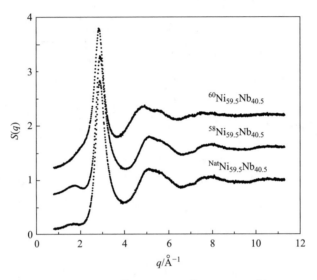

图 2.23　温度为 1 495 K 时液态 $^{58}Ni_{59.5}Nb_{40.5}$、$^{60}Ni_{59.5}Nb_{40.5}$、$^{Nat}Ni_{59.5}Nb_{40.5}$ 合金的
总结构因子[83]

　　无容器技术结合广角中子散射已经成为研究高温液态金属结构的有力工具，在过去 20 年中研究者们报道了诸多相关的研究成果，如利用电磁悬浮结合中子散射研究 Al-Co、Al-Fe、Ni-Zr 等合金[84,85]，利用静电悬浮结合中子散射研究 Al-Si、Cu-Zr、Zr-Pt 等合金[86-88]。获取多元合金的偏结构因子必须依赖于同位素替换或改变入射波长经过多次测量才能求得，当合金组元数大于 2 时，实验研究难度陡然增大，因此，为了高效地研究多元合金的液态结构，理论模拟逐渐成为研究多元液态金属结构的重要手段。

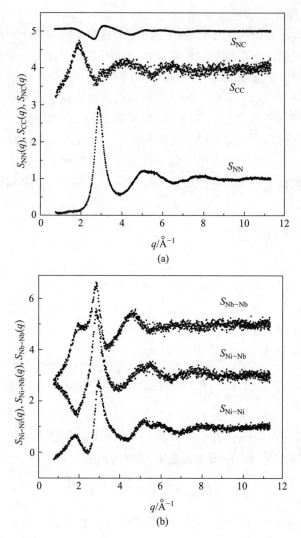

图 2.24　Ni$_{59.5}$Nb$_{40.5}$合金的液态结构：（a）Bhatia-Thornton 偏结构因子；
（b）Faber-Ziman 偏结构因子[83]

2.4　分子动力学计算

　　分子动力学计算已经成为液态金属结构和性质研究的重要方法，并在许多方面有着实验研究不可替代的优势，如合金偏结构因子，由于实验上对于偏结构因子的测定较为复杂，需要通过同位素替换（中子散射）或者改变入射波长

(同步辐射)进行多次测量才能获得,这对于多元合金而言几乎不可能实现。
分子动力学计算为获取合金偏结构因子提供了重要途径,对于理解液态金属的
原子排布尤为重要。液态结构因子和双体分布函数是三维原子坐标信息在一维
上的投影,反映了液态金属结构随时间和空间的平均信息,但不能反映液态金
属结构的三维分布信息。然而三维空间的结构信息有助于我们在研究过程中更
直观地理解金属的相变过程,如液-液相变和液-固相变过程,理论计算为获
取多元合金的结构信息,尤其是三维结构信息提供了有效的手段。常用的模拟
金属液态结构方法有分子动力学、第一性原理、蒙特卡罗等,其中,分子动力
学模拟由于模拟体系大、计算速度快等特点被广泛地应用于金属液态结构的模
拟中。

2.4.1　分子动力学基础

分子动力学是以经典力学为基础来处理分子与分子之间相互作用的,其微
观分子的运动遵循牛顿第二定律或者拉格朗日方程。首先根据经典力学建立一
组分子的运动方程,然后通过对系统中分子的运动方程进行数值求解,得到分
子各个时刻的位置和速度,进一步通过统计学方法,获得宏观物理量。对于一
个 N 元体系,其基本的运动方程可描述为

$$\boldsymbol{F}_i = m_i \boldsymbol{a}_i = m_i \frac{\mathrm{d}^2 \boldsymbol{r}_i}{\mathrm{d}t^2} \tag{2.19}$$

式中,$\boldsymbol{F}_i$ 为第 i 个原子的受力;m_i 为第 i 个原子的质量;$\boldsymbol{a}_i$ 为第 i 个原子的加
速度;$\boldsymbol{r}_i$ 为第 i 个原子的位置;t 为时间。系统中原子受力来源于原子之间的
相互作用力,因此,可以用势能函数 U 梯度的负值来表示:

$$\boldsymbol{F}_i = m_i \boldsymbol{a}_i = m_i \frac{\mathrm{d}^2 \boldsymbol{r}_i}{\mathrm{d}t^2} = -\frac{\mathrm{d}U(\boldsymbol{r}_i)}{\mathrm{d}\boldsymbol{r}_i} \tag{2.20}$$

对于给定位置处原子的受力,可以由势能函数得到,但直接求解上述 N
元常微分方程是非常不现实的,因此分子动力学模拟中采用有限差分方法来逐
步求解上述常微分方程,进而获得原子的位置和速度随时间的演化关系。首先
对第 i 个原子的位置进行泰勒展开:

$$\boldsymbol{r}_i(t+\Delta t) = \boldsymbol{r}_i(t) + \frac{\mathrm{d}\boldsymbol{r}_i(t)}{\mathrm{d}t}\Delta t + \frac{1}{2}\frac{\mathrm{d}^2\boldsymbol{r}_i(t)}{\mathrm{d}t^2}\Delta t^2 + \frac{1}{6}\frac{\mathrm{d}^3\boldsymbol{r}_i(t)}{\mathrm{d}t^3}\Delta t^3 + O(\Delta t^4)$$

$$= \boldsymbol{r}_i(t) + \boldsymbol{v}_i(t)\Delta t + \frac{1}{2}\boldsymbol{a}_i(t)\Delta t^2 + \frac{1}{6}\frac{\mathrm{d}^3\boldsymbol{r}_i(t)}{\mathrm{d}t^3}\Delta t^3 + O(\Delta t^4)$$

$$\tag{2.21}$$

式中,$\boldsymbol{v}_i(t)$ 是第 i 个原子在 t 时刻的速度;Δt 是时间步长。

在有限差分方法中可以通过调节截断误差的阶数来控制算法的精确度，常见的算法如一阶的欧拉算法、二阶的改进欧拉算法以及更高阶的龙格-库塔算法等。对于分子动力学模拟，一般使用三阶算法就能保证得到精确的结果，同时计算稳定且速度较快。因此，原子位置的泰勒展开常取到三阶项。

$$r_i(t + \Delta t) = r_i(t) + v_i(t)\Delta t + \frac{1}{2}a_i(t)\Delta t^2 + \frac{1}{6}\frac{\mathrm{d}^3 r_i(t)}{\mathrm{d}t^3}\Delta t^3 \quad (2.22)$$

为了简化上述式(2.22)，同时确保算法精度，取原子在前一时刻的位置

$$r_i(t - \Delta t) = r_i(t) - v_i(t)\Delta t + \frac{1}{2}a_i(t)\Delta t^2 - \frac{1}{6}\frac{\mathrm{d}^3 r_i(t)}{\mathrm{d}t^3}\Delta t^3 \quad (2.23)$$

将式(2.22)和式(2.23)相加，从而简化得到原子位置的演化方程

$$r_i(t + \Delta t) = 2r_i(t) - r_i(t - \Delta t) + a_i(t)\Delta t^2 \quad (2.24)$$

原子的速度可以直接根据原子在前后两个时刻的坐标求得

$$v_i(t) = \frac{r_i(t + \Delta t) + r_i(t - \Delta t)}{2\Delta t} \quad (2.25)$$

式(2.24)和式(2.25)即为分子动力学中的 Verlet 算法[89]。根据式(2.24)可知，为了求得下一时刻的原子位置 $r_i(t+\Delta t)$，必须知道前两个时刻的原子位置 $r_i(t)$ 和 $r_i(t-\Delta t)$，以及原子的加速度 $a_i(t)$。而分子动力学模拟中只输入一个时刻的原子坐标，为了获取第二个原子坐标，在计算第一步时采用二阶泰勒展开，之后使用 Verlet 算法进行计算。

上述算法中并不含有速度的差分演化，将时间步长缩短一半，将速度进行泰勒展开，并取前两项可以得到

$$v_i\left(t + \frac{\Delta t}{2}\right) = v_i(t) + \frac{1}{2}a_i(t)\Delta t \quad (2.26)$$

此时，原子下一时刻的位置可以表示为

$$r_i(t + \Delta t) = r_i(t) + v_i(t)\Delta t + \frac{1}{2}a_i(t)\Delta t^2 = r_i(t) + v_i\left(t + \frac{\Delta t}{2}\right)\Delta t \quad (2.27)$$

而下一时刻的速度可以表示为

$$v_i(t + \Delta t) = v_i(t) + \frac{a_i(t) + a_i(t + \Delta t)}{2}\Delta t = v_i\left(t + \frac{\Delta t}{2}\right) + \frac{1}{2}a_i(t + \Delta t)\Delta t$$

$$(2.28)$$

式(2.27)和式(2.28)即为分子动力学中的 Verlet 速度算法，又称蛙跳算法[90]。该算法实现简单、时间可逆、精度高，适用于较短和较长的时间步长，由于每一步都计算了位置和速度，所以算法稳定。为了进一步调高计算精度，研究人员也开发了其他高阶算法，如预测校正算法[91]、Gear 算法[92]、Beeman 算法以及刘维尔时间可逆算法等[93]。

2.4.2　势函数

在分子动力学模拟求解原子运动方程中，最为关键的一步便是关于原子受力的求解，即原子加速度，而原子的受力等于势能面梯度的负值，因此分子动力学模拟最为关键的便是势函数的选取。不同势函数的势能面不同，导致计算的原子受力不同，进而使得原子的运动轨迹产生差别。对于金属而言，常用的势函数类型有对势（Lennard-Jones）[94]、嵌入原子势（EAM）[95,96]、改进嵌入原子势（MEAM）[97]、SW 势[98]、F-S 势[99]、Tersoff 势[100]等，除对势外均属于多体势。这里以嵌入原子势为例介绍分子动力学模拟中使用的势函数。

在金属和过渡金属中原子之间的库仑相互作用属于中程相互作用，原子会受到附近 8~12 个原子的影响，因此在金属的分子动力学模拟中势函数通常采用多体势。嵌入原子势是最早提出的关于金属模拟的多体势，该势函数考虑了金属中价电子产生的均匀电子云对带正电的原子核的吸引作用，其原理图如图2.25 所示。该势函数形式上包括了两项即对势和嵌入能[96]

$$E = \frac{1}{2} \sum_{i \neq j} \phi_{ij}(r_{ij}) + \sum_i F_i(\rho_i) \qquad (2.29)$$

式中，ϕ_{ij} 是对势项；r_{ij} 为 i、j 原子间的距离；F_i 为嵌入原子能项；ρ_i 为 i 原子处的电子密度。

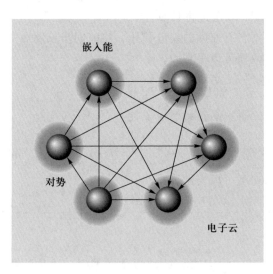

图 2.25　6 原子体系嵌入原子势原理图

i 原子位置处的电子密度为其他原子价电子在该位置处的线性组合[96]

$$\rho_i = \sum_{j(\neq i)} \rho_j(r_{ij}) \qquad (2.30)$$

利用嵌入原子势进行分子动力学模拟时，在求解运动方程过程中，需要根据原子的实时位置计算嵌入能，从而得到原子受力情况，进一步根据迭代算法求解下一时刻的原子位置和速度。虽然嵌入原子势在模拟中取得了较大的成功，然而该势能函数仅对 FCC 结构金属做出较好的预测，对于 BCC 和 HCP 结构的金属，其预测结果与实验值相差较大。为了解决这一问题，Baskes 等[97]改进了嵌入原子势，考虑了第二近邻原子对中心原子受力的作用，同时，将键角变化引入到势函数中。改进嵌入原子势可以对多种类型金属的性质进行精确的模拟。需要说明的是，由于势函数的拟合只用了部分参数，因此，没有一个势函数可以精准地计算金属的全部性质。

2.4.3 分子动力学模拟流程

一般而言，分子动力学模拟主要包括 4 步：构建模型、参数初始化、求解运动方程以及宏观物理量统计，其流程图如图 2.26 所示。

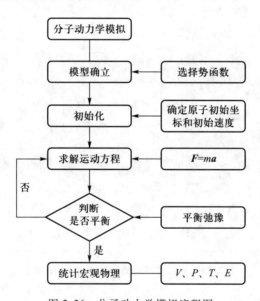

图 2.26 分子动力学模拟流程图

模型的确立主要包括势函数和边界条件的选择。在进行模拟之前需要根据体系的特性和物理性质选择合适的势函数，不同势函数的势能面不同会造成分子运动和分子内部运动轨迹上的差异，进而影响到结果的计算；而且不同的势函数参量数目也不同，这会导致模拟收敛速度不同，如多体势计算时的收敛速度明显小于二体势，因此进行分子动力学模拟时选取合适的势函数尤为重要。通常对于金属和过渡族金属一般选取 EAM 势或者 MEAM 势，对于半导体等含有共价键的元素一般选取 SW 势或者 Tersoff 势。

　　由于计算资源的限制，分子动力学模拟计算的体系相较于宏观体系是十分小的，一般模拟选取的体系原子数在几千到几万。小的模拟体系使得表面原子占据了不可忽略的一部分，为了避免表面原子对模拟结果的影响，模拟时一般都采用周期性边界条件来消除边界原子的影响。周期性边界条件的构造是通过将模拟体系在空间各个方向扩展实现的，即原子从体系一面溢出时，会从对应的另一面再次进入模拟体系中，从而保持模拟体系总原子数不变。图 2.27 给出了周期性边界条件构造的示意图，实线框中为模拟体系包含的原子，虚线框内为向各个方向扩展后对应的原子。

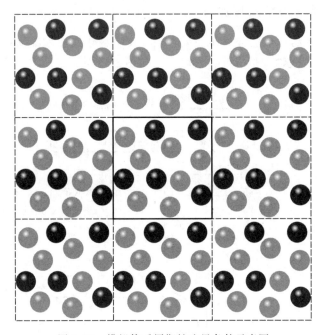

图 2.27　模拟体系周期性边界条件示意图

　　分子动力学模拟的第二步是参数初始化，包括原子总数、初始位置、初始速度以及积分时间步长的设置。原子总数要根据计算资源选取合适的大小，一般而言原子数要保持在几千以上才能确保计算结果的准确性。原子初始位置可以固定在晶格点位上，也可以随机分布在模拟空间中。原子初始速度一般服从麦克斯韦-玻尔兹曼或者高斯分布，其大小是根据式(2.31)的能量公式转换得到的。

$$E = \left\langle \frac{1}{2} \sum_i m v_i^2 \right\rangle = \frac{3}{2} NkT \qquad (2.31)$$

因此单个原子在温度 T 下的速度概率可以表示为

$$P(v) = \left(\frac{m}{2\pi k_B T} \right)^{1/2} \exp\left(-\frac{mv^2}{2k_B T} \right) \qquad (2.32)$$

式中，k_B 为玻尔兹曼常量。原子速度的方向随机分布从而使得体系的总动量保持为 0。

为了确保准确地追踪到原子在运动过程中的轨迹，需要根据原子的运动速度选择合适的时间步长。图 2.28 给出了一个原子在不同时刻的位置，只有在时间间隔较短的情况下才能精确地追踪到原子实际运动轨迹。然而，时间步长取得过小时，不仅不能明显提高计算精度，反而会增加计算所需的资源，降低计算效率。一般而言，步长取特征时间的 1/10 左右，原子运动的特征时间尺度为 10^{-14} s，因此模拟中选择的步长通常为 10^{-15} s(1 fs)。系统初始状态并不是平衡态，为了确保计算得到的结果能准确地反映出该温度下的原子特征，需要在模拟过程中进行平衡弛豫后再导出欲求物理量。由于不同状态下原子运动的速度不同，因此弛豫步数的选取需依据计算体系的不同选择合适的数值。对于固态性质计算，一般弛豫步数选择 100 万步；对于液态金属性质计算，弛豫步数选择10 万 ~ 20 万步即可。

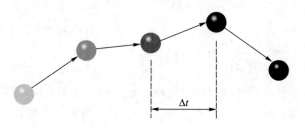

图 2.28　原子运动过程

在分子动力学计算时系统需要一定的约束条件，这些约束条件是由一组外加宏观参量来表示的，即系综。分子动力学模拟常用的系综有 5 种，分别为正则系综(NVT)、微正则系综(NVE)、等温等压(NPT)、等压等焓(NPH)以及巨正则系综(μVT)，具体使用时要根据实际情况选择合适的系综。分子动力学模拟中常用 3 种系综为正则系综、微正则系综和等温等压系综。

正则系综表示体系具有确定的粒子数、体积、温度，此时系统的总能量和压强可能在某一平均值附近变化，特征函数是亥姆霍兹自由能 $F(N, V, T)$。平衡体系代表封闭系统，是与热源接触的恒温系统。

微正则系综表示体系具有确定的粒子数、体积、能量，此时系统的温度和压强可能在某一平均值附近变化，特征函数是熵 $S(N, V, E)$。

等温等压表示系统具有确定的粒子数、压强、温度，此时系统的总能量和体积可能存在变化，特征函数为吉布斯自由能 $G(N, P, T)$。

在模型以及初始条件设置好后就可以开始求解体系的运动方程了，由于系统初始状态并不是平衡态，因此模拟过程中需要进行平衡计算，直到输出稳定的能量值。如 NPT 系综要求在弛豫过程中保持体系的温度和压强不变，因此在模拟过程中需要及时调节体系的温度和压强，直到体系的温度和压强稳定在目标值附近即达到了稳定的平衡态。

对于温度的调节依赖于对原子速度的调节，根据式（2.31）可知原子的速度和体系温度的平方根成正比，进一步可由式（2.33）通过实时修正体系原子的速度来控制体系温度稳定在目标温度值 T_{tar} 附近。体系的压强和体积有关，因此，可以通过实时改变体系的体积即缩放原子坐标来调节体系压强。

$$v_{new} = v_{old}\left(\frac{T_{tar}}{T}\right)^{1/2} \tag{2.33}$$

在体系的弛豫过程中，当各态达到稳定后就可以对体系的宏观物理性质进行统计。宏观物理量的统计是根据原子在相空间的轨迹积分得到的。对于物理量 A 的测量值 $\langle A \rangle$，可以由式（2.34）得到

$$\langle A \rangle = \lim_{\tau \to \infty} \frac{1}{\tau - t_0} \int_{t_0}^{\tau} \mathrm{d}t A(\{\boldsymbol{r}^N(t)\}, \{\boldsymbol{p}^N(t)\}) \tag{2.34}$$

式中，τ 为终止步数；$(\{\boldsymbol{r}^N(t)\}, \{\boldsymbol{p}^N(t)\})$ 为体系中原子在相空间的位移。

利用体系中原子的轨迹不仅可以得到宏观的物理性质如能量、密度、比热容、扩散等，同时，利用体系的原子位置还可以得到模拟体系的结构信息。

分子动力学虽然在处理过程中忽略了量子相互作用，仅从经典力学出发求解原子运动方程，但这种合理的忽略不会给宏观物理量的计算带来较大误差，同时由于其可计算体系大、计算收敛较快，被广泛地应用于各种宏观性质和结构预测中，特别是液态金属的结构预测。

2.5　相场模拟

液态金属在凝固过程中所形成的凝固组织形态是决定金属材料性能的关键因素。因此，通过细致深入地研究凝固微观组织的演化规律，从而掌握和控制液态金属的凝固过程，显得尤为重要。然而，由于液态金属的不透明性，且凝固多在高温下进行，难以实时观察和分析微观组织演化规律。此外，金属凝固的微观组织演化过程一般涉及多物理场的相互作用，仅通过实验手段难以对众多影响因素做出精确定量的分析判断。随着计算科学与计算机技术的迅速发

展，数值模拟方法为有效预测及控制微观组织的演化过程提供了有力的帮助。

相场方法（phase-field method）是基于扩散界面理论与金兹堡－朗道（Ginzburg-Landau）相变理论构建的，并综合了液态金属凝固过程中的扩散、有序化学势和热力学驱动力的影响[101]。此外，相场方法可有效地将相场与温度场、溶质场、流场及其他外场耦合，从而直观地模拟宏观场作用下凝固组织的动态演化过程，已成为模拟微观组织演化的主要方法。

2.5.1 相场方法的基本原理

相场方法是以统计物理学为基本原理、以金兹堡－朗道相变理论为基础[102]，充分考虑液态金属扩散、有序化势与热力学驱动力的综合作用，建立相场方程和描述系统演化的动力学模型。该方法通过将相场与温度场、溶质场、流场以及其他外场耦合，能够真实地再现凝固过程中的液/固界面的形态、曲率以及界面的移动。相场方法通过引入序参量 $\phi(x, t)$ 来表征某时刻系统中各位置的物相状态。在相场中，$\phi(x, t) = 1$ 表示固相，$\phi(x, t) = 0$（或者 -1）表示液相，在液/固界面上相场变量 $\phi(x, t)$ 连续地从 0（或者 -1）变化到 1，如图 2.29 所示。通过相场变量 $\phi(x, t)$ 可以跟踪区分两相不同的热力学状态，从而避免直接追踪液/固相界面。

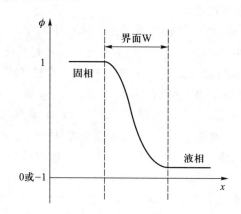

图 2.29　相场变量物理含义示意图

相场方法将界面动力学与一个或者多个传输外场耦合来描述复杂界面的演化，依据自由能减小和熵增大原理，推导相场及相关物理场的控制方程，最终得到微观组织形貌及各相关物理参量随时间的演化过程。相场控制方程根据金兹堡-朗道自由能理论，可从体系的自由能 F 或熵 S 推导得出，由于自由能构造方式多样，得到相场模型的表达式并不唯一。下面给出从体系的自由能 F 推出相场模型的最基本形式。

根据金兹堡-朗道（Ginzburg-Landau）自由能理论，对于一个控制体积为 V 的封闭体系，其总自由能泛函 F 的构造表达式为

$$F = \int_V \left[f(\phi,\ C,\ U) + \frac{1}{2}\varepsilon_\phi^2(\nabla\phi)^2 + \frac{1}{2}\varepsilon_c^2(\nabla C)^2 \right] \mathrm{d}V \qquad (2.35)$$

式中，f 为自由能密度；C 为合金成分浓度；U 为内能；ε_ϕ 和 ε_c 分别为相场和溶质场梯度能系数。

根据热力学定律，体系随时间演化时能量守恒，且体系的自由能趋于减小，即：$\mathrm{d}F \leqslant 0$。根据最小能量原理，由变分形式的 Lyapunov 函数及线性不可逆动力学，可以推导出相场、溶质和内能随时间演化的动力学方程为

$$\frac{\partial\phi}{\partial t} = -M_\phi \frac{\delta F}{\delta\phi} \qquad (2.36)$$

$$\frac{\partial C}{\partial t} = \nabla\cdot\left(M_c \nabla \frac{\delta F}{\delta C} \right) \qquad (2.37)$$

$$\frac{\partial U}{\partial t} = \nabla\cdot\left(M_u \nabla \frac{\delta F}{\delta U} \right) \qquad (2.38)$$

式中，M_ϕ、M_c 和 M_u 分别为相场界面迁移、溶质扩散和热扩散动力学系数。相场模型中出现的梯度项系数和动力学系数等相场模型参数，一般可以通过解析法和薄界面渐进分析法确定[103,104]。

式（2.36）～（2.38）确定了相场方法的基本控制方程，根据不同应用体系合理构造自由能密度以及各相场参量的具体形式，可建立适用于不同情况下的相场模型。Kobayashi 建立了过冷纯金属的枝晶生长模型[102]，Wheeler 等提出了二元合金等温凝固的 WBM 相场模型[105,106]，Karma 通过薄界面渐进分析法建立了纯物质定量枝晶生长相场模型[103,104]，Kim 等创立了应用于合金的 KKS 相场模型[107]等。相场方法已在凝固微观组织演化、固态相变、液相分离等领域得到了广泛应用，其相场模型多是在上述相场模型的基础上改进和发展的。相场方法模拟对象经历了从纯物质到多元合金、从单相到多相的发展、模拟条件由单物理场发展到耦合多种外场影响；模拟区域逐渐由小到大，由二维拓展到三维；模拟结果由定性分析不断向定量预测的方向发展[101]。下面将以相场方法在合金枝晶生长和偏晶合金液相分离方面的应用为例，介绍其相场模型的建立过程和模拟结果。

2.5.2　枝晶生长的相场模拟

枝晶生长是凝固过程中最常见的一种晶体生长方式，同时枝晶生长中界面存在复杂的微细结构，这将强烈地影响固相中各种溶质成分的分布，进而影响到材料的性能，因此对枝晶生长的研究具有重大意义。以 Al-Ni 二元合金的枝

晶生长为例[108]，其相场模型是基于 Loginova 等改进的 WBM 模型[109]。系统自由能泛函 F 为

$$F = \int_V \left[f(\phi,\ C,\ T) + \frac{1}{2} \varepsilon_\phi^2 (\nabla \phi)^2 \right] \mathrm{d}V \qquad (2.39)$$

式中，C 为溶质 Ni 的浓度；T 为温度场变量；ε_ϕ 为相场梯度能系数；ϕ 为序参量；V 为控制体积。理想溶液系统的自由能密度 f 可表示为

$$f(\phi,\ C,\ T) = Cf_B(\phi,\ T) + (1-C)f_A(\phi,\ T) + \frac{RT}{V_m} [\,C\ln C + (1-C)\ln(1-C)\,]$$

$$(2.40)$$

式中，R 为理想气体常数；V_m 为摩尔体积；$f_A(\phi,\ T)$ 和 $f_B(\phi,\ T)$ 分别为纯金属 A（Al）和 B（Ni）的自由能密度，有以下形式：

$$f_A(\phi,\ T) = W_g g(\phi) + \left[U_S^A(T_m^A) - C_p^A T_m^A + h(\phi)\Delta H_m^A \right]\left(\frac{1}{T} - \frac{1}{T_m^A} \right) - C_p^A \ln\left(\frac{T}{C_p^A} \right)$$

$$f_B(\phi,\ T) = W_g g(\phi) + \left[U_S^B(T_m^B) - C_p^B T_m^B + h(\phi)\Delta H_m^B \right]\left(\frac{1}{T} - \frac{1}{T_m^B} \right) - C_p^B \ln\left(\frac{T}{C_p^B} \right)$$

$$(2.41)$$

式中，W_g 为双阱势 $g(\phi) = \phi^2(1-\phi)^2$ 的势垒高度；ΔH_m^i，T_m^i，C_p^i，$U_S^i(T_m^i)$ 分别为潜热、熔点、比热容和熔点处固相内能密度，其中 $i = A$，B；平滑函数取为 $h(\phi) = \phi^3(10 - 15\phi + 6\phi^2)$。

根据热力学一致性原则，可得到相场和溶质场动力学演化方程为

$$\frac{\partial \phi}{\partial t} = -M_\phi \left(\frac{\partial f}{\partial \phi} - \varepsilon_\phi^2 (\nabla^2 \phi) \right) \qquad (2.42)$$

$$\frac{\partial C}{\partial t} = M_c \nabla \cdot \left(\frac{D(\phi)}{f_{CC}} \nabla f_C \right) \qquad (2.43)$$

式中，f_C 和 f_{CC} 分别为自由能密度 f 关于溶质浓度 C 的一阶和二阶导数。溶质扩散系数 $D(\phi)$ 可以用固相和液相的溶质扩散系数 D_S 和 D_L 插值表示为 $D(\phi) = [1 - h(\phi)]D_L + h(\phi)D_S$。将所研究的合金视为稀溶液，在相场方程中引入随机噪声来模拟界面处的能量波动，并在溶质场中引入反溶质截留项用于消除由于界面厚度引起的虚假溶质截留效应，可分别推得相场和溶质场方程的具体形式如下：

$$\frac{\partial \phi}{\partial t} = M_\phi \left\{ \nabla \cdot [\varepsilon_\phi^2(\theta) \nabla \phi] - \frac{\partial}{\partial x}\left[\varepsilon_\phi(\theta)\varepsilon_\phi'(\theta) \frac{\partial \phi}{\partial y} \right] + \frac{\partial}{\partial y}\left[\varepsilon_\phi(\theta)\varepsilon_\phi'(\theta) \frac{\partial \phi}{\partial x} \right] \right\}$$

$$- M_\phi [(1-C)H^A(\phi,\ T) + CH^B(\phi,\ T)] + 16g(\phi) \cdot \alpha r$$

$$(2.44)$$

$$\frac{\partial C}{\partial t} = M_c \nabla \cdot \left\{ \delta^2 \nabla^2 C + \left[H^A(\phi, T) - H^B(\phi, T) \right] \nabla \phi - \right.$$

$$\left. \left[\frac{h(\phi)}{T^2}(\Delta H_m^A - \Delta H_m^B) + \frac{1}{T}(C_p^A - C_p^B) \right] \nabla T - \frac{R}{C(1-C)V_m} \nabla C + \vec{j}_{at} \right\} \tag{2.45}$$

式中，θ 为界面外法向与 x 轴夹角；δ 为界面厚度；r 为 -1 到 1 之间的随机数；α 为噪声的幅度，可取为 0.01。H^A 和 H^B 分别定义为

$$H^A(\phi, T) = W_g g'(\phi) + 30g(\phi)\Delta H_m^A \left(\frac{1}{T} - \frac{1}{T_m^A} \right)$$
$$H^B(\phi, T) = W_g g'(\phi) + 30g(\phi)\Delta H_m^B \left(\frac{1}{T} - \frac{1}{T_m^B} \right) \tag{2.46}$$

溶质场中引入的反溶质截留项为[110]

$$\vec{j}_{at} = a\delta(1 - K^e)\frac{2C}{1 + K^e - (1 - K^e)\phi}\frac{\partial \phi}{\partial t}\frac{\nabla \phi}{|\nabla \phi|} \tag{2.47}$$

式中，a 为反截留系数；$K^e = C_S^e / C_L^e$ 为平衡分配系数，其中 C_S^e 和 C_L^e 分别为固液界面处的固相和液相的平衡浓度。

考虑到凝固过程中潜热释放的影响，在相场模型中耦合温度场，在热传导方程的基础上推出温度场方程为

$$\rho C_p \frac{\partial T}{\partial t} = \lambda \nabla^2 T + \rho \left\{ \left[(1 - C)\Delta H_m^A + C\Delta H_m^B \right] h'(\phi) \right\} \frac{\partial \phi}{\partial t} \tag{2.48}$$

式中，ρ、C_p、λ 分别为合金密度、比热容和热导率。

相场模型中出现的相场梯度能系数 ε_ϕ 和双阱势垒高度 W_g 与界面能 σ 和界面厚度 δ 有关，M_ϕ、M_c 的值与动力学系数相关[109]，可分别表示为

$$\varepsilon_\phi = \sqrt{\frac{6\delta}{2.2}\sigma}, \qquad W_g = \frac{6.6\sigma}{\delta} \tag{2.49}$$

$$M_\phi^{-1} = \frac{\varepsilon_\phi^2}{\sigma}\left[\frac{RT(1 - K^e)}{V_m m^e}\beta + \frac{\varepsilon}{D_L\sqrt{2W_g}}\xi(C_S^e, C_L^e) \right] \tag{2.50}$$

$$M_c = \frac{V_m}{R}C(1 - C)\left[D_S - h(\phi)D_L \right] \tag{2.51}$$

式中，β 为动力学系数；m^e 为平衡液相线斜率；ξ 可通过积分形式表示为

$$\xi(C_S^e, C_L^e) = \frac{RT(C_S^e - C_L^e)^2}{V_m}\int_0^1 \frac{h(\phi)[1 - h(\phi)]}{[1 - h(\phi)]C_L^e(1 - C_L^e) + h(\phi)C_S^e(1 - C_S^e)} \cdot$$

$$\frac{\mathrm{d}\phi}{\phi(1 - \phi)} \tag{2.52}$$

在模拟合金凝固枝晶生长过程中，通过相场梯度能系数 ε_ϕ 引入各向异性：

$$\varepsilon_\phi(\theta) = \varepsilon_\phi[1 + \gamma_0\cos(k\theta)] \tag{2.53}$$

式中，k 表示 k 次对称性；γ_0 为各向异性强度；θ 为 x 轴与界面外法向夹角，且有 $\theta = \arctan\dfrac{\partial\phi/\partial y}{\partial\phi/\partial x}$。

这样，相场方程(2.44)、溶质场方程(2.45)和温度场方程(2.48)构成了二元合金非等温枝晶生长的相场模型，在确定相场模型参数、给定初始–边界条件后，通过有限差分等数值方法求解，便可动态模拟枝晶生长演化过程，得到任意时刻的相场、溶质场和温度场信息，如图 2.30 所示[108]。可较为容易地定量分析凝固过程中的枝晶形貌演化、生长速度、固相分数等信息，且通过模拟可研究不同因素如过冷度、热流条件等对枝晶凝固的影响。

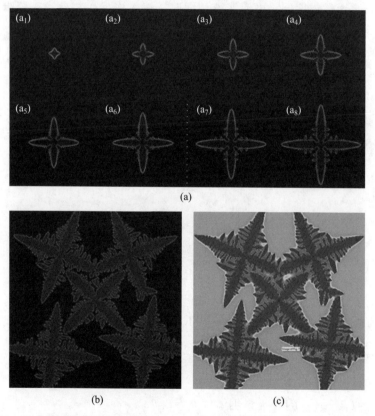

图 2.30　枝晶形貌演化和溶质场分布：（a）单枝晶生长演化过程；（b）多枝晶相场；（c）多枝晶溶质场[108]。（参见书后彩图）

2.5.3 液相分离的相场模拟

偏晶合金的液态相分离一直是材料物理和空间科学领域中的重要研究课题。由于液态合金的不透明性，相分离过程很难被实时观测到。随着相场模型的发展使再现液态合金的相分离演化过程变得切实可行。这里采用亚规则溶液模型对液态三元 Ni-Cu-Pb 偏晶合金相分离的演化过程进行了相场模拟计算，此处的相场变量 ϕ 表示溶质场中的浓度[111]。

由于 Ni 和 Cu 两种元素能够无限互溶形成二元匀晶体系，三元 Ni-Cu-Pb 偏晶合金凝固组织仅由(Ni, Cu)和(Pb)两相构成。如果将(Ni, Cu)熔体粗略地作为一个组元处理，则可以对 Ni-Cu-Pb 三元合金进行伪二元体系的模拟分析。由热力学第二定律可知，系统始终沿着能量降低方向演化。当三元 Ni-Cu-Pb 偏晶合金熔体温度低于不混溶液相面时，熔体将发生相分离来降低体系能量。体系吉布斯自由能的减少是发生相分离的驱动力。

假设合金熔体由 A 和 B 两组元构成，其中 A 为(Ni, Cu)伪组元，B 为 Pb 组元。采用亚规则溶液模型来描述体相吉布斯自由能 G_b[112]：

$$G_b = g_A\phi + g_B(1 - \phi) + RT[\phi\ln\phi + (1 - \phi)\ln(1 - \phi)] + RT_c\omega_c\phi(1 - \phi) \tag{2.54}$$

式中，g_A 和 g_B 分别为组元 A 和 B 的吉布斯自由能；T_c 为气液临界温度；ω_c 为合金熔体中组元间的相互作用系数。

液体相分离后生成新的界面，影响熔体的能量变化，其自由能泛函 $F(\phi)$ 可表示为

$$F(\phi) = \int f_V dV = \int \left[G_b + \frac{3}{2}RT_c\varepsilon_l^2(\nabla\phi)^2 \right] dV \tag{2.55}$$

式中，ε_l 代表空间多相性特征长度。体系化学势 μ_B 可描述为

$$\mu_B = \frac{\delta F}{\delta\phi} = \frac{\partial f_V}{\partial\phi} - \nabla\frac{\partial f_V}{\partial(\nabla\phi)} \tag{2.56}$$

若选取 T_c 为参考温度，ε_l 为参考尺度，RT_c 为参考能量，根据式(2.55)和式(2.56)，无量纲化学势可表示为

$$\mu_B = \mu_0 + \theta_T\ln\left(\frac{\phi}{1 - \phi}\right) + \omega_c(1 - 2\phi) - \nabla^2\phi \tag{2.57}$$

式中，$\mu_0 = (g_B - g_A)/RT$；无量纲温度 $\theta_T = T/T_c$。

H 模型描述了浓度场和流场耦合情况下的相分离组织演化，其无量纲化形式为[112]

$$\frac{\partial\phi}{\partial t} + \nabla\cdot(\boldsymbol{u}\phi) = -\nabla\cdot[\phi(1 - \phi)\nabla\mu_B] + \nabla\cdot\xi \tag{2.58}$$

式中，u 为流场局域速度；ξ 为高斯随机噪声，振幅为 1，均值为 0。在液态合金内部雷诺数较小时，内部流场的局域速度可近似简化为[113]

$$u = - C_f \phi \nabla \mu_B \qquad (2.59)$$

式中，C_f 为综合反映液态合金内部可流动性的参数，$C_f = \rho R T_c \varepsilon_l^2 / 6\pi D_L \eta M$。其中，$\rho$ 为合金熔体密度，D_L 为溶质扩散系数，η 为黏度，M 为原子量。C_f 值越大表明熔体流动性越强，流场响应越快。

进一步考虑温度场的作用，无量纲温度场方程可描述为

$$\frac{\partial \theta_T}{\partial t} = \frac{\lambda}{\rho C_p} \nabla^2 \theta_T \qquad (2.60)$$

改进的 H 模型能够定性地描述二元合金体系相分离过程。根据不同的研究对象，在唯象模型中引入修正项就能够成功地描述液体演化特征。如果涉及自由表面，式(2.55)必须考虑表面偏析势[113]，需将表面自由能密度 f_s 引入总自由能：

$$f_s = f_{s0} - c_h \phi_s + \frac{1}{2} c_g \phi_s^2 \qquad (2.61)$$

式中，ϕ_s 为表面浓度；f_{s0}、c_h 和 c_g 为常量参数，它们的大小反映了表面偏析的相对强弱。此外，模拟中相场采用零 Neumann 边界条件，温度场为绝热边界条件。

当选择合金为 $(\mathrm{NiCu}_x)_{50}\mathrm{Pb}_{50}$ 时，Pb 的初始浓度为 0.5，C_f 取 1 000，网格尺寸为 300×300，则模拟结果如图 2.31 所示[111]。由图可知，黑色的(Pb)相优先占据最外层，这主要是由于(Pb)相的表面张力较小，白色的(Ni，Cu)相依附其形核。而表面吉布斯自由能为表面张力与表面积的乘积，当表面积保持不变时，表面张力较小的(Pb)相占据外层，有利于表面相吉布斯自由能降低。

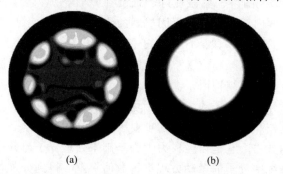

(a)   (b)

图 2.31　表面偏析作用下 Ni-Cu-Pb 偏晶合金不同时刻自由液滴的相分离形态，黑色为
(Pb)相，白色为(Ni，Cu)相：(a)16 ms；(b) 32 ms[111]

随着时间的推移，(Ni，Cu)相向中心迁移和凝并，而(Pb)相在表层富集，偏析层厚度逐渐增大，在 32 ms 时，液滴已经形成两层壳核组织。

2.6　本章小结

在快速发展的先进材料制备工艺研究和材料性质探索中，均迫切需要掌握液态金属结构与物理化学性质。而结构研究与性质测定面临"高温""流动性"和"高活性"等挑战，传统接触式实验手段容易引入杂质或破坏物质状态，从而驱动研究者探索出多种新型实验技术、测试方法及计算方法。

首先，本章介绍了电磁悬浮、静电悬浮和电磁冷坩埚 3 种液态金属处理技术。电磁悬浮无容器处理技术的核心是电磁悬浮线圈设计，线圈由上下反绕的两部分空心铜导管绕制而成，高频电流的激励使线圈悬浮空间内形成特定分布的电磁场，金属材料在交变电磁场中受到洛伦兹力以平衡其重力，从而实现悬浮和感应加热。静电悬浮无容器处理技术利用静电场所提供的库仑力来克服样品的重力，用激光来辅助实现加热，从而实现金属、非金属等样品的悬浮处理，该技术扰动微弱，被广泛用于材料热物理性质的测定和快速凝固研究。电磁冷坩埚技术的核心是分瓣设计的水冷铜坩埚，坩埚外壁围绕着电磁感应线圈，利用交变电磁场产生的涡流效应加热熔化坩埚内的金属，并依靠电磁力使液态金属与坩埚壁保持软接触状态。

其次，本章介绍了采用高能射线研究液态金属结构的实验技术。研究者们引入高能粒子方法用于研究液态金属结构与温度的相关性和液-固相变过程。通过高温 X 射线衍射方法研究了大量的低熔点液态金属以及合金的结构。随着悬浮无容器处理技术与同步辐射等先进光源的发展，借助同步辐射中性质优异的 X 射线(光谱范围广、偏振性好、强度高)，研究者们广泛开展了亚稳液态金属性质、金属内部结构及其凝固机理的研究。中子散射技术是研究高温熔体结构和动力学的重要手段。广角中子散射被用于测量静态结构因子 $S(q)$，利用同位素替换得到不同同位素下合金的总体结构因子，再根据这些总体结构因子可以得到合金的偏结构因子。

最后，本章介绍了分子动力学和相场计算两种模拟方法。理论模拟是研究多元液态金属结构和微观组织形貌的重要手段。分子动力学是一种常用的模拟金属液态结构的方法。它是以经典力学为基础来处理分子与分子之间的相互作用的，通过对系统中分子的运动方程进行数值求解，得到分子各个时刻的位置和速度，再进一步通过统计学方法获得宏观物理量。模拟过程最为关键是势函数选取，不同的势函数其势能面不同，导致计算原子受力不同，进而使得原子的运动轨迹产生差别。相场方法被用于液态金属的凝固组织形态演化研究，依据自由能减小和熵增大原理推导相场及相关物理场的控制方程，可有效地将相场与温度场、溶质场、流场及其他外场耦合，最终得到微观组织形貌及各相关物理参量随时间的演化过程。

参考文献

[1] Royer Z L, Tackes C, Lesar R, et al. Coil optimization for electromagnetic levitation using a genetic like algorithm[J]. Journal of Applied Physics, 2013, 113(21): 214901.

[2] Heintzmann P, Yang F, Schneider S, et al. Viscosity measurements of metallic melts using the oscillating drop technique[J]. Applied Physics Letters, 2016, 108(24): 241908.

[3] Lü P, Zhou K, Wang H P. Evidence for the transition from primary to peritectic phase growth during solidification of undercooled Ni-Zr alloy levitated by electromagnetic field[J]. Scientific Reports, 2016, 6: 39042.

[4] Cai X, Wang H P, Li M X, et al. A CFD study assisted with experimental confirmation for liquid shape control of electromagnetically levitated bulk materials[J]. Metallurgical and Materials Transactions B, 2019, 50(2): 688-699.

[5] Wang H P, Chang J, Wei B. Measurement and calculation of surface tension for undercooled liquid nickel and its alloy [J]. Journal of Applied Physics, 2009, 106: 033506.

[6] 蔡晓, 王海鹏, 魏炳波. 三维大体积金属材料电磁悬浮过程的精准调控[J]. 中国有色金属学报, 2018, (11): 2288-2295.

[7] 魏炳波, 杨根仓. 高频电磁悬浮熔炼的设计与实践[J]. 航空学报, 1988, 9(12): 589-597.

[8] Okress E C, Wroughton D M, Comenetz G, et al. Electromagnetic levitation of solid and molten metals[J]. Journal of Applied Physics, 1952, 23(5): 545-552.

[9] Begley R, Comenetz G, Flinn P, et al. Vacuum levitation melting[J]. Review of Scientific Instruments, 1959, 30(1): 38.

[10] Weisberg L R. Levitation melting of Ga, In, Au, and Sb [J]. Review of Scientific Instruments, 1959, 30(2): 135.

[11] Brisley W, Thornton B S. Electromagnetic levitation calculations for axially symmetric systems[J]. British Journal of Applied Physics, 1963, 14(10): 682-686.

[12] Lewis J, Neumayer H, Ward R. The stabilization of liquid metal during levitation melting [J]. Journal of Scientific Instruments, 1962, 39(11): 569.

[13] Holmes L M. Stability of magnetic levitation[J]. Journal of Applied Physics, 1978, 49(6): 3102-3109.

[14] Priede J, Gerbeth G. Stability of an electromagnetically levitated spherical sample in a set of coaxial circular loops [J]. IEEE Transactions on Magnetics, 2005, 41(6): 2089-2101.

[15] Feng L, Shi W Y. The influence of eddy effect of coils on flow and temperature fields of molten droplet in electromagnetic levitation device [J]. Metallurgical and Materials Transactions B: Process Metallurgy and Materials Processing Science, 2015, 46(4): 1895-1901.

[16] Lohöfer G, Schneider S. Heat balance in levitation melting: Sample cooling by forced gas convection in Helium[J]. High Temperatures-High Pressures, 2015, 44(6): 429-450.

[17] Zong J H, Li B Q, Szekely J. The electrodynamic and hydrodynamic phenomena in magnetically-levitated molten droplets. Transient-behavior and heat-transfer considerations [J]. Acta Astronautica, 1993, 29(4): 305-311.

[18] Huang M S, Huang Y L. Effect of multi-layered induction coils on efficiency and uniformity of surface heating[J]. International Journal of Heat and Mass Transfer, 2010, 53(11-12): 2414-2423.

[19] Kermanpur A, Jafari M, Vaghayenegar M. Electromagnetic-thermal coupled simulation of levitation melting of metals[J]. Journal of Materials Processing Technology, 2011, 211 (2): 222-229.

[20] Roberts S, Kok S, Zietsman J, et al. Electromagnetic levitation coil design using gradient-based optimization [C]//11th World Congress on Structural and Multidisciplinary Optimization, Sydney, June 7-12, 2015.

[21] Wang K F, Chandrasekar S, Yang H T Y. Finite-element simulation of induction heat treatment[J]. Journal of Materials Engineering & Performance, 1992, 1(1): 97-112.

[22] 郭硕鸿. 电动力学[M]. 北京: 高等教育出版社, 2008.

[23] Brandt E H. Levitation in Physics[J]. Science, 1989, 243(4889): 349-355.

[24] Kelton K F, Lee G W, Gangopadhyay A K, et al. First X-ray scattering studies on electrostatically levitated metallic liquids: Demonstrated influence of local icosahedral order on the nucleation barrier[J]. Physical Review Letters, 2003, 90(19): 195504.

[25] 胡亮, 鲁晓宇, 侯智敏. 静电悬浮技术研究进展. [J]. 物理, 2007, 36(12): 944-950.

[26] Millikan R A. A new modification of the cloud method of determining the elementary electrical charge and the most probable value of that charge[J]. Philosophical Magazine, 1910, 19: 209-228.

[27] Wuerker R F, Shelton H, Langmuir R V. Electrodynamic containment of charged particles [J]. Journal of Applied Physics, 1959, 30(3): 342-349.

[28] Wang T G, Trinh E, Rhim W K, et al. Containerless processing technologies at the jet-propulsion-laboratory[J]. Acta Astronautica, 1984, 11(3-4): 233-237.

[29] Rhim W K, Chung S K, Barber D, et al. An electrostatic levitator for high-temperature containerless materials processing in 1-g[J]. Review of Scientific Instruments, 1993, 64 (10): 2961-2970.

[30] Meister T, Lohöfer G, Unbehauen H. Containless processing by electrostatic levitation[J].

Acta Photonica Sinica, 1999, 28(Z2): 14-19.

[31] Sung Y S, Takeya H, Togano K. Containerless solidification of Si, Zr, Nb, and Mo by electrostatic levitation[J]. Review of Scientific Instruments, 2001, 72(12): 4419-4423.

[32] Ishikawa T, Paradis P F, Koike N, et al. Effects of the positioning force of electrostatic levitators on viscosity measurements [J]. Review of Scientific Instruments, 2009, 80: 013906.

[33] Wall J J, Liu C T, Rhim W K, et al. Heterogeneous nucleation in a glass-forming alloy [J]. Applied Physics Letters, 2008, 92: 244106.

[34] Paradis P F, Ishikawa T, Yoda S. Electrostatic levitation research and development at JAXA: Past and present activities in thermophysics [J]. International Journal of Thermophysics, 2005, 26(4): 1031-1049.

[35] Mukherjee S, Schroers J, Johnson W L, et al. Influence of kinetic and thermodynamic factors on the glass-forming ability of zirconium-based bulk amorphous alloys[J]. Physical Review Letters, 2005, 94: 245501.

[36] Mukherjee S, Zhou Z H, Johnson W L, et al. Thermophysical properties of Ni-Nb and Ni-Nb-Sn bulk metallic glass-forming melts by containerless electrostatic levitation processing[J]. Journal of Non-Crystalline Solids, 2004, 337(1): 21-28.

[37] Chung S K, Trinh E H. Containerless protein crystal growth in rotating levitated drops[J]. Journal of Crystal Growth, 1998, 194(3-4): 384-397.

[38] 韩丰田, 付中泽. 微静电陀螺仪再平衡回路设计[J]. 中国惯性技术学报, 2010, 18 (1): 97-100.

[39] 王新杰, 章海军, 黄峰. 光电反馈式静电悬浮的光电控制系统[J]. 光子学报, 2002, 31(2): 187-190.

[40] 晏磊, 刘光军. 静电悬浮控制系统[M]. 北京: 国防工业出版社, 2001.

[41] 胡亮, 王海鹏, 解文军, 等. 单轴反馈控制条件下的静电悬浮研究[J]. 中国科学: 物理学 力学 天文学, 2010, 40(6): 722-728.

[42] Hu L, Yang S J, Wang L, et al. Dendrite growth kinetics of β Zr phase within highly undercooled liquid Zr-Si hypoeutectic alloys under electrostatic levitation condition[J]. Applied Physics Letters, 2017, 110(16): 164101.

[43] 杨尚京. 难熔金属材料的静电悬浮过程与快速凝固机理研究[D]. 西安: 西北工业大学, 2018.

[44] Hu L, Li L H, Yang S J, et al. Thermophysical properties and eutectic growth of electrostatically levitated and substantially undercooled liquid $Zr_{91.2}Si_{8.8}$ alloy[J]. Chemical Physics Letters, 2015, 621: 91-95.

[45] Wu Y H, Chang J, Wang W L, et al. A triple comparative study of primary dendrite growth and peritectic solidification mechanism for undercooled liquid $Fe_{59}Ti_{41}$ alloy[J]. Acta Materialia, 2017, 129: 366-377.

[46] Lee G W, Jeon S, Park C, et al. Crystal-liquid interfacial free energy and thermophysical

properties of pure liquid Ti using electrostatic levitation：Hypercooling limit, specific heat, total hemispherical emissivity, density, and interfacial free energy[J]. Journal of Chemical Thermodynamics, 2013, 63：1-6.

[47] Lee S, Wi H S, Jo W, et al. Multiple pathways of crystal nucleation in an extremely supersaturated aqueous potassium dihydrogen phosphate (KDP) solution droplet[J]. Proceedings of the National Academy of Sciences of the United States of America, 2016, 113(48)：13618-13623.

[48] Chen R R, Yang Y H, Fang H Z, et al. Glass melting inside electromagnetic cold crucible using induction skull melting technology[J]. Applied Thermal Engineering, 2017, 121 (Supplement C)：146-152.

[49] Sugilal G. Experimental analysis of the performance of cold crucible induction glass melter [J]. Applied Thermal Engineering, 2008, 28(14)：1952-1961.

[50] Gopalakrishnan S, Thess A. A simplified mathematical model of glass melt convection in a cold crucible induction melter[J]. International Journal of Thermal Sciences, 2012, 60 (Supplement C)：142-152.

[51] Spitans S, Baake E, Jakovcs A, et al. Numerical simulation of electromagnetic levitation in a cold crucible furnace[J]. Magnetohydrodynamics, 2015, 51(3)：567-578.

[52] 陈瑞润, 丁宏升, 毕维生, 等. 电磁冷坩埚技术及其应用[J]. 稀有金属材料与工程, 2005, 34(4)：510-514.

[53] 傅恒志, 丁宏升, 陈瑞润, 等. 钛铝合金电磁冷坩埚定向凝固技术的研究[J]. 稀有金属材料与工程, 2008, (04)：565-570.

[54] Guo J J, Jia J, Liu Y, et al. Evaporation behavior of aluminum during the cold crucible induction skull melting of titanium aluminum alloys [J]. Metallurgical and Materials Transactions B, 2000, 31(4)：837-844.

[55] 杨耀华. TiAl 基合金冷坩埚定向凝固过程中传输特性研究[D]. 哈尔滨：哈尔滨工业大学, 2018.

[56] Chen R R, Yang Y H, Wang Q, et al. Dimensionless parameters controlling fluid flow in electromagnetic cold crucible[J]. Journal of Materials Processing Technology, 2018, 255：242-251.

[57] Yang J R, Chen R R, Ding H S, et al. Thermal characteristics of induction heating in cold crucible used for directional solidification[J]. Applied Thermal Engineering, 2013, 59(1)：69-76.

[58] Yang J R, Chen R R, Guo J J, et al. Temperature distribution in bottomless electromagnetic cold crucible applied to directional solidification[J]. International Journal of Heat and Mass Transfer, 2016, 100：131-138.

[59] Chen R R, Yang J R, Ding H S, et al. Effect of configuration on magnetic field in cold crucible using for continuous melting and directional solidification [J]. Transactions of Nonferrous Metals Society of China, 2012, 22(2)：404-410.

［60］ Yang Y H, Chen R R, Guo J J, et al. Experimental and numerical investigation on mass transfer induced by electromagnetic field in cold crucible used for directional solidification ［J］. International Journal of Heat and Mass Transfer, 2017, 114 (Supplement C）: 297−306.

［61］ 董书琳. 电磁冷坩埚定向凝固 Ti44Al6Nb1Cr2V-（B, Y)合金组织与力学性能［D］. 哈尔滨: 哈尔滨工业大学, 2016.

［62］ Iida T, Guthrie R I L. The Physical Properties of Liquid Metals［M］. Oxford: Clarendon Press, 1988.

［63］ Zhao X L, Bian X F, Bai Y W, et al. Structure and fragility of supercooled Ga−In melts ［J］. Journal of Applied Physics, 2012, 111(10): 103514.

［64］ Zhou C, Hu L N, Sun Q J, et al. Indication of liquid-liquid phase transition in CuZr-based melts［J］. Applied Physics Letters, 2013, 103(17): 171904.

［65］ 边秀房, 王伟民, 李辉, 等. 金属熔体结构［M］. 上海: 上海交通大学出版社, 2003.

［66］ Bai Y, Bian X, Qin J, et al. Local atomic structure inheritance in Ag50Sn50 melt［J］. Journal of Applied Physics, 2014, 115(4): 043506.

［67］ Elder F R, Gurewitsch A M, Langmuir R V, et al. Radiation from electrons in a synchrotron［J］. Physical Review, 1947, 71(11): 829−830.

［68］ Owens A. Synchrotron light sources and radiation detector metrology［J］. Nuclear Instruments and Methods in Physics Research Section A, 2012, 695: 1−12.

［69］ Li J, Jiao A, Chen S, et al. Application of the small-angle X-ray scattering technique for structural analysis studies: A review［J］. Journal of Molecular Structure, 2018, 1165: 391−400.

［70］ L'annunziata M F. Radioactivity［M］. 2nd ed. Boston: Elsevier, 2016.

［71］ Asai S. Electromagnetic Processing of Materials: Materials Processing by Using Electric and Magnetic Functions［M］. Dordrecht: Springer, 2012.

［72］ Mitchell E, Kuhn P, Garman E. Demystifying the synchrotron trip: A first time user's guide［J］. Structure, 1999, 7(5): R111−R121.

［73］ 王沿东, 张哲维, 李时磊, 等. 同步辐射高能 X 射线衍射在材料研究中的应用进展 ［J］. 中国材料进展, 2017, 36(3): 168−174.

［74］ Kelton K F, Lee G W, Gangopadhyay A K, et al. First X-ray scattering studies on electrostatically levitated metallic liquids: Demonstrated influence of local icosahedral order on the nucleation barrier［J］. Physical Review Letters, 2003, 90(19): 195504.

［75］ Quirinale D G, Rustan G E, Kreyssig A, et al. The solidification products of levitated Fe83B17 studied by high-energy X-ray diffraction［J］. Journal of Applied Physics, 2016, 120(17): 175104.

［76］ Fischer H E, Barnes A C, Salmon P S. Neutron and X-ray diffraction studies of liquids and glasses［J］. Reports on Progress in Physics, 2006, 69(1): 233−299.

［77］ Price D L, Fernandez-Alonso F. An Introduction to Neutron Scattering［M］//Fernandez-

Alonso F, Price D L. Experimental Methods in the Physical Sciences, Neutron Scattering: Volume 44 Fundamentals. Amsterdam: Academic Press, 2013: 1-136.

[78] Hennet L, Holland Moritz D, Weber R, et al. High-Temperature Levitated Materials [M]//Fernandez-Alonso F, Price D L. Experimental Methods in the Physical Sciences, Neutron Scattering: Volume 49 Applications in Biology, Chemistry, and Materials Science. Amsterdam: Academic Press, 2017: 583-636.

[79] 劳厄-朗之万研究所. 双轴式衍射仪 D20[EB/OL]. [2021-03-17]. https://www. ill. eu/users/instruments/instruments-list/d20/description/instrument-layout/.

[80] 劳厄-朗之万研究所. 双轴式衍射仪 D4[EB/OL]. [2021-03-17]. https://www. ill. eu/users/instruments/instruments-list/d4/description/instrument-layout/.

[81] 美国橡树岭中子散裂源. 飞行时间衍射仪[EB/OL]. [2021-03-17]. https:// neutrons. ornl. gov/nomad.

[82] Kordel T, Holland-Moritz D, Yang F, et al. Neutron scattering experiments on liquid droplets using electrostatic levitation[J]. Physical Review B, 2011, 83(10): 104205.

[83] Holland-Moritz D, Yang F, Gegner J, et al. Structural aspects of glass-formation in Ni-Nb melts[J]. Journal of Applied Physics, 2014, 115(20): 203509.

[84] Holland-Moritz D, Schenk T, Simonet V, et al. Short-range order in undercooled melts forming quasicrystals and approximants[J]. Journal of Alloys and Compounds, 2002, 342 (1): 77-81.

[85] Holland-Moritz D, Stuber S, Hartmann H, et al. Structure and dynamics of liquid Ni36Zr64 studied by neutron scattering[J]. Physical Review B, 2009, 79(6): 064204.

[86] Calvo-Dahlborg M, Popel P S, Kramer M J, et al. Superheat-dependent microstructure of molten Al-Si alloys of different compositions studied by small angle neutron scattering[J]. Journal of Alloys and Compounds, 2013, 550: 9-22.

[87] Holland-Moritz D, Yang F, Kordel T, et al. Does an icosahedral short-range order prevail in glass-forming Zr-Cu melts[J]. Europhysics Letters, 2012, 100(5): 56002.

[88] Johnson M L, Blodgett M E, Lokshin K A, et al. Measurements of structural and chemical order in $Zr_{80}Pt_{20}$ and $Zr_{77}Rh_{23}$ liquids[J]. Physical Review B, 2016, 93(5): 054203.

[89] Verlet L. Computer experiments on classical fluids I: Thermodynamical properties of Lennard-Jones molecules[J]. Physical Review, 1967, 159(1): 98-103.

[90] Verlet L. Computer experiments on classical fluids II: Equilibrium correlation functions [J]. Physical Review, 1968, 165(1): 201-214.

[91] Rahman A. Correlations in motion of atoms in liquid argon[J]. Physical Review, 1964, 136(2A): 405-411.

[92] Gear C W. Numerical initial value problems in ordinary differential equations [M]. Englewood Cliffs: Prentice Hall, 1971.

[93] Frenkel D, Smit B. Understanding Molecular Simulation: From Algorithms to Application [M]. 2th ed. San Diego: Academic Press, 2002.

[94] Jones J E. On the determination of molecular fields Ⅱ: From the equation of state of a gas [J]. Proceedings of the Royal Society A, 1924, 106(738): 463-477.

[95] Daw M S, Baskes M I. Semiempirical, quantum-mechanical calculation of hydrogen embrittlement in metals[J]. Physical Review Letters, 1983, 50(17): 1285-1288.

[96] Daw M S, Baskes M I. Embedded-atom method: Derivation and application to impurities, surfaces, and other defects in metals[J]. Physical Review B, 1984, 29(12): 6443-6453.

[97] Baskes M I. Modified embedded-atom potentials for cubic materials and impurities [J]. Physical Review B, 1992, 46(5): 2727-2742.

[98] Stillinger F H, Weber T A. Computer-simulation of local order in condensed phases of silicon[J]. Physical Review B, 1985, 31(8): 5262-5271.

[99] Plimpton S. Fast parallel algorithms for short-range molecular-dynamics [J]. Journal of Computational Physics, 1995, 117(1): 1-19.

[100] Tersoff J. New empirical-approach for the structure and energy of covalent systems[J]. Physical Review B, 1988, 37(12): 6991-7000.

[101] 杜立飞. 复杂条件下金属凝固过程的相场方法模拟研究[D]. 西安: 西北工业大学, 2014.

[102] Kobayashi R. Modeling and numerical simulations of dendritic crystal growth[J]. Physica D: Nonlinear Phenomena, 1993, 63(3-4): 410-423.

[103] Karma A, Rappel W J. Phase-field method for computationally efficient modeling of solidification with arbitrary interface kinetics[J]. Physical Review E: Statistical Physics Plasmas Fluids & Related Interdisciplinary Topics, 1996, 53(4): R3017-R3020.

[104] Karma A, Rappel W J. Quantitative phase-field modeling of dendritic growth in two and three dimensions[J]. Physical Review E, 1998, 57(4): 4323-4349.

[105] Wheeler A A, Boettinger W J, Mcfadden G B. Phase-field model for isothermal phase transitions in binary alloys[J]. Physical Review A, 1992, 45(10): 7424-7439.

[106] Wheeler A A, Boettinger W J, Mcfadden G B. Phase-field model of solute trapping during solidification [J]. Physical Review E: Statistical Physics Plasmas Fluids & Related Interdisciplinary Topics, 1993, 47(3): 1893-1909.

[107] Kim S G, Kim W T, Suzuki T. Phase-field model for binary alloys[J]. Physical Review E, 1999, 60(6): 7186-7197.

[108] Cai Y T, Fang P J, Li X G, et al. Phase field simulation of dendrite growth in gas atomized binary Al-Ni droplets[J]. Particuology, 2020, 50: 43-52.

[109] Loginova I, Amberg G, Ågren J. Phase-field simulations of non-isothermal binary alloy solidification[J]. Acta Materialia, 2001, 49(4): 573-581.

[110] Karma A. Phase-field formulation for quantitative modeling of alloy solidification [J]. Physical Review Letters, 2001, 87(11): 115701.

[111] Luo B C, Wang H P, Wei B. Phase field simulation of monotectic transformation for

liquid Ni-Cu-Pb alloys[J]. Science Bulletin, 2009, 54(2): 183-188.

[112]　Vladimirova N, Malagoli A, Mauri R. Two-dimensional model of phase segregation in liquid binary mixtures[J]. Physical Review E, 1999, 60(6): 6968-6977.

[113]　秦涛, 王海鹏, 魏炳波. 壳核组织形成过程的数值模拟研究[J]. 中国科学: 物理学 力学 天文学, 2007, 37(3): 409-416.

第3章
金属的熔化与过冷

    金属加热熔化、冷却过冷和液固相变是材料制备合金化和成形成性的关键过程，准确监控金属的温度和物质状态，对金属材料性能控制和研发有着十分重要的作用。温度作为金属材料状态转变最为直观的物理量之一，是十分基础且必不可少的物理参数，而深入研究金属材料的传热过程，并实施可靠的温度监测，是正确认识物质熔化、冷却和凝固过程的基础。对于日常生活和工业生产所涉及的金属材料，从熔点为 234 K 的汞、303 K 的镓、933 K 的铝、1 941 K 的钛、2 750 K 的铌到 3 695 K 的钨，熔点温度跨度大于 3 400 K，实现对熔点高低各异金属的加热与熔化、温度实时准确测量、过冷度控制、传热过程检测等，常常面临新的挑战。

    金属熔化和凝固的研究与应用离不开温度测定，常用的测温方法包括热电偶测温和红外线测温，前者利用热电效应实现对温度的测量，后者通过监测不同温度条件下红外辐射能量的大小来测定物体的温度。对于金属的加热和熔化过程，工业中常用的加热技术主要包括电阻丝加热、激光加热和电磁感应加热等，电阻加热是依靠电流经过电阻丝产生的焦耳热来实现加热，激光加热是利用高能聚集的光斑对局部区域实施加热，而电磁加热则利用了电磁感应原理在导体中产生涡流而引起的焦耳热现象。本章将详细介绍主要的温度测量方法和加热技术，并对液态金属凝固过程、传热过程进行系统介绍。

3.1　金属的测温

温度是表征物体冷热程度的物理量，温度的准确测定在工业生产和日常生活中均有十分重要的作用。在冶金工业中，液态金属温度的测量至关重要，工程技术人员可根据温度信息结合相图掌握熔池的加热状态。随着工业技术的发展，对温度测量的精确性和实时性要求越来越高。温度传感器可分为接触式和非接触式两大类，由于测温原理的不同，测温方法、适用范围、测温精度等均不相同，为了系统说明测温方法，本节主要介绍科学研究和工业生产中常用的热电偶和红外测温技术的原理及方法。

3.1.1　热电偶测温

热电偶测温原理是热电效应（1823 年由塞贝克首次发现），对于两种不同材质的金属或者半导体首尾连接成闭合回路，由于两个连接点的温度不同，从而在回路中形成电势差。热电偶所产生的热电势由接触电动势和温差电动势组成，前者是两种导体中自由电子密度不同引起电子扩散产生的，而后者是由不同温度下自由电子的动能差异产生的。在测温时，热电偶被焊接的一端插入测温区域，而另一端连接仪器，以检测热电势。所产生的热电势形成热电流，可用仪表测出电势大小，通过标定即获被测温度值，如图 3.1 所示。热电势的大小与热电偶的材质和两端温度差相关，而与热电偶的长度、直径没有关系。

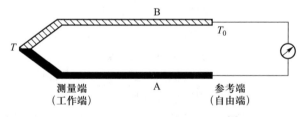

图 3.1　热电偶测温原理示意图[1]

热电偶测温具有以下优点[1]：

（1）可将温度直接转换成电信号，测量和控制均容易实现；

（2）结构简单，安装维护方便；

（3）测温精度较高；

（4）测温范围广，可以在 1 K 至 3 000 K 范围内使用。

但是也存在一些缺点：灵敏度低、稳定性差和响应速度慢，且接触端在高温下容易氧化，导致测温偏移。此外，热电偶测温为接触式，会破坏液态金属的深过冷亚稳态，引发液态金属的液固相变。

作为工业中广泛使用的温度传感元件，热电偶材料有 300 多种，广泛应用的有 30~40 种。按照热电偶材料可分为多个分度号，如镍铬-镍硅/镍铝（K）、铜-康铜（T）、镍铬-康铜（E）、铁-铜镍（J）等，其所适用的温度范围和工作环境各不相同，如表 3.1 所示[2]。但大多数热电偶的热电势与温度差的相关性是非线性的，需要通过精密测定每一种热电偶的热电势来测定温度，从而构成该热电偶的分度表，通过查找分度表即可获取相应的温度。

由热电偶的测温原理可知，参考端温度的变化会引起热电势误差从而导致最终的温度测定误差，因此稳定的参考端温度对最终温度的准确测定十分重要[3]。通常采用参考端温度补偿来消除温度变化带来的影响，主要有以下 3 种补偿方法，一是补偿导线法，它是通过使用补偿导线将热电偶参考端连接延伸，使参考端放置于温度变化较小的地方，这种导线在一定温度范围内与所连接的热电偶具有相同的热电性能；二是参考端温度电桥补偿法，是通过电桥在温度变化时的补偿电压去消除参考端温度变化对热电偶电势的影响；三是参考端温度恒温法，是利用冰水混合物制备成平衡温度为 0 ℃ 的环境，并将热电偶参考端置于该环境中，该法适用于精密测定实验。对于参考端温度为 T_0、测量端温度为 T 的热电偶，可通过参考端温度校正法实现温度校正，热电偶的电势 $U(T, 0)$ 可按下式进行修正：

$$U(T, 0) = U(T, T_0) + U(T_0, 0) \tag{3.1}$$

表 3.1　主要的热电偶类型、特点和适用范围[2]

名称	分度号	等级	适用温度/℃	特点
镍铬-镍硅	K	Ⅰ	−40~1 000	灵敏度高，适用于氧化氛围测量，价格便宜
		Ⅱ	−40~1 200	
铜-康铜	T	Ⅰ	−40~350	精度高、低温灵敏度好、价格低
		Ⅱ		
镍铬-康铜	E	Ⅰ	−40~800	稳定性好、灵敏度高、价格低，适用于氧化及弱还原性气氛测量
		Ⅱ	−40~900	
铁-铜镍	J	Ⅰ	−40~750	稳定性好、灵敏度高、价格低，适用于氧化、还原或真空气氛测量
		Ⅱ		

续表

名称	分度号	等级	适用温度/℃	特点
铂铑₁₀-铂	S	I	0~1 100	适用温度高、性能稳定、精度高、价格贵,适用于氧化气氛测量
		II	600~1 600	
铂铑₃₀-铂铑₆	B	I	600~1 700	稳定性好、测量温度高,适用于氧化性气氛测量
		II	800~1 700	
钨铼₅-钨铼₂₀	A	I / II	0~400	熔点高、强度大、空气中极易氧化,同贵金属热电偶相比,电动势大、灵敏度高
			400~2 500	

3.1.2　红外线测温

红外测温属非接触式方法,与热电偶测温不同的是,不需要接触被测物体表面,不会破坏被测对象的状态,其测量范围从负几十摄氏度到四千多摄氏度,同时,具有响应速度快和灵敏度高的特点[4]。对于自然界中温度高于绝对零度的物体,由于分子热运动,都在不断向空间辐射红外线,其波长在 0.78 μm~ 500 μm。辐射的能量密度与物体温度满足普朗克定律,以波长为变量的普朗克公式为

$$W_\lambda = \frac{2\pi hc^2}{\lambda^5} \frac{1}{e^{hc/\lambda Tk_B} - 1}. \tag{3.2}$$

式中,W_λ 为波长为 λ 的黑体光谱辐射率,单位为 $W \cdot m^{-2} \cdot \mu m^{-1}$;$T$ 为黑体的绝对温度,c 为真空光速;h 为普朗克常量;k_B 为玻尔兹曼常量。普朗克公式揭示了辐射能量与黑体温度和相应波长的相互关系:

(1)物体的温度越高,各个光谱波段上的辐射强度越大;

(2)随着温度的升高,辐射峰所在波长向短波方向移动;

(3)随着温度的升高,短波长处的辐射能量增加得比长波处快,意味着短波长处的测温灵敏度较高。

图 3.2 给出了黑体辐射出射度 M_λ 随波长 λ 的变化曲线,可以看出,大多数能量以红外线辐射出来。物理学家 Stefan 确定了黑体辐射总能量与温度的相关性,即 Stefan-Boltzmann 定律:

$$E = \sigma_{SB} T^4 \tag{3.3}$$

式中,σ_{SB} 为 Stefan-Boltzmann 常数。该式表明黑体的热辐射总能量 E 与其绝对温度的 4 次方成正比。黑体是一种理想化的物体,实际物体辐射与黑体辐射有所不同,除了依赖于温度和波长,还与材料性质和表面状态密切相关,可以通

过引入发射率来表征实际物体的辐射偏离黑体辐射的程度，如人体发射率为0.96，表面抛光的黄铜发射率为0.3，表面生锈的金属铁发射率为0.5~0.7。

维恩位移定律描述了温度与黑体光谱辐射通量最大值所对应波长 λ_{max}（单位为 μm）的相互关系：

$$\lambda_{max} = \frac{2\,898}{T} \tag{3.4}$$

式（3.4）表明，物体温度越高，所对应的辐射光谱峰值波长越短。

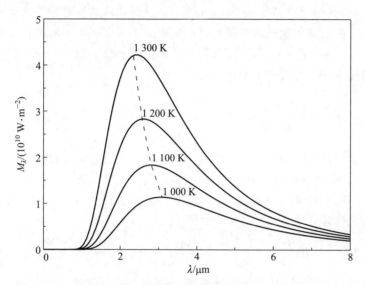

图 3.2 不同温度下的黑体辐射出射度分布

根据热辐射定律，可以利用被测物体热辐射而发出的红外线来测量物体的温度。如果辐射体是黑体，通过确定辐射出射度最大值对应的波长并结合维恩位移定律来确定黑体的温度。如果辐射物体为灰体，且知道其发射率，可通过测量物体光谱辐射量来确定其温度。红外线测温仪包括光学系统、检测元件、信号处理器和显示输出等。光学系统汇集目标视场的红外辐射能量，使其聚焦于红外探测器上并转化为电信号，信号通过处理输出为温度。红外探测器的功能是把红外辐射信息转化为电信号。将红外线信号照射到某些物体上使其发生温度、体积、电阻或者电压的变化，从而量化红外辐射。红外探测器按照作用原理可分为：热探测器和光子探测器，前者是红外辐射与晶格相互作用引起材料温度上升；后者是入射红外线激发束缚态电子并使其转为自由态，从而引起电阻减小或者产生电压信号。

辐射测温方法主要包括全辐射法、亮度法和比色法等[5]。全辐射测温法是收集检测物体辐射波长从 0 到无限大整个光谱范围的总辐射功率，用黑体参考源来确定物体温度。因受限于探测器对波长的部分响应和物体的不同发射率，所测辐射温度与真实温度误差较大。亮度法是指将被测对象投射到检测元件上的能量限定为某一特定波长 λ_0 附近一窄光谱范围的辐射能量，能量大小与被测对象温度之间关系可以由普朗克公式描述的测温方式得到，通过比较被测物体和黑体参考源在同一波长下的光谱亮度，从而确定被测物体温度。单色红外温度计正是使用亮度法进行温度测定的。比色法是指将被测对象的两个不同波长的光谱辐射能量投射到一个检测元件上，根据获取的辐射能量比值实现辐射测温。不同波长辐射能量的比值与温度之间的关系由两个不同波长下普朗克公式之比表示。为了进一步提高测温精度，减小发射率的影响，研究者发展了多波长测温技术和激光吸收辐射测温法[6]。

3.2　金属的加热与熔化

在金属零件表面硬化处理、钢铁冶炼、纯组元合金化等过程中，所涉及的金属材料改性、内部组织结构控制均需要正确的加热工艺以保证良好的处理效果。对于不同特性的金属材料，典型的加热方式包括电阻丝加热、激光加热和电磁感应加热等。

3.2.1　电阻丝加热

电阻丝加热是利用电流通过高电阻元件产生的热量来加热或者熔化金属，其发热部件简单、炉温控制精度高[7,8]。电阻炉可分为直接加热和间接加热两种，直接加热是把金属连接于电路之中，当电流通过金属，利用金属自身的电阻实现物料加热，该方法具有加热速度快、热损失小、热效率高等特点，但只适用于管状、棒状和带材等导体的加热。间接加热是把电阻丝的热量通过对流、辐射或者传导的方式传到工件上对其进行加热，其工作温度一般为数百开尔文到近两千开尔文。高温电阻炉常用电热元件包括硅碳棒和高温电阻丝，主要用于高速钢刀具和高铬钢模具等淬火加热，中温电阻炉常用的电热元件是铁铬铝和镍铬电阻丝，主要用于合金钢的热处理或低熔点金属和合金的加热熔化。图 3.3 为井式电阻炉的典型结构示意图，由炉壳、耐火层、保温层和炉盖等结构组成。通常用黏土砖、高铝砖等作为耐火材料，热电元件布置于炉膛的侧面和底部，热电偶伸入测温孔并尽量靠近热电元件以便于测量其温度，最终通过温度传感器并结合控制电路实现炉内温度的精确调控。

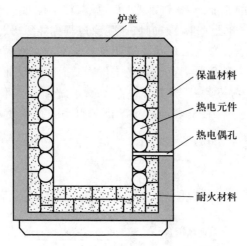

图 3.3 井式电阻炉结构示意图[8]

3.2.2 激光加热

激光具备高亮度、高方向性和高相干性的特点，其巨大的能量（$10^4 \sim 10^{11}$ W·cm^{-2}）集中于非常小的范围内，能够使材料的局部温度迅速上升或者受控快速冷却。结合自动化、精密控制等技术，可实现高效率、高精度、非接触、无污染的金属加工制备，是一种十分先进的制造技术。在表面改性、焊接、切割、雕刻、增材制造等领域，激光加工技术发挥着重要的作用。

激光加热的核心元件是激光器，它是受激辐射的光放大器。爱因斯坦奠定了激光发明的理论基础，指出在原子发光过程中，同时存在自发辐射、受激吸收和受激辐射过程。其中，受激辐射是指能级在 E_2 上的粒子在未自发向下跃迁时，在外来光子作用下受激地向 E_1 跃迁，同时发射一个与外来光子频率、相位、偏振和运动状态完全相同的光子，如图 3.4 所示。在物质处于热平衡条件下，各能级的原子数分布为上少下多的状态，即高能级集居数小于低能级集居数。为了产生激光，必须通过激励过程（泵浦）使得原子集居数达到反转分布状态。

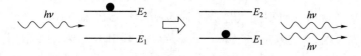

图 3.4 辐射与物质受激辐射示意图[9]

　　图 3.5 是激光的 4 能级系统模型，E_1 基态粒子通过受激吸收过程抽运到泵浦能级 E_4 能级，再通过非辐射的快速弛豫过程到能级 E_3 上，从而实现激光间的粒子反转。所以，激光工作物质需要具有丰富的泵浦吸收带和寿命较长的亚稳态激光上能级。激光器主要由激光工作物质、激光泵浦源和激光共振腔构成。激光器的工作物质种类繁多，包括晶体、光纤、气体、半导体及液体等[9,10]，如表 3.2 所示，3 类典型激光器由于自身工作物质不同而具有其独特的用途。

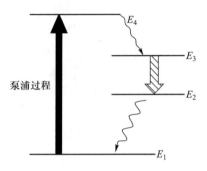

图 3.5　激光 4 能级模型[10]

表 3.2　典型激光器特性及应用领域

激光器	工作波长/μm	激光功率量级/W	主要用途	特性
CO_2 激光器	10.6	$10 \sim 10^3$	激光加工	输出功率大，能量转化效率低
Nd：YAG 激光器	1.06	$10 \sim 10^3$	激光加工	能量转化效率高，激光阈值振荡泵浦能量低
光纤激光器	$1.06 \sim 2.1$	$10 \sim 10^3$	激光加工	能量转化效率高，激光直接耦合到普通光纤

　　气体激光器是以气体或者蒸汽为工作物质的激光器，借助气体工作物质优良的光学均匀性，容易获得衍射极限的高斯光束。激光的单色性和相干性优异，但气体的激活粒子密度远比固体小，因而需要较大体积的工作物质才能获得足够的功率输出。典型的气体激光器包括 CO_2 激光器、He-Ne 激光器、氩离子激光器、N_2 分子激光器和准分子激光器。其中 CO_2 激光器采用 CO_2、N_2 和 He 的混合气体作为激光工作物质，CO_2 分子的作用是实现振-转能级跃迁发射，He 能加快下能级的抽空速度，同时提高放电管的热传递效率，加入 N_2 可改善放电条件并提高能量转化效率。CO_2 激光器中把 CO_2 分子激发到上能

级，由于工作时温度较高，为保证输出功率稳定，必须在放电管外装上水冷套管加以冷却。近年来通过对放电气体进行流动循环，大大提高了工作效率，每米管长的输出功率达到百瓦以上。目前该类激光器实现输出功率可达到 25 kW，其转化效率约为 10%。CO_2 激光器的主要特点是输出功率大，输出的激光波长为 10.6 μm，可广泛应用于激光切割、焊接、打孔等机械加工以及激光医疗领域。

固体激光器是指以绝缘晶体或者玻璃为工作物质的激光器。其中 YAG 激光器是以钇铝石榴石晶体($Y_3Al_5O_{12}$，YAG)作为工作物质的激光器，根据晶体中掺入的激活离子种类、泵浦源等的不同，又分为很多种，如在 YAG 基质中掺入三价钕离子(Nd^{3+})成为 Nd：YAG。YAG 晶体基质很硬、光学质量好且具有优良的热学性能。一般采用光激励方式将处于基态的粒子抽运到激发态，使 YAG 固体激光材料中形成粒子数反转分布。气体放电灯(脉冲氙灯、氪灯或碘钨灯)是广泛采用的一种光激励方式，其激励的能量转化较多、辐射光谱很宽，但只有部分能量在激光工作物质的有效吸收带内，因此效率较低。采用波长与激光工作物质吸收波长相匹配的半导体二极管激光(LD)作为激励源的固体激光器具有高效率、长寿命及结构紧凑等特点[11,12]。Nd：YAG 激光器的激光波长为 1.064 μm，与金属的耦合效率高，其基质优点是具有好的光学质量和热导率，能够在室温下连续输出或者高脉冲重复工作，激光能量转换效率高。

光纤激光器是用光纤芯作为基质材料，掺入稀土元素粒子(Nd^{3+}、Er^{3+}、Yb^{3+}、Ho^{3+}、Tm^{3+}等)作为工作物质的激光器。光纤激光器多采用半导体激光器泵浦，实质上是一个将某一波长的泵浦光转化为另一波长激光的波长转化器。该类激光器具有能量转换效率高(可达到 20% 以上)的特点。图 3.6 为光纤激光器的工作原理示意图，掺有稀土离子的光纤芯作为增益材料，光纤固定在两个反射镜构成的谐振腔中，泵浦光从左侧反射镜入射到光纤，从右侧反射镜输出激光。若激活离子不同，则其输出的激光波长也不相同，如掺杂 Nd^{3+} 时，波长为 1.06 μm；掺杂 Er^{3+} 时，波长为 1.55 μm；掺杂 Yb^{3+} 时，波长为 1.03 μm 等。与传统固体激光器相比，光纤激光器的优势如下：① 泵浦光被束缚在光纤之中，能够实现高能量密度泵浦；② 采用低损耗的长光纤，可获得很高的总激光增益；③ 单模光纤激光器的谐振腔具有波导的特点，容易实现模式控制；④ 光纤介质具有很大的表面积/体积比，其工作物质热负荷小；⑤ 其输出激光可直接耦合到普通光纤传输，能量损失小。基于以上优点，光纤激光器可应用于光通信、激光加工、印刷和医疗等领域。

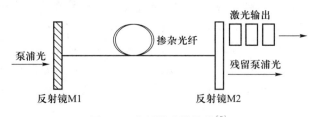

图 3.6　光纤激光器结构[9]

3.2.3　电磁感应加热

当被加热金属置于高频交变磁场中时，构成磁场的磁力线会切割加热物质产生感生涡流，通过金属体的焦耳热效应产生的热能对工件进行加热的过程被称为感应加热，其主要特点是电磁耦合系统构成的非接触加热。高频电磁场中的金属由于感应加热而升温、熔化，产生了不均匀分布的焦耳热，以及不同加热环境的换热途径导致其熔化过程呈现多种独特的固液演化特征。通过电磁-传热-流体等多物理场耦合的数值计算[13-15]，可对其特性进行系统分析。电磁线圈结构、外场激励等对金属加热熔化过程中界面迁移动力学和热流模式具有十分明显的影响，不同电磁加热环境下样品的凝固组织和性能也有所不同[16]。

电磁感应加热过程中，金属会经历固态加热、熔化和高温液态金属加热阶段。其中熔化过程的时间尺度在整个电磁感应加热过程中占据十分明显的比重[17]。通过研究电磁感应加热条件下的金属熔化过程，有助于实现对该技术的工艺提升和材料制备环节的深入理解。为此首先系统分析了典型线圈中的大体积金属的全局热行为。如图 3.7(a)所示，电磁加热线圈为单层圆柱结构，内径 r 约 30 mm，悬浮空间高度 $H = 25$ mm。定义无量纲悬浮高度 z^* 是质心位置高度 z_m 与悬浮空间高度 H 的比值，即 z_m/H，用来衡量样品高度。图 3.7(b)显示了熔体的平衡温度随着无量纲悬浮高度的变化关系。在较低的悬浮位置时，直径为 20 mm 的 Al 金属样品的稳态温度约为 1 350 K。随着激励电流的增加，样品的平衡温度持续缓慢下降，在单层圆柱线圈中的悬浮中部 $z^* = 0.38$，样品的平衡温度达到最低点，约 1 265 K。进一步增加电流，会导致样品温度急剧上升。温度的演化趋势与感应加热功率直接相关，如图 3.7(c)所示，金属球在两个线圈的感应加热功率演化趋势与其平衡温度变化趋势保持一致，也是呈现先减小再增大的趋势。在最低悬浮温度位置对应着最低加热功率 P_{min}：55.7 W。随着激励电流增加，吸收功率可增大一倍多。虽然金属的传热性能十分优异，但是在大尺寸金属中由于不均匀的感应加热功率分布，金属球体中存在显著温差。

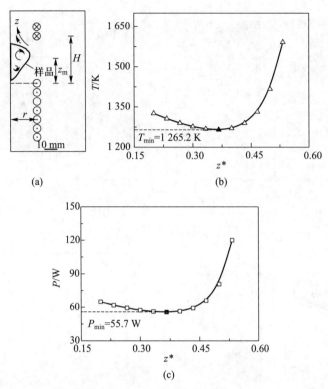

图 3.7　高频电磁场中大体积金属 Al 的全局热行为[17]：(a) 电磁线圈的结构；(b) 液态金属 Al 的平衡温度；(c) 液态金属 Al 的加热功率

　　熔体流动强烈地受到熔体属性和加热功率分布的影响。为了探索电磁悬浮条件下的固-液界面迁移特性，在实验中选定了悬浮区域中部，系统分析了金属 Al 在两种线圈中的熔化过程。图 3.8 显示了金属 Al 在熔化过程中的传热和流动特性。假设开始熔化时间为 $t = 0$ s。从图 3.8(a)~(e)可看出，在熔化之前，样品的温度呈现底部高、上部低的特点；在熔化早期，底部侧面最先达到熔点，并形成狭长的椭圆熔池，这与熔池所在区域为感应加热功率富集区相一致。在电磁搅拌作用下，熔池流动速度增快。另一方面，对流效应增加了热传输效率，且加速了固液界面(黑色虚线，$T = 933.0$ K)的推移速度。当熔化时间大于 30 s 时，一个完整的液相区域在熔体底部形成。进一步，固-液界面上升至样品的中部，同时两个对流涡旋出现在熔池之中。图 3.8(f)显示了较缓慢的升温速率和较长的熔化过程。虽然熔体的温度差异很小，但其行为不同于自然对流下的相变过程，如图 3.8(g)所示，在恒定的感应加热功率作用下，液相分数随着时间的推移而线性增加。

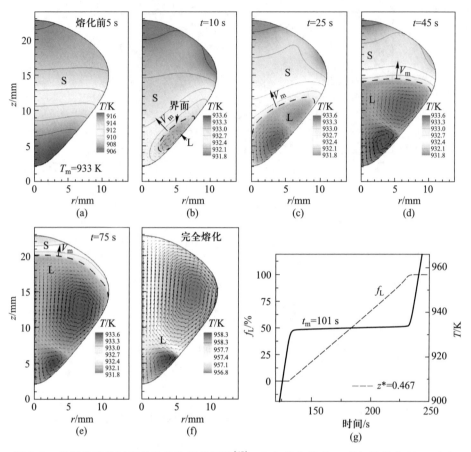

图 3.8　Al 样品熔化过程的传热和流动特性[17]：（a）熔化前 5 s；（b）熔化中 10 s；（c）熔化中 25 s；（d）熔化中 45 s；（e）熔化中 75 s；（f）完全熔化；（g）样品平均温度和液相分数 f_L 随着加热时间的变化关系。（参见书后彩图）

　　为了进一步验证大体积金属的熔化过程，在实验中采用了规格为 16 mm×16 mm×16 mm 立方体纯 Al 进行电磁悬浮熔化实验。图 3.9（a）显示了方形样品铝被悬浮于线圈之中的情形，样品在固定高频激励电流作用下，底部区域最先开始熔化。如图 3.9（b）所示，在电磁感应效应的持续加热下，样品下半部分的方形角渐渐变化为液滴状，同时样品上侧依然为棱角分明的固体。随着时间的推移，如图 3.9（c）所示，液态区域逐渐从底部向上扩展，直到样品转变成液态。

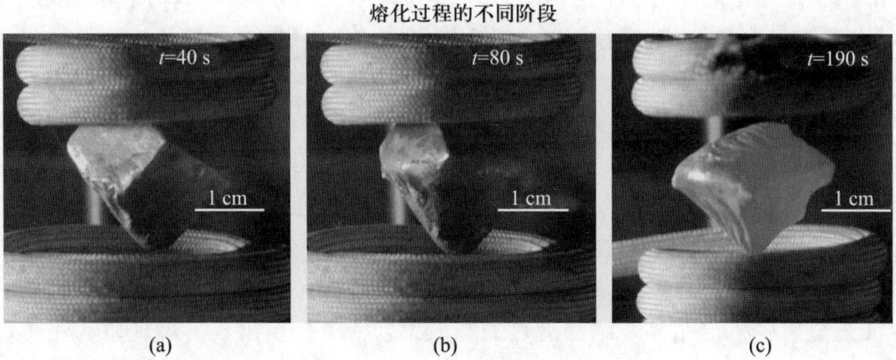

熔化过程的不同阶段

(a)   (b)   (c)

图 3.9 电磁悬浮 16 mm×16 mm×16 mm Al 块的熔化过程[17]：（a）底部熔化；（b）熔化界面推移至中部；（c）完全熔化。（参见书后彩图）

3.3 液态金属的冷却与过冷

金属的固、液和气 3 种形态在一定条件下可以通过熔化、凝固、汽化和液化等方式相互转变，3 种形态之间的转变均涉及能量的吸收与释放。对于金属而言，液相与固相之间的转变是研究者们关注的重点。在平衡条件下，凝固在液相线以下附近发生，在非平衡条件下，液态金属可以保持在液相线以下几十至几百 K 而不发生凝固，即深过冷，此时液态金属处于热力学亚稳态。金属在深过冷条件下和平衡条件下的凝固过程有着显著的区别，同时，深过冷液态金属凝固会形成新颖的微观组织，进而获得性能优异的新型合金，因此，研究液态金属的深过冷有着极为重要的意义。

3.3.1 液态金属的冷却

从青铜器时代到铁器时代，凝固铸造在我国已有 5 000 多年的历史。在工艺演变过程中，冶金与凝固技术是关键，其中，凝固是决定金属性能较重要的一环。为了更精确地掌握液态金属凝固过程中的每一个阶段，通常会采用红外线测温仪、热电偶测温计或半导体测温计等多种测温设备测定液态金属在凝固过程中每个时刻的温度变化，进而研究金属的凝固过程。

图 3.10 是液态纯金属的冷却曲线示意图。图 3.10(a) 中曲线 I 是在近平衡条件下液态纯金属的冷却曲线，可以看出液态金属在熔点（T_m）以下附近发生凝固，凝固过程中出现等温平台；而曲线 II 是在深过冷条件下液态纯金属的冷却曲线，可以看出液态金属在温度降至熔点以下时仍保持液态，在过冷度达

到 ΔT 时发生凝固，结晶潜热的释放使得金属温度回升，在冷却曲线中表现为温度突然上升，即再辉现象。通过对比图 3.10(a) 中曲线 I 与 II，还可以发现在近平衡和深过冷条件下液态纯金属凝固时会出现两种不同的温度效应，在近平衡凝固条件下，液态纯金属在凝固过程中释放的结晶潜热与自身散失的热量处于一种动态平衡的状态，因此，在冷却曲线 I 中出现等温平台；而在深过冷条件下，过冷液态纯金属凝固时，结晶潜热释放的速率大于过冷液态金属向外界散热的速率，从而使液态金属温度升高。图 3.10(b) 为深过冷液态纯 Ti 的冷却曲线，最大过冷度为 $\Delta T = 274$ K，当过冷纯 Ti 开始凝固时，β-Ti 相从过冷液态金属中析出结晶，结晶潜热的释放致使液态金属出现再辉现象，温度在极短时间内快速升高，随后，当结晶完成时，β-Ti 固相中残余的结晶热量逐渐散失，温度下降。

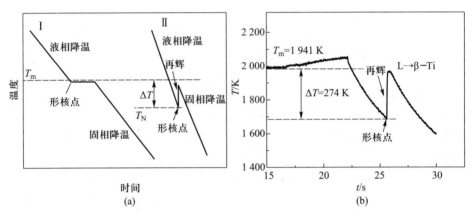

图 3.10　液态纯金属冷却曲线：(a) 在近平衡(曲线 I)和深过冷(曲线 II)条件下凝固的冷却曲线示意图；(b) 过冷液态纯 Ti 的冷却曲线

相较于液态纯金属单一冷却曲线趋势，合金的冷却曲线变化趋势则比较多样，这是由于合金中存在复杂的相变。从液态合金结晶开始至凝固完全结束，可能发生匀晶相变、共晶相变、包晶相变和偏晶相变等中的一种或多种，形成的凝固组织可能是单相枝晶、两相共晶、复相包晶和偏晶等组织中的一种或多种。每一次相变反应均会造成液态合金温度变化，在平衡或近平衡凝固的条件下，合金凝固形成单相固溶体相是变温相变过程，而凝固形成金属间化合物或者发生共晶相变、包晶反应和偏晶相变等则是恒温相变过程；而在深过冷条件下，液态合金相变会伴随一次或多次再辉现象。

图 3.11 给出了在近平衡条件下和深过冷条件下液态合金的凝固冷却曲线示意图。图 3.11(a) 中曲线 I 给出的是液态单相固溶体合金的冷却曲线。单相

固溶体合金中多组元之间在液态无限互溶，而在固态时，按溶质原子在晶格中位置不同分为置换固溶体与间隙固溶体两类，间隙固溶体均是有限固溶体，而置换固溶体可以是有限固溶体，也可以为无限固溶体。从曲线 I 中可看出，当温度降至液相线温度（T_L）以下附近时，液态合金开始凝固，形核温度为 T_N，完全凝固时的温度为 T_S。由于结晶潜热的释放弥补了合金向外界散失的热量，所以从开始凝固至凝固终止冷却曲线的温度变化率明显变小，之后，随着固相热量的散失，温度逐渐降低。曲线 II 是液态共晶合金的冷却凝固曲线，当温度降至共晶相变温度（T_E）以下附近时，液态合金发生共晶相变，生成两种不同成分相，共晶相变不会造成剩余液相成分发生改变，结晶潜热的释放弥补了合金向外界散失的热量，因此从凝固起始至终止，液态合金的温度不发生改变。曲线 III 给出了液态亚共晶或过共晶合金的凝固曲线，当温度降至液相线以下附近温度时，初生相形核生长，液态合金的温度逐渐降低，而当剩余液相的溶质含量达到共晶成分点时，在共晶相变温度以下附近，剩余液相发生共晶相变，冷却曲线上出现等温平台。

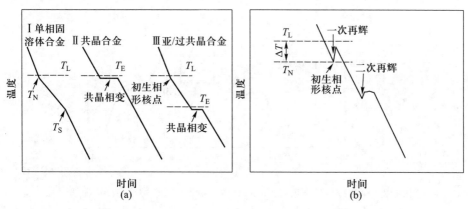

图 3.11　液态合金的冷却曲线示意图：（a）在近平衡条件下的冷却凝固曲线；（b）在深过冷条件下亚/过共晶合金冷却凝固曲线

图 3.11(b) 是过冷液态合金在深过冷条件下的冷却凝固曲线，从冷却曲线中可以看出液态合金发生两次再辉，说明发生了两次相变反应。第一次再辉发生在过冷液态合金凝固形成初生相时，由于结晶潜热的释放，液态合金出现再辉，温度显著升高；第二次再辉说明液态合金发生新的相变反应，温度再次升高。

图 3.12 给出了不同过冷度下液态 Ni-5at.% Zr 亚共晶合金的冷却曲线，采用红外测温仪实时监测了电磁悬浮样品在降温过程中的温度变化[18]。从图中冷却曲线 I 看出，液态 Ni-5at.% Zr 亚共晶合金获得的过冷度为 43 K，在凝固过程中存在两次再辉，第一次再辉是(Ni)固溶体相形核生长产生的，而第二

次再辉是剩余液相发生共晶相变形成（Ni+Ni$_5$Zr$_2$）共晶组织产生的，两次相变均使合金温度略有升高。由于样品是在悬浮状态下进行凝固，与容器壁的接触面积为 0，而且整个凝固过程是在惰性气体的保护下进行的，因此，避免了液态合金表面氧化造成的异质形核，液态合金也更容易形成更大的过冷度。从图中冷却曲线 II 中可看出，液态 Ni-5 at.% Zr 亚共晶合金获得的过冷度为 230 K，在凝固过程中存在两个再辉，由于液态 Ni-5 at.% Zr 亚共晶合金获得的过冷度较大，过冷液态合金中析出（Ni）相时结晶潜热大量释放，因此，冷却曲线上再辉温度迅速上升，随着温度下降，剩余液相发生共晶相变，形成（Ni+Ni$_5$Zr$_2$）共晶组织，液态金属出现第二次再辉现象。可见，与平衡或近平衡凝固过程不同，在深过冷条件下，过冷液态合金由于结晶潜热的释放会导致温度迅速升高，易出现再辉现象。

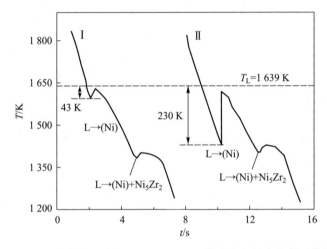

图 3.12　深过冷条件下液态 Ni-5 at.% Zr 亚共晶合金的冷却凝固曲线[18]

3.3.2　液态金属的深过冷

深过冷是指液体冷却至液相线温度以下未发生凝固而仍然保持液态的物理现象[19,20]。过冷度（ΔT）是对液态金属过冷程度的定量表示，定义为液态金属的液相线温度（T_L）与形核温度（T_N）的差值，数学表达式为

$$\Delta T = T_L - T_N \tag{3.5}$$

其中，$T_N < T_L$，在标准大气压下，对于特定的合金成分点液相线温度是定值。

在工业生产中，液态金属能够获得的过冷度很小，一般小于 10 K，亦即当液态金属的温度在液相线温度以下 10 K 内就会发生凝固，因此无法在更大过冷度下存在。那么，液态金属过冷度与哪些因素直接相关？能否使液态金属获得更大的过冷度？带着这两个问题，我们来了解一下液态金属的冷却过程。

由式(3.5)可知，过冷度 ΔT 与液态金属的形核温度直接相关，而形核温度是指液态金属能够形成稳定生长晶核时的温度，因此，过冷度的大小与液态金属形核息息相关。液态金属的形核方式分为均质形核和异质（非均质）形核两种，其中，均质形核指液态金属不依附任何异质表面和外来界面形核；异质形核则指液态金属依附内部异质表面或外来界面形核。Turnbull[21-23]创建了液态金属的经典形核理论公式，并分别明确给出稳态均质形核率 I 的单位[个数/$(m^3 \cdot s)$]和稳态异质形核率 I_s 的单位[个数/$(m^2 \cdot s)$]。均质形核率表示在单位时间下，单位体积的液态金属形成晶核的数目；而异质形核率不仅由液态金属本身物理性质决定，而且与液态金属内部异质晶核表面积有一定关系，因此，异质形核率与均质形核率含义不同。均质形核可谓是理想液态金属的形核过程，但实际上几乎很难发生，在深过冷条件下，过冷液态金属异质形核优先于均质形核发生。因此，避免引入异质形核是实现液态金属深过冷的主要途径。

使液态金属获得深过冷的方法主要有悬浮无容器技术，包括电磁悬浮、静电悬浮和超声悬浮，它们分别是利用电磁场、静电场、声辐射压等产生的悬浮力使物体悬浮。液态金属被悬浮起来后，不再与任何容器壁接触，同时，悬浮过程处于惰性保护气氛或真空中，所以极大程度避免了异质形核，使得液态金属可以在较大的过冷度下稳定存在。表 3.3 列出了近年通过深过冷技术研究典型的液态金属获得的最大过冷度。

表 3.3 典型液态金属获得的最大过冷度

纯金属或合金	$\Delta T/K$	ΔT
W	733[24]	$0.20T_m$
Nb	454[25]	$0.16T_m$
Zr	524[26]	$0.25T_m$
Ta	734[24]	$0.22T_m$
Ti	352[27]	$0.18T_m$
$Ni_{87}Zr_{13}$	270[18]	$0.18T_L$
$Ni_{83.25}Zr_{16.75}$	198[28]	$0.12T_L$
$Ti_{68}Al_{32}$	192[29]	$0.10T_L$
$Ti_{53}Al_{47}$	376[30]	$0.21T_L$
$Ni_{75}Ti_{25}$	225[31]	$0.15T_L$

纯金属或合金	$\Delta T/\mathrm{K}$	ΔT
$Ti_{50}Ni_{50}$	364[32]	$0.23T_L$
Inconel 718	458[33]	$0.28T_L$
$Fe_{78}Si_{13}B_9$	433[34]	$0.29T_L$
$Fe_{60}Co_{20}Cu_{20}$	357[35]	$0.21T_L$
$Fe_{67.5}Al_{22.8}Nb_{9.7}$	150[36]	$0.09T_L$

为深入了解深过冷液态金属，运用热力学相关知识对过冷液态金属的热力学状态进行分析。在此之前，我们需要先认识自由能的含义，自由能是指在某一热力学过程（比如，凝固、熔化）中，系统减少的内能可以转化为对外做功的部分，通常所说的吉布斯自由能 G 是自由能的一种，表达式为

$$G = H - TS \tag{3.6}$$

因焓 $H(\mathrm{kJ \cdot mol^{-1}})$、温度 $T(\mathrm{K})$ 和熵 $S(\mathrm{kJ \cdot mol^{-1} \cdot K^{-1}})$ 均是状态函数，所以 G 也是状态函数。图 3.13 表示纯金属液态与固态的自由能随温度的变化关系[37]，由于在恒温、恒压下熵大于 0，即 $S>0$，因此，自由能随温度的升高而降低。从图中可以看出，在温度低于液相线温度时，金属液相的吉布斯自由能 (G_L) 要高于固相的吉布斯自由能 (G_S)，随着温度的升高，G_L 与 G_S 的值均逐渐减小，但 G_L 比 G_S 减小的速率更快，这是由于液相的熵值大于固相的熵值。相比于熔化，凝固使液态金属的原子排列变得有序，从而使组态熵减小，与此同时，原子的振动熵也相应减小，所以固态熵要比液态熵小。当温度 $T=T_m$ 时，在平衡凝固条件下，等温等压状态时，金属固相与液相的吉布斯自由能相等，凝固过程中体系会出现固相与液相共存的状态，此时，$\Delta G=0$。在无外界环境的影响下则体系在凝固过程中的温度不变。

吉布斯自由能的差值为金属凝固提供了驱动力，液态金属的凝固温度比金属的熔点偏低[38]。由图 3.13 可见，当凝固温度为 T_N 时，液相的吉布斯自由能比固相的吉布斯自由能偏高，差值为 ΔG：

$$\Delta G = G_L - G_S = (H_L - H_S) - T_N(S_L - S_S) = \Delta H - T_N \Delta S \tag{3.7}$$

而在 $T=T_m$ 时，$\Delta G=0$，所以

$$\Delta S_m = \frac{\Delta H_m}{T_m} \tag{3.8}$$

式中，ΔS_m 和 ΔH_m 分别是结晶熵和结晶焓。

在恒压时，凝固前后的焓变 ΔH 和熵变 ΔS 为

$$\Delta H = \Delta H_{m} - \int_{T_{N}}^{T_{m}} \Delta C_{p}(T) \, dT \qquad (3.9)$$

$$\Delta S = \Delta S_{m} - \int_{T_{N}}^{T_{m}} \frac{\Delta C_{p}(T)}{T} \, dT \qquad (3.10)$$

$$\Delta G = \frac{\Delta H_{m} \Delta T}{T_{m}} - \int_{T_{N}}^{T_{m}} \Delta C_{p}(T) \, dT + T_{N} \int_{T_{N}}^{T_{m}} \frac{\Delta C_{p}(T)}{T} \, dT \qquad (3.11)$$

式中，$\Delta C_{p}(T) = C_{pL}(T) - C_{pS}(T)$。当过冷度 ΔT 较小时，可以忽略液相和固相之间的比热差，而当过冷度较大时，则不可忽略。由式(3.11)可得过冷度对凝固驱动力的作用，过冷度越大，则凝固驱动力越大，凝固过程越容易进行。

深过冷液态金属处于热力学的亚稳态，并且相比于常规凝固条件下的凝固组织，深过冷液态金属的凝固组织在机械性能与物理化学性质方面会有较大不同。在深过冷快速凝固条件下，液态金属凝固组织会出现溶质截留效应、晶粒细化和亚稳相等。

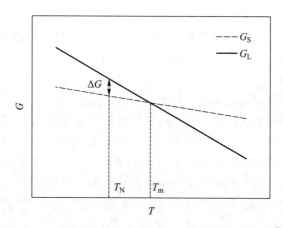

图 3.13　纯金属液态与固态的自由能随温度的变化关系[37]

（1）溶质截留是深过冷液态金属凝固组织重要的特征之一。在深过冷条件下，液态金属凝固过程中液-固界面推移速率较快，原子的扩散速度小于液-固界面的推移速度，因此，液相中溶质趋向于被"截留"在固相中，使固相中的溶质固溶度发生改变。溶质截留效应导致固相中溶质含量偏离平衡相图上的溶质含量，晶粒内偏析程度减小，成分分布趋向于均匀。

（2）晶粒细化是深过冷液态金属凝固组织的显著特征之一。随着过冷度增加，液态金属的形核率显著增加，并且过冷液态金属形核后快速生长，因此，较大程度限制了晶粒的尺寸。根据枝晶熔断机制，在液态金属的凝固过程中，释放的结晶潜热致使枝晶发生熔断，这对晶粒细化也起到一定促进作用。

（3）过冷液态金属在凝固过程中除形成高温晶态亚稳相外，还可能形成相图中没有的亚稳相，例如，准晶与非晶等，这些亚稳相的吉布斯自由能均高于常温平衡相。亚稳相不仅可以在室温下较长时间存在，而且在外界热激活的作用下，亚稳相可以克服自身的能垒转化为平衡相。由于液态金属中存在亚稳短程序，过冷度增加会驱使亚稳相的形核势垒降低，某些在近平衡条件下不可能形成的亚稳相会获得一定的驱动力，从而促使亚稳相优先形核生长。随着液态金属过冷度的增加，凝固组织可能会由常规平衡相转变为高温亚稳相，甚至当过冷度足够大时，液态金属的结晶过程被完全抑制，进而形成准晶或非晶。

因此，不仅深过冷条件下较常规凝固条件下获得的凝固组织更加丰富，而且由于凝固组织不同，机械性能与物理化学性能也会有较大不同。科学家们可以通过精准地控制液态金属的过冷度，获得具有优异性能的凝固组织。

3.4　液态金属的传热

液态金属的结构和性质是温度的函数，液态金属的温度一旦高于环境温度，传热随即发生并使得液态金属的局部温度和内部温度场发生变化。因此，深入理解传热过程是研究液态金属的前提和基础，对物理性质测定、结构表征极为重要，是金属材料科学与工程领域非常重要的问题。测定温度变化是直接获取传热信息的重要途径，对液态金属温度的实验测定可通过接触式热电偶和非接触式红外两种方式测温，前者直接测量液态金属温度，且精度高，但易污染液态金属或者破坏液态金属的悬浮无容器状态；后者不直接接触液态金属，但受物体发射率、测量距离等环境因素影响较大，且仅能测量液态金属表面的温度。同时，一些特殊情况下很难甚至无法测量液态金属的温度变化，比如落管实验中自由下落的微液滴由于尺寸小、下落快，很难实际测定其温度变化。因此，深入研究传热过程中传导、对流和辐射 3 种基本方式，建立不同条件下液态金属的传热模型，计算并预测内部的温度场变化显得尤为重要。

3.4.1　液态金属传热的数学描述

获取液态金属温度变化的方法主要包括实验测量、数学解析和数值模拟。但是，仅有极少数针对规则形态体系，且具有简单表面换热条件的传热模型可求得数学解析解。实际情况下液态金属的传热模型比较复杂，大多通过有限差分（FDM）、有限体积（FVM）、有限元（FEM）等数值方法计算求解。通过数值方法，可较为容易地获得不同形态液态金属内部的温度分布、冷却速率、温度梯度等丰富的传热信息，并可定量比较不同因素对液态金属传热过程的影响，分析不同形态、不同种类液态金属的传热过程。

液态金属的传热可用流体传热模型描述，涉及流体动力学与传热的耦合：

$$\rho C_{\mathrm{p}} \frac{\partial T}{\partial t} + \rho C_{\mathrm{p}} \boldsymbol{u} \cdot \nabla T + \nabla \cdot (-\lambda \nabla T) = Q_{\mathrm{H}} \qquad (3.12)$$

式中，ρ（$\mathrm{kg \cdot m^{-3}}$）、C_{p}（$\mathrm{J \cdot kg^{-1} \cdot K^{-1}}$）、$\lambda$（$\mathrm{W \cdot m^{-1} \cdot K^{-1}}$）分别为液态金属的密度、定压比热容和热导率；$Q_{\mathrm{H}}$（$\mathrm{W \cdot m^{-3}}$）为热源项；$\boldsymbol{u}$ 为液态金属内部速度场，一般通过 N-S（Navier-Stokes）流动方程求解得到。

不同情况下液态金属内部传热过程均可由传热和流动耦合模型描述，区别在于液态金属形态、边界条件、物性参数及热源项的不同。对于液态金属内部流动效应较弱、对传热影响不大的情况，可忽略内部流动，从而极大地简化传热数值计算。

自由落体、悬浮等无容器技术是进行液态金属快速凝固、热物理性质测量等研究的有效手段，深入理解并掌握无容器条件下液态金属的传热过程是其重要前提。本节以落管自由落体[39]和静电悬浮[40]两种无容器实验条件下液态金属的传热为例，介绍传热过程的建模和数值计算。

3.4.2 自由落体条件下液态金属的一维传热

3.4.2.1 一维传热模型与数值计算

落管无容器实验中，金属在落管顶部的试管中通过电磁感应悬浮并加热熔化后，用高压氩气将熔融金属从试管口压出，大量大小不一的微液滴在下落过程中冷却凝固。避免了与容器壁接触而引起的异质形核，从而可获得较大的过冷度，且为了提高冷却速率，当落管抽至超高真空后反充入惰性气体，如氩气、氦气等，冷却速率可达到 $10^3 \sim 10^5 \; \mathrm{K \cdot s^{-1}}$，从而实现快速凝固。

由于下落过程中的高温金属液滴表面会通过对流和辐射两种方式向低温环境气体散热，导致内部存在温度梯度而发生热传导现象。同时，由于液滴内部流动微弱，故对热量传递效应可忽略不计。因此可建立如下数学模型来描述落管中微液滴下落过程中的传热过程[39]。液滴内部热量传递可用热传导方程描述为

$$\rho_{\mathrm{d}} C_{\mathrm{p}} \frac{\partial T}{\partial t} = \lambda_{\mathrm{d}} \nabla^2 T \qquad (3.13)$$

式中，$T(x, y, z; t)$ 为液滴内部温度场；ρ_{d}、C_{p}、λ_{d} 分别表示金属液滴的密度、比热容、热导率，∇^2 为拉普拉斯算符。

初始液滴均匀温度设为 $T(x, y, z; 0) = T_0$。

表面散热边界条件为

$$-\lambda_{\mathrm{d}} \frac{\partial T}{\partial \boldsymbol{n}} \bigg|_{\Gamma} = H_{\mathrm{c}} \big[T(\Gamma; t) - T_{\mathrm{g}} \big] + \varepsilon_{\mathrm{h}} \sigma_{\mathrm{SB}} \big[T^4(\Gamma; t) - T_{\mathrm{g}}^4 \big] \qquad (3.14)$$

式中，$\dfrac{\partial T}{\partial \boldsymbol{n}}\Big|_{\Gamma}$ 表示温度 T 在液滴表面 Γ 沿外法向 $\boldsymbol{n}$ 的方向导数；$T(\Gamma;\ t)$、T_g 分别为液滴表面温度和环境气体的温度（室温）；ε_h 为热辐射系数；σ_{SB} 为 Stefan-Boltzmann 常数；H_c 为对流换热系数。

液滴与周围环境气体的实际对流换热系数可根据 Ranz 和 Marshall 关系估计[41]，

$$H_c = \lambda_g(2.0 + 0.6\sqrt{Re} \cdot \sqrt[3]{Pr})\,/d \tag{3.15}$$

式中，λ_g 为冷却气体热导率；Re 和 Pr 分别为雷诺数和普朗特数。雷诺数 $Re = \rho_g d v_d / \eta_g$ 与液滴的直径 d、下落速度 v_d 和冷却气体的密度 ρ_g、黏度 η_g 有关；下落速度 v_d 可根据运动微分方程求解得到[39]。普朗特数 $Pr = C_{pg}\eta_g/\lambda_g$ 与冷却气体的比热容 C_{pg}、黏度 η_g、导热系数 λ_g 有关[42]。

下落过程中的微液滴由于表面张力作用多呈现球形，球形液滴内部的温度分布只依赖于距球心的距离 r，因此我们通过坐标变换将三维传热方程降至一维，从而极大地减小计算量。直角坐标系下的温度场 $T(x,\ y,\ z;\ t)$ 可由球坐标系下 $T(r;\ t)$ 表示，如图 3.14 所示。

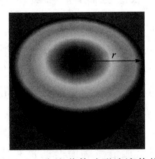

图 3.14　自由落体球形液滴传热

液滴内部的传导方程（3.13）经过坐标变换后得

$$\frac{\partial T}{\partial t} = \frac{\lambda_d}{\rho_d C_p}\left(\frac{\partial^2 T}{\partial r^2} + \frac{\partial T}{\partial r} \cdot \frac{2}{r}\right) \tag{3.16}$$

液滴初始温度：

$$T(r;\ 0) = T_0 \tag{3.17}$$

此时液滴的表面在一维球坐标系下变为 $r = r_0$（r_0 为液滴半径），因此边界条件可改写为

$$-\lambda_d\frac{\partial T}{\partial r}\Big|_{r=r_0} = H_c(T(r_0;\ t) - T_g) + \varepsilon_h\sigma_{SB}(T^4(r_0;\ t) - T_g^4) \tag{3.18}$$

另外为求解一维球坐标系下的传热方程，需要在球心 $r = 0$ 处添加虚拟边界条件：

$$\left. \frac{\partial T}{\partial r} \right|_{r=0} = 0 \tag{3.19}$$

因此，落管中液滴下落过程的传热模型可由具有初-边值条件的热传导方程(3.16)~(3.19)描述。通过数值方法求解该传热模型，可获得液滴下落过程中任意时刻内部的温度场分布，并导出液滴冷却速率、内部温度梯度、最大温度差异等丰富的传热信息。将传热方程(3.16)在一维空间中 M 等分($k=1$，2，3，$\cdots$，$M+1$)，其时间导数和空间导数分别采用向前差分和中心差分进行离散化处理：

$$\frac{\partial T}{\partial t} = \frac{T^{n+1} - T^n}{\Delta t}, \qquad \frac{\partial T}{\partial r} = \frac{T_{k+1} - T_{k-1}}{\Delta h}, \qquad \frac{\partial^2 T}{\partial r^2} = \frac{T_{k+1} - 2T_k + T_{k-1}}{\Delta h^2} \tag{3.20}$$

式中，Δt 和 Δh 分别为时间和空间步长。

采用数值稳定的隐格式，传热方程(3.16)的离散差分格式可表示为

$$\frac{T_k^{n+1} - T_k^n}{\Delta t} = \frac{\lambda_d}{\rho_d C_p} \left[\frac{T_{k+1}^{n+1} - 2T_k^{n+1} + T_{k-1}^{n+1}}{\Delta h^2} + \frac{2}{(k-1)\Delta h} \cdot \frac{T_{k+1}^{n+1} - T_{k-1}^{n+1}}{2\Delta h} \right] \tag{3.21}$$

在液滴中心处($r \to 0$)，需根据洛必达法则(0/0 型)处理式(3.16)中的 $\frac{\partial T}{\partial r}$ · $\frac{2}{r}$ 项：

$$\lim_{r \to 0} \frac{\partial T / \partial r}{r} = \lim_{r \to 0} \frac{(\partial T / \partial r)'}{r'} = \lim_{r \to 0} \frac{\partial^2 T}{\partial r^2} \tag{3.22}$$

当 $k=2$，3，$\cdots$，M 时整理式(3.21)可得到如下形式[其中 $\alpha_0 = \lambda_d \Delta t / (\rho_d C_p \Delta h^2)$]：

$$\alpha_0 \left(\frac{1}{k-1} - 1 \right) T_{k-1}^{n+1} + (1 + 2\alpha_0) T_k^{n+1} + \alpha_0 \left(\frac{-1}{k-1} - 1 \right) T_{k+1}^{n+1} = T_k^n \tag{3.23}$$

通过对边界条件(3.18)和(3.19)的离散可得到

$$T_0^n = T_2^n \tag{3.24}$$

$$T_{M+2}^n = T_M^n + g^n, \qquad g^n = -\frac{2\Delta h}{\lambda_d} \left[(T_{M+1}^n - T_g) + \varepsilon_h \sigma_{SB} ((T_{M+1}^n)^4 - T_g^4) \right] \tag{3.25}$$

因此，当 $k=1$ 和 $k=M+1$ 时，分别代入离散边界条件(3.24)和(3.25)，可得到

$$(1 + 6\alpha_0) T_1^{n+1} + (-6\alpha_0) T_2^{n+1} = T_1^n \tag{3.26}$$

$$(-2\alpha_0) T_M^{n+1} + (1 + 2\alpha_0) T_{M+1}^{n+1} = T_M^n + \alpha_0 \left(\frac{1}{M} + 1 \right) g^n \tag{3.27}$$

根据式(3.23)、(3.26)和(3.27)，可构造如下矩阵形式：

$$AT^{n+1} = f^n \qquad (3.28)$$

$$A = \begin{bmatrix} 1+6\alpha_0 & -6\alpha_0 & & \\ \ddots & & \ddots & & \ddots \\ & \alpha_0\left(\dfrac{1}{k-1}-1\right) & 1+2\alpha_0 & \alpha_0\left(-1-\dfrac{1}{k-1}\right) & \\ & & \ddots & \ddots & & \ddots \\ & & & -2\alpha_0 & 1+2\alpha_0 \end{bmatrix},$$

$$(3.29)$$

$$T^{n+1} = \begin{bmatrix} T_1^{n+1} & T_2^{n+1} & \cdots & T_M^{n+1} & T_{M+1}^{n+1} \end{bmatrix}^{\mathrm{T}}$$

$$f^n = \begin{bmatrix} T_1^n & T_2^n & \cdots & T_M^n & T_M^n + \alpha_0(1/M+1)g^n \end{bmatrix}^{\mathrm{T}}$$

通过追赶法等方法求解三对角线性方程组(3.28),便可得到液滴下一时刻内部温度场 T^{n+1}。

3.4.2.2　微液滴下落过程中的传热过程

以直径为 1 000 μm 的 Ti 液滴为例,其传热过程计算结果如图 3.15 所示。

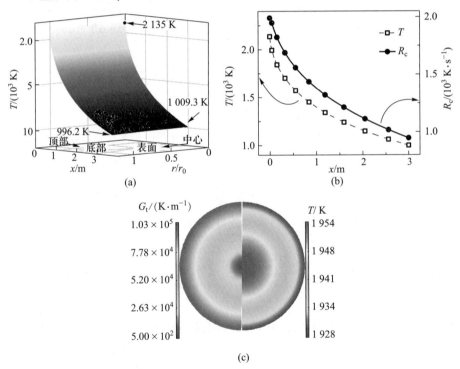

(a)　　　　　　　　　　　(b)

(c)

图 3.15　Ti 液滴下落过程中的传热(液滴直径 $d=1\,000\ \mu\mathrm{m}$)[39]:(a)内部温度场;(b)中心温度(T)及冷却速率(R_c);(c)温度梯度(G_t)及温度分布(熔点处)。(参见书后彩图)

图 3.15(a)给出了 Ti 液滴内部温度随着下落距离的演化过程。在下落过程中，高温 Ti 液滴由于表面对流和辐射散热而冷却，初始阶段冷却速率高达 2 000 K·s^{-1}，随着液滴温度的降低，液滴与周围环境温差逐渐减小，冷却速率随之减小。同时，由于下落过程中的 Ti 液滴冷却较快，液滴内部热量无法及时传递均匀，导致内部温度差异较大。图 3.15(c)给出了 Ti 液滴下落过程中冷却至熔点温度时内部的温度梯度及温度分布，可以看出此时 Ti 液滴中心温度比液滴表面温度高 26 K。内部温度梯度分布差异巨大，靠近液滴表面区域温度梯度超过 1.0×10^5 K·m^{-1}，而液滴中心附近温度梯度仅约为 0.5×10^3 K·m^{-1}。

3.4.2.3 微液滴传热的影响因素

高温金属液滴在下落过程中通过表面与环境气体的热交换而冷却。一方面，冷却气体的热物理性质一定程度上决定了液滴的散热速率，比如热导率高的冷却气体可以更快地带走热量。另一方面，液态金属的热物理性质，如热导率、密度、比热容等影响液滴的冷却速率和内部温度分布。本节将通过控制变量，定量研究不同因素如何影响金属液滴的传热过程，并系统分析了最能描述液滴传热过程的主要特征指标：温度 T、冷却速率 R_c、温度差异 δT_d、温度梯度 G_t。需要注意的是，后面计算结果提到的均是液滴熔点处的冷却速率和温度差异，如无特殊说明，结果均是基于直径为 1 000 μm 的 Ti 液滴在氩气中的冷却过程，并以氩气的热导率 λ_g、Ti 液滴熔点处的比热 C_p、密度 ρ_d 和热导率 λ_d 为基准值进行计算的。

冷却气体的热导率是影响液滴传热的重要因素，通过改变冷却气体的热导率对液滴的传热过程进行了研究，结果如图 3.16 所示。从图 3.16(a)可以看出，随着冷却气体热导率的增加，液滴温度下降明显加快。图 3.16(b)呈现了液滴冷却速率和温度差异与冷却气体热导率的线性增长关系，在相同情况下，金属液滴在热导率高的冷却气体中可获得较大的冷却速率和内部温度差异。图 3.16(c)展示了液滴内部从中心到表面温度的梯度线性增加，且随着冷却气体热导率的增大而明显增大。

液态金属的热物理性质对液滴传热的影响在于密度、比热容影响微液滴的冷却速率，而热导率对液滴内部温度分布具有重要作用。图 3.17~图 3.19 定量描述了液态金属的热物理性质对其传热过程的影响。从图 3.17 和图 3.18 可以看出，液态金属的比热容和密度对液滴传热过程具有相同的影响效果。随着比热容和密度增大，液滴温度下降明显减慢，冷却速率显著减小，而液滴内部温度差异和温度梯度则略微增大。相反，液态金属的热导率基本不改变液滴中心温度的变化曲线和冷却速率，然而却极大地影响液滴内部的温度分布。随着液滴热导率增大，液滴导热速率加快，内部温度差异和温度梯度明显减小。

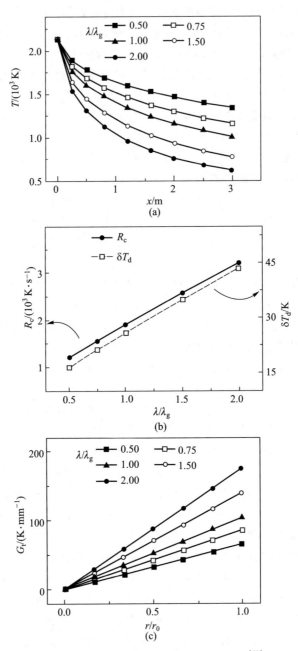

图 3.16　冷却气体的热导率 (λ/λ_g) 对 Ti 液滴传热过程的影响[39]：（a）液滴中心温度变化；（b）冷却速率 (R_c) 及温度差异 (δT_d)；（c）温度梯度 (G_t)

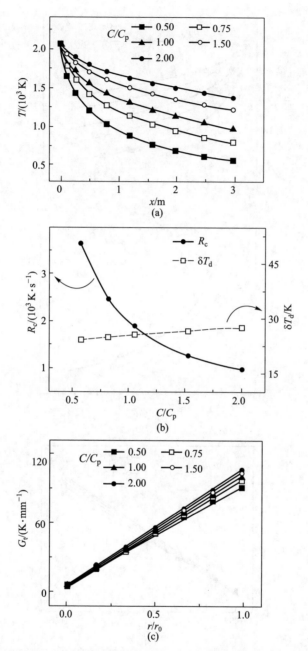

图 3.17 液态金属比热容(C/C_p)对液滴传热过程的影响[39]：（a）液滴中心温度变化；
（b）冷却速率(R_c)及温度差异(δT_d)；（c）温度梯度(G_t)

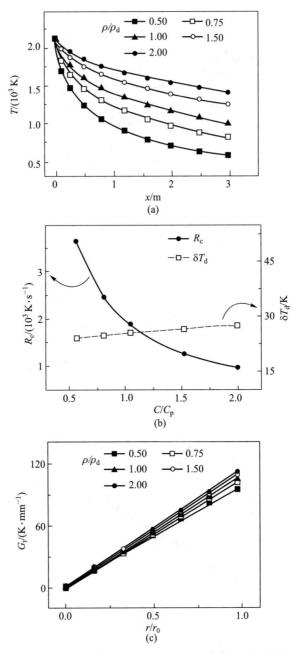

图 3.18　液态金属密度(ρ/ρ_d)对液滴传热过程的影响[39]：（a）液滴中心温度变化；
（b）冷却速率（R_c）及温度差异（δT_d）；（c）温度梯度（G_t）

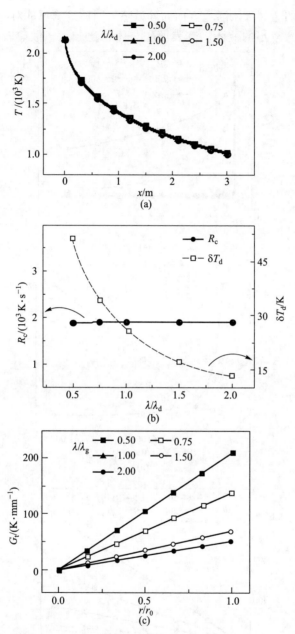

图 3.19　液态金属热导率(λ / λ_d)对液滴传热过程的影响[39]：（a）液滴中心温度变化；
（b）冷却速率(R_c)及温度差异(δT_d)；（c）温度梯度(G_t)

下落过程的金属液滴通过表面向外散热，因此液滴尺寸对液滴的传热影响极大。对于尺寸较小的液滴，其表面积与体积比较大，散热较快。如图 3.20

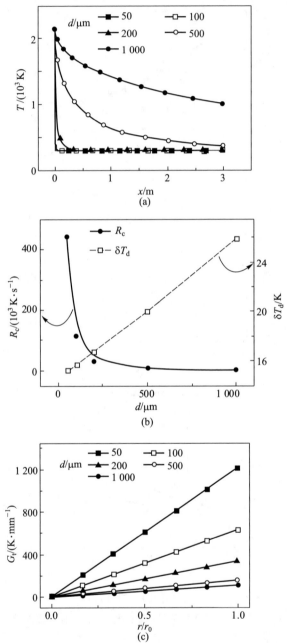

图 3.20　Ti 液滴直径(d)对其传热过程的影响[39]：（a）液滴中心温度变化；
（b）冷却速率(R_c)及温度差异(δT_d)；（c）温度梯度(G_t)

所示，直径 50 μm 的 Ti 液滴冷却速率高达 4×10^5 K·s^{-1}，而对于直径 1 000 μm 的液滴，温度下降相对缓慢，冷却速率仅有 10^3 K·s^{-1}。随着液滴直径的增大，液滴内部最大温差增大而温度梯度减小。

3.4.3　静电悬浮条件下液态金属的二维传热

3.4.3.1　静电悬浮液滴传热模型

静电悬浮条件下，液态金属由于受到的电场力抵消了自身重力而处于悬浮状态。对于较小的液滴，较强的表面张力效应使得液滴能够保持球形，然而随着液滴尺寸的增大，悬浮形态将发生改变[43]。因此静电悬浮条件下任意形态的悬浮液滴的传热过程属于高维传热问题。处于真空条件下稳定悬浮的金属液滴内部流速很小，因此可忽略液滴内部流动。悬浮金属液滴内部高维传热方程在柱坐标系下可表示为[40]

$$\frac{\partial T}{\partial t} = \frac{\lambda_d}{\rho_d C_p} \left[\frac{1}{r} \frac{\partial}{\partial r} \left(r \frac{\partial T}{\partial r} \right) + \frac{1}{r^2} \frac{\partial}{\partial \theta} \left(\frac{\partial T}{\partial \theta} \right) + \frac{\partial}{\partial z} \left(\frac{\partial T}{\partial z} \right) \right] \quad (3.30)$$

式中，柱坐标系温度场函数为 $T(r, \theta, z; t)$。

对于复杂形态液滴的三维传热问题，其传热方程(3.30)可通过选择合适的数值方法求解，当然三维问题的数值求解难度和计算量较大。这里我们以静电悬浮实验中绝大多数具有旋转轴对称形态的悬浮液滴为例，形态和内部温度与角度参量 θ 无关，此时简化为二维传热问题，如图 3.21 所示，温度场函数变为 $T(r, z; t)$。因此传热控制方程(3.30)变为

$$\frac{\partial T}{\partial t} = \frac{\lambda_d}{\rho_d C_p} \left[\frac{1}{r} \frac{\partial}{\partial r} \left(r \frac{\partial T}{\partial r} \right) + \frac{\partial}{\partial z} \left(\frac{\partial T}{\partial z} \right) \right] \quad (3.31)$$

为避免除以无穷小量(当 r 趋于 0 时)，式(3.31)两边同乘以 r，可得

$$r \frac{\partial T}{\partial t} = \frac{\lambda_d}{\rho_d C_p} \left[\frac{\partial}{\partial r} \left(r \frac{\partial T}{\partial r} \right) + \frac{\partial}{\partial z} \left(r \frac{\partial T}{\partial z} \right) \right] \quad (3.32)$$

用矢量形式可表示为

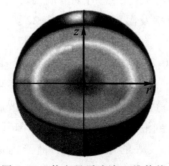

图 3.21　静电悬浮液滴二维传热

$$r\frac{\partial T}{\partial t}=\frac{\lambda_d}{\rho_d C_p}\big[\nabla\cdot(r\nabla T)\big] \tag{3.33}$$

由于静电悬浮条件下金属液滴处于高真空状态，因此仅通过辐射方式散热，因此边界热交换条件为

$$-\lambda_d\frac{\partial T}{\partial \boldsymbol{n}}\bigg|_\Gamma=\varepsilon_h\sigma_{SB}\big[T^4(\Gamma;\ t)-T_g^4\big] \tag{3.34}$$

有限体积方法便于处理非规则求解区域及复杂边界条件，因此被用于数值求解静电悬浮金属液滴的传热模型(3.33)和(3.34)，由此可得

$$\int_{K_{P_0}^*}r\frac{\partial T}{\partial t}\mathrm{d}V=\frac{\lambda_d}{\rho_d C_p}\int_{K_{P_0}^*}\big[\nabla\cdot(r\nabla T)\big]\mathrm{d}V \tag{3.35}$$

经过将求解区域网格划分和相应的对偶单元剖分以及传热控制方程在控制单元内的积分和离散处理后，采用隐格式迭代求解瞬态传热[40]。

3.4.3.2　静电悬浮合金液滴的传热

以直径 2.08 mm 的 $Ti_{45}Ni_{55}$ 合金液滴为例，静电悬浮条件下会发生微小形变，即 $z_m/r_m=1.02$（z_m、r_m 分别为液滴垂直方向和水平方向径长的最大值）[43]。二维轴对称区域设置为椭圆，离散划分为 17 152 个三角形单元、8 705 个网格节点，时间步长设置为 $\Delta t=5\times10^{-3}$ s。Ti-Ni 合金及金属 Zr 的热物性质[44]如表 3.4。

表 3.4　计算中所用合金液滴的热物性质参数[44]

合金	$T_m(T_L)/K$	$\rho_d/(kg\cdot m^{-3})$	$C_p(J\cdot kg^{-1}\cdot K^{-1})$	$\lambda_d[W\cdot(m^{-1}\cdot s^{-1})]$	ε_h
Zr	2 128	6 060	367	21.1	0.250
$Ti_{45}Ni_{55}$	1 391	6 206.25	742.14	50.72	0.275

通过计算，可以清晰地展示任意时刻液滴内部的温度分布变化情况，并可以进一步推导出其冷却速率及温度梯度。图 3.22 给出了 $Ti_{45}Ni_{55}$ 合金液滴在不同冷却时刻的内部温度场。在冷却时间 $t=0.2$ s、2 s、8 s 时，液滴内部的最大温度差异分别为 1.11 K、0.85 K、0.45 K，相应的冷却速率分别为 66.69 K·s^{-1}、51.00 K·s^{-1}、27.07 K·s^{-1}。由此可见，冷却速率减小可导致液滴内部温度的不均匀程度降低。图 3.23(a) 具体给出了 $t=0.2$ s 时液滴内部的温度场和温度梯度分布情况，从液滴中心到液滴表面，温度由 1 617.12 K 减小到 1 616.01 K，由于 $Ti_{45}Ni_{55}$ 合金液滴具有较好的导热性能，液滴内部温度差异较小。温度梯度分布差异很大，液滴表面温度梯度高达 2 000 K·m^{-1}，然而液滴中心温度梯

度小于 100 K·m⁻¹。液滴在下落过程的冷却速率和温度差异情况如图 3.23(b) 所示。液滴冷却散热是由于高温液滴与周围环境之间大的温度差异导致。因此，开始时液滴冷却较快，液滴内部热量不能立刻传递均匀，导致温度差异也较大；随着液滴温度降低，与周围环境之间的温度差异逐渐减小，冷却速率和温度差异随之减小。

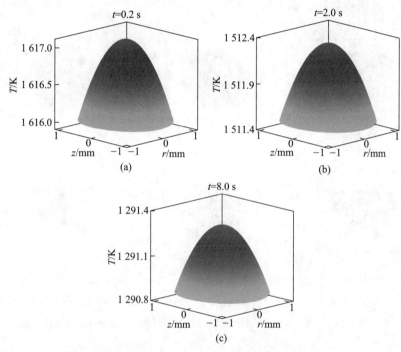

图 3.22 Ti₄₅Ni₅₅悬浮液滴(直径 d = 2.08 mm)不同时刻的温度分布[40]：(a) t = 0.2 s；
(b) t = 2.0 s；(c) t = 8.0 s。(参见书后彩图)

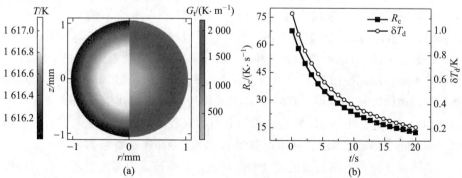

图 3.23 Ti₄₅Ni₅₅悬浮液滴(直径 d = 2.08 mm)的传热[40]：(a) 0.2 s 时温度分布(左)与
温度梯度 G_t(右)；(b) 液滴中心冷却速率(R_c)与温度差异(δT_d)。(参见书后彩图)

对于较大尺寸的静电悬浮液滴，由于受到表面张力和重力的作用其形态不能保持标准球形，而会发生一定形变。且在外场激励下，会出现不同模式的振荡形态[43]。故非规则形态的合金液滴的传热也必须考虑。图 3.24 分别给出了 $t=0.2$ s 时直径为 4 mm 的液滴在 2~7 瓣形态下的内部温度分布，其中液滴中心和表面的温差为 2.7 K 左右。由 2 瓣形态到 7 瓣形态，液滴表面接触面积轻微变大，液滴冷却速率也小幅度增大。

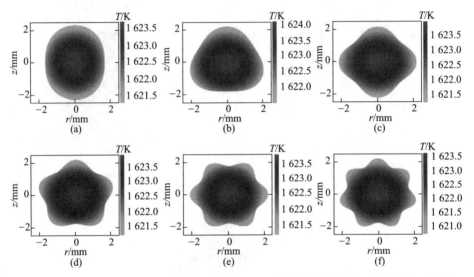

图 3.24　不同形态 Ti$_{45}$Ni$_{55}$悬浮液滴（直径 $d=4$ mm）的温度分布[40]：（a）2 瓣；（b）3 瓣；（c）4 瓣；（d）5 瓣；（e）6 瓣；（f）7 瓣。（参见书后彩图）

3.4.3.3　静电悬浮合金液滴传热实验验证

较小的液滴在悬浮过程中会保持球状或近球状，而较大的液滴可能会呈现不同的形态。实验中选取直径为 2.08 mm 的 Ti$_{45}$Ni$_{55}$合金液滴以及 3 mm 和 4 mm 的 Zr 液滴为研究对象，上述液滴在悬浮过程中分别呈现近球状、两瓣和三瓣形态，如图 3.25（a）所示，冷却曲线通过非接触红外测温所得。图 3.25（b）对比了不同液滴在凝固之前的冷却过程中的实验和计算温度曲线，吻合较好。通过冷却曲线的斜率可得，Ti$_{45}$Ni$_{55}$合金液滴冷却较慢，在熔点处冷却速率为 36.52 K·s^{-1}，这是由于 Ti-Ni 合金液滴具有相对较小的初始温度和较大的比热容。而 3 mm 的 Zr 液滴因其高熔点和较小尺寸，冷却速率高达 270.46 K·s^{-1}。

实验仅能测得液滴表面的温度和冷却速率，而液滴内部的温度分布和梯度则需通过计算得到。图 3.26 给出了不同液滴熔点处的温度分布和温度梯度，Ti$_{45}$Ni$_{55}$合金液滴由于其良好的导热性能（导热系数为 50.72 W·m^{-1}·s^{-1}）且尺寸

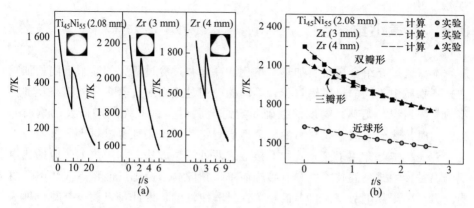

图 3.25 不同形态液滴的冷却曲线[40]：（a）实验测定；（b）实验与计算对比

较小，温度差异仅为 0.6 K。而 4 mm 的 Zr 液滴尺寸大、导热性能差（导热系数 21.1 W·m^{-1}·s^{-1}），故温度差异达到 19.8 K，表面最大温度梯度达到 14×10^3 K·m^{-1}。

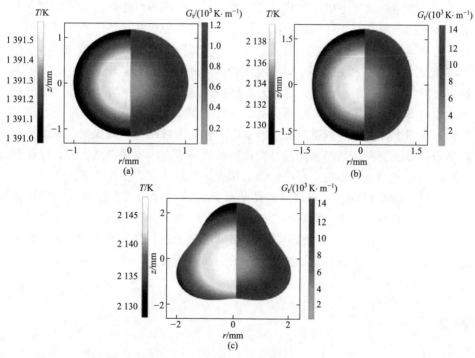

图 3.26 不同液滴的温度分布（左）和温度梯度（右）[40]：（a）Ti$_{45}$Ni$_{55}$合金液滴（$d=2.08$ mm）；
（b）Zr 液滴（$d=3$ mm）；（c）Zr 液滴（$d=4$ mm）。（参见书后彩图）

3.5　本章小结

本章通过介绍金属材料加热、熔化、冷却和过冷过程，阐述了不同的加热方式下物质中不同的热传输过程，不同的冷却过程则对应着多种凝固路径和丰富的凝固组织。尤其，温度的准确测定是金属材料性能控制和研发的重要基础，同时传热研究对金属材料的物理性质测定和结构表征也显得十分重要。

首先，本章介绍了接触式和非接触式两种测温方法。基于热电效应的热电偶测温是接触式测温技术，具有结构简单、精度高、范围广的特点。热电偶材料众多，由于热电势与温度差的相关性是非线性的，因此可以通过查找分度表获取相应的温度。而红外线测温技术是利用被测物体热辐射发出的红外线进行非接触测温，具有响应速度快和灵敏度高的特点。

其次，本章还介绍了金属的主要加热方式。电阻丝加热是利用电流通过高电阻元件产生的热量来加热或者熔化金属，其中直接加热是把金属连接于电路中，而间接加热是把电阻丝的热量通过对流、辐射或者热传导的方式传到工件上。激光的产生是基于物质的受激辐射，激光加热能够非接触地使材料的局部温度迅速上升并受控快速冷却，用于加热的激光器包括 CO_2 激光器、Nd:YAG 激光器、光纤激光器等。电磁感应加热是利用高频电流激励生成的电磁场在金属体中产生的涡流对工件进行加热的，是一种电磁耦合系统构成的非接触式加热方式。液态金属加热熔化后，一旦关闭热源或者降低热源功率，就会降温，在温度降至熔点以下时仍保持液态，称之为过冷态，如果发生结晶，结晶潜热的释放使得金属温度回升，在冷却曲线中表现为温度突然上升，即再辉现象，而在多相合金中则会存在复杂的相变，伴随一次或多次再辉。

最后，本章介绍了液态金属的传热计算方法，即采用有限差分、有限体积、有限元等数值方法计算求解液态金属内部温度分布、冷却速率、温度梯度等传热信息。以自由下落过程中的高温金属液滴为例，介绍了通过对流和辐射两种散热方式的一维传热；以静电悬浮的金属液滴为例，介绍了真空条件下通过热辐射向环境散热的二维传热。

参考文献

［1］　宋宇，梁玉文，杨欣慧. 传感器技术及应用［M］. 北京：北京理工大学出版社，2017.

［2］　李艳红，李海华，杨玉蓓，等. 传感器原理及实际应用设计［M］. 北京：北京理工大学出版社，2016.

［3］　韩向可，李军民. 传感器原理与应用［M］. 成都：电子科技大学出版社，2016.

［4］ 张建奇，方小平. 红外物理［M］. 西安：西安电子科技大学出版社，2004.

［5］ 王文革. 辐射测温技术综述［J］. 宇航计测技术，2005，25(4)：20-24.

［6］ 王阔传，张俊祺，张奇. 激光吸收法辐射测温技术研究［J］. 宇航计测技术，2018，38(4)：23-27.

［7］ 王常珍. 冶金物理化学研究方法(第4版)［M］. 北京：冶金工业出版社，2013.

［8］ 王洪波. 电阻炉操作与维护［M］. 北京：冶金工业出版社，2011.

［9］ 周炳琨，高以智，陈倜嵘，等. 激光原理［M］. 北京：国防工业出版社，2009.

［10］ 李相银. 激光原理技术及应用［M］. 哈尔滨：哈尔滨工业大学出版社，2004.

［11］ 钟健麒，曲雅臣，张晓静，等. 高温 LDAs 泵浦紧凑型 Nd：YAG 激光器［J］. 光子学报，2019，48(12)：62-69.

［12］ Li B, Sun B, Mu H. High-efficiency generation of 355 nm radiation by a diode-end-pumped passively Q-switched Nd：YAG/Nd：YVO4 laser［J］. Applied Optics, 2016, 55(10)：2474-2477.

［13］ Djambazov G, Bojarevics V, Pericleous K, et al. Numerical modelling of silicon melt purification in induction directional solidification system［J］. International Journal of Applied Electromagnetics and Mechanics, 2017, 53：S95-S102.

［14］ Spitans S. Investigation of turbulent free surface flow of liquid metal in electromagnetic field［D］. Riga：University of Latvia, 2015.

［15］ Gopalakrishnan S, Thess A. A simplified mathematical model of glass melt convection in a cold crucible induction melter［J］. International Journal of Thermal Sciences, 2012, 60(Supplement C)：142-152.

［16］ Rudnev V, Loveless D, Cook R. Handbook of Induction Heating［M］. 2nd ed. Boca Raton：CRC Press, 2017.

［17］ Cai X, Wang H P, Wei B. Migration dynamics for liquid/solid interface during levitation melting of metallic materials［J］. International Journal of Heat and Mass Transfer, 2020, 151：119386.

［18］ Wang H P, Lü P, Cai X, et al. Rapid solidification kinetics and mechanical property characteristics of Ni-Zr eutectic alloys processed under electromagnetic levitation state［J］. Materials Science and Engineering：A, 2020, 772：138660.

［19］ Dai F P, Wei B. Core-shell microstructure formed in the ternary Fe-Co-Cu peritectic alloy droplet［J］. Chinese Science Bulletin, 2009, 54(8)：1287-1294.

［20］ Luo S B, Wang W L, Xia Z C, et al. Theoretical prediction and experimental observation for microstructural evolution of undercooled nickel-titanium eutectic type alloys［J］. Journal of Alloys and Compounds, 2017, 692：265-273.

［21］ Turnbull D. Formation of crystal nuclei in liquid metals［J］. Journal of Applied Physics, 1950, 21(10)：1022-1028.

［22］ Turnbull, David. Kinetics of solidification of supercooled liquid mercury droplets［J］. The Journal of Chemical Physics, 1952, 20(3)：411-424.

[23] Turnbull D, Fisher J C. Rate of nucleation in condensed systems[J]. The Journal of Chemical Physics, 1949, 17(1): 71-73.

[24] Hu L, Wang W L, Yang S J, et al. Dendrite growth within supercooled liquid tungsten and tungsten-tantalum isomorphous alloys[J]. Journal of Applied Physics, 2017, 121 (8): 085901.

[25] Yang S J, Hu L, Wang L, et al. Heterogeneous nucleation and dendritic growth within undercooled liquid niobium under electrostatic levitation condition[J]. Chemical Physics Letters, 2017, 684: 316-320.

[26] 王磊, 胡亮, 杨尚京, 等. 静电悬浮条件下液态锆的热物理性质与快速枝晶生长 [J]. 中国有色金属学报, 2018, 28: 1816-1823.

[27] Wang L, Hu L, Zhao J F, et al. Ultrafast growth kinetics of titanium dendrites investigated by electrostatic levitation experiments and molecular dynamics simulations[J]. Chemical Physics Letters, 2020, 742: 137141.

[28] Lü P, Zhou K, Wang H P. Evidence for the transition from primary to peritectic phase growth during solidification of undercooled Ni−Zr alloy levitated by electromagnetic field[J]. Scientific Reports, 2016, 6(1): 39042.

[29] Liang C, Zhao J F, Chang J, et al. Microstructure evolution and nano-hardness modulation of rapidly solidified Ti − Al − Nb alloy [J]. Journal of Alloys and Compounds, 2020, 836: 155538.

[30] Luo Z C, Wang H P. Primary dendrite growth kinetics and rapid solidification mechanism of highly undercooled Ti−Al alloys[J]. Journal of Materials Science & Technology, 2020, 40: 47-53.

[31] Wang L, Hu L, Geng D L, et al. Rapid growth kinetics of intermetallic Ni_3Ti compound under electrostatic levitation state[J]. Materials Letters, 2019, 254: 290-293.

[32] Zou P F, Wang H P, Yang S J, et al. Density measurement and atomic structure simulation of metastable liquid Ti−Ni alloys[J]. Metallurgical and Materials Transactions A, 2018, 49(11): 5488-5496.

[33] Liu W, Yan N, Wang H P. Dendritic morphology evolution and microhardness enhancement of rapidly solidified Ni−based superalloys[J]. Science China Technological Sciences, 2019, 62(11): 1976-1986.

[34] Zhang P C, Chang J, Wang H P. Transition from crystal to metallic glass and micromechanical property change of Fe − B − Si alloy during rapid solidification [J]. Metallurgical and Materials Transactions B, 2020, 51(1): 327-337.

[35] Dai F P, Wang W L, Ruan Y, et al. Liquid phase separation and rapid dendritic growth of undercooled ternary $Fe_{60}Co_{20}Cu_{20}$ alloy[J]. Applied Physics A, 2018, 124(1): 1-8.

[36] Ruan Y, Gu Q Q, Lü P, et al. Rapid eutectic growth and applied performances of Fe-Al-Nb alloy solidified under electromagnetic levitation condition[J]. Materials & Design, 2016, 112: 239-245.

[37] Porter D A, Easterling K E. Phase Transformations in Metals and Alloys[M]. New York: Van Nostrand Reinhold Co. Ltd., 1981.

[38] 魏炳波, 王彬. 液态金属快速结晶的热力学驱动力[J]. 金属学报, 1994, 30(7): 289-293.

[39] Li M X, Wang H P, Yan N, et al. Heat transfer of micro-droplet during free fall in drop tube[J]. Science China Technological Sciences, 2018, 61(7): 1021-1030.

[40] Li M X, Wang H P, Wei B. Numerical analysis and experimental verification for heat transfer process of electrostatically levitated alloy droplets[J]. International Journal of Heat and Mass Transfer, 2019, 138: 109-116.

[41] Ranz W E, Marshall W R. Evaporation from drops[J]. Chemical Engineering Progress, 1952, 48(3): 141-146.

[42] Lee E S, Ahn S. Solidification progress and heat transfer analysis of gas-atomized alloy droplets during spray forming [J]. Acta Metallurgica Et Materialia, 1994, 42(9): 3231-3243.

[43] Wang H P, Li M X, Zou P F, et al. Experimental modulation and theoretical simulation of zonal oscillation for electrostatically levitated metallic droplets at high temperatures[J]. Physical Review E, 2018, 98(6): 063106.

[44] Gale W F, Totemeier T C. Smithells Metals Reference Book[M]. London: Butterworth-Heinemann, 2004.

第4章
液态金属的振荡动力学

    振荡现象在物理学、气象学、空间科学等领域普遍存在，其中悬浮液态金属的振荡行为是重要的科学问题。悬浮液态金属的运动状态及内部流动会显著影响液固相变过程中的晶体形核及传热传质特性，从而在很大程度上决定了所制备材料的微观组织及物理化学性能。同时，悬浮液滴的振荡特征还可以揭示液态金属在不同热力学状态下的热物理性质，为非平衡条件下液固相变理论模型的建立提供实验依据。液滴的振荡衰减行为与液态金属的热物理性质（如表面张力、黏度等）密切相关。因此，通过液滴的振荡特征可有效测定液态金属尤其是高温、高活性液态金属的热物理性质。悬浮无容器技术的发展为研究自由液态金属液滴的振荡行为提供了可行条件。静电悬浮技术具有高真空、悬浮稳定、加热与悬浮独立控制、无外场扰动等优点，为高温液态金属振荡行为研究创造了理想的实验条件。

    液态金属具有高温、高活性、表面张力和黏度较大的特性，那么其振荡特性如何？与常规溶液液滴振荡规律相比又有何特点？本章将以熔点为 2 128 K 的高温 Zr 金属液滴为例，通过静电悬浮无容器实验系统，研究高温液态金属的振荡行为，包括不同振荡模式下的形态演化、振荡频率、振幅变化；并建立数学模型，模拟静电悬浮高温液态金属振荡行为演化过程，系统研究液态金属振荡频率与液滴尺寸、表面张力、密度的关系。通过研究不同因素对悬浮液态金属稳态形变量的影响,进一步构建金属液滴稳定性因子模型,预测不同液态合金的悬浮稳定能力。

4.1　液滴振荡动力学研究进展

液滴的振荡行为会显著影响液固相变中的传热传质过程,对材料科学、大气科学、化工冶金、原子物理等领域中的相关问题研究具有重要意义。近年来,利用液滴的振荡和衰减特性成为非接触式测定液体特别是高温液态金属的表面张力和黏度最为重要的方法之一。因此,液滴振荡问题一直以来是科学家们重要的研究课题。

4.1.1　液滴振荡动力学理论基础

前期由于科学技术的限制,难以提供获取自由悬浮液滴的实验条件。对于液滴振荡的实验研究,多以自由漂浮的液滴作为研究对象,即将液滴浸入与其密度几乎一致且完全不混溶的液体中,并通过外界激励使其振荡。对于液滴振荡规律的相关理论研究,Rayleigh[1]率先建立了小幅振荡的近球形液滴表面形状演化方程:

$$f(\theta, \varphi, t) = r_0 + \sum_{l=0}^{\infty} \sum_{m=-l}^{l} c_{lm}(t) r^{l-1} Y_{lm}(\theta, \varphi) \tag{4.1}$$

式中,θ 和 φ 分别为极角和方位角;r_0 为液滴半径;$c_{lm}(t)$ 为随时间变化的模态系数;r 为液滴表面点到液滴中心的距离;$Y_{lm}(\theta, \varphi)$ 为球谐函数;l 和 m 分别是振荡模态指标。自由液滴的振荡可以通过球谐函数叠加来描述,根据球谐函数模态指标的不同取值可将液滴振荡的模态划分为 3 大类:带谐振荡($m = 0$)、扇谐振荡($l = m \neq 0$)、田谐振荡($l \neq m \neq 0$)。其中,带谐振荡过程中液滴始终关于 z 轴旋转对称,因此,又被称为轴对称振荡。扇谐和田谐振荡称为非轴对称振荡,在扇谐振荡过程中,液滴形状在 z 轴方向上具有 l 次对称性。

Rayleigh 在不考虑液滴的黏性并假设液滴周围的介质也没有黏滞性的情况下,推导了近球形液滴小幅振荡的经典本征频率方程[1]:

$$f_l = \frac{1}{2\pi} \sqrt{\frac{\sigma}{\rho r_0} l(l-1)(l+2)} \tag{4.2}$$

式中,f_l 为 l 阶液滴振荡的本征频率;σ 为液滴表面张力;ρ 为液滴密度;r_0 为液滴半径。可以看出液滴小幅振荡的本征频率与液滴的表面张力、密度和半径及振荡模态的阶数 l 有关。

Lamb[2]考虑液滴黏性后,发展和推广了 Rayleigh 的工作,得到了液滴在

黏性作用下振荡过程中振幅 ζ 随时间 t 的关系为

$$\zeta = \zeta_0 e^{-t/\tau} \tag{4.3}$$

式中，ζ_0 为液滴的初始振幅；τ 为与液滴黏度 η 有关的衰减系数，表示为

$$\tau = \frac{\rho r_0^2}{\eta(l-1)(2l+1)} \tag{4.4}$$

4.1.2 无容器条件下液滴振荡动力学研究

Rayleigh 和 Lamb 的研究为自由液滴振荡规律的研究奠定了坚实的理论基础。20 世纪 80 年代以来，随着空间实验平台(航天飞机、空间站等)的建立和地面无容器技术(自由落体、悬浮等)的发展，自由液滴振荡规律的实验研究取得了重大进展。Trinh 等[3]采用静电-超声悬浮技术结合的实验装置，研究了轴对称振荡液滴的非线性动力学规律。通过改变静电悬浮系统中的极板电压或超声悬浮换能器的调制频率，均可以激发液滴发生大幅轴对称振荡，结果如图 4.1 所示。实验结果表明，当悬浮液滴未被施加电荷时，液滴的共振频率随液滴扁平度的增大而减小。在液滴的振幅衰减过程中，发现液滴的初始振幅对共振频率的影响存在非线性效应。

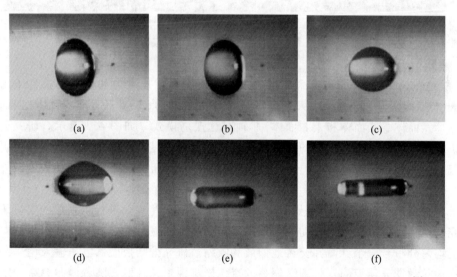

图 4.1　采用声悬浮和静电悬浮相结合的方法驱动液滴发生二阶轴对称振荡[3]

Apfel[4]等利用美国微重力实验室平台，在表面活性剂作用下研究了乒乓球大小的水滴的轴对称大幅度振荡，这是人们首次观测到如此大振幅的形态振荡，如图 4.2 所示。实验开始时，利用 z 方向的超声波产生的声辐射力极度压

扁悬浮水滴使其产生极大变形，随后迅速减小该方向的声压，这时液滴在表面张力主导下发生轴对称振荡。另外，运用边界积分方法数值模拟了液滴的振荡过程，并与实验观测结果吻合良好。

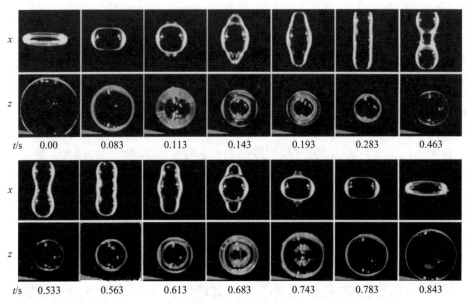

图 4.2　微重力条件下 6.6 cm^3 大液滴的二阶轴对称大幅度振荡的侧视图(x)和俯视图(z)[4]

Azuma 和 Yoshihara[5]采用电激发方法研究了常规重力和低重力条件下硫酸溶液中水银液滴的三维大幅度振荡，获得了多瓣(3~6 阶)和多面体(四面体、六面体、八面体和十二面体)非轴对称振荡模式，如图 4.3 所示。研究分析了振荡模式与振荡频率的关系，发现多面体振荡是由波的非线性相互作用引起的，并提出三维液滴受迫振荡数学模型，用于分析振荡模式、振荡幅度、外力作用、阻尼系数与振荡频率间的关系。

沈昌乐等[6]针对超声悬浮条件下液滴的扇谐振荡规律进行了系统的实验研究。在某些特定频率的扰动下，发现了一种新型的振荡模式：液滴在水平方向上均匀分布若干个分瓣并交替地伸展和收缩。研究推断换能器电压输入信号的扰动是激发悬浮液滴发生扇谐振荡的直接影响因素，且发现随着调制频率的增加，可依次激发 2~7 阶扇谐振荡模态。在此基础上，鄢振麟等[7]通过改变超声悬浮反射端的形状并采用主动调制声场技术，成功实现了超声悬浮水滴的 8 阶和 9 阶扇谐振荡，如图 4.4 所示，并耦合 Level Set 方法和标记网格法，数值求解了不可压两相流的 Navier-Stokes 方程，并模拟了自由液滴的 2~4 阶扇谐振荡和轴对称振荡的形态演化过程。

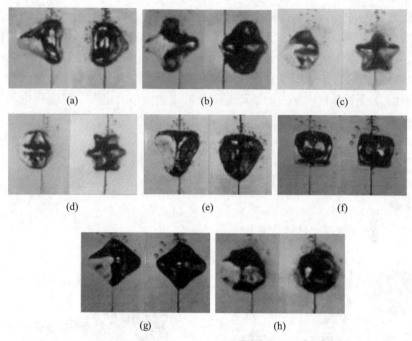

图 4.3　水银液滴在不同模式下的三维非对称振荡[5]：（a）~（d）多瓣振荡；
（e）~（h）多面体振荡

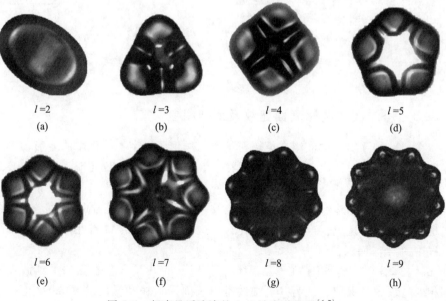

图 4.4　超声悬浮液滴的 2~9 阶扇谐振荡[6,7]

对于静电悬浮系统中的液滴，通过施加激励信号诱发振荡，根据其振荡频率及衰减特性，可测定悬浮液态金属的表面张力及黏度[8]。如图 4.5(a) 所示，在悬浮电压上叠加正弦激励信号，液滴以 2 阶轴对称方式振荡。当移除激励信号后，由于黏性作用，悬浮液滴的振荡振幅 ε_l 会发生黏性衰减，如图 4.5(b) 所示。通过测量振荡频率及衰减周期，根据式 (4.2) 和式 (4.4) 可分别得到悬浮液滴的表面张力和黏度。由于静电悬浮液滴表面带有电荷，且受强电场和重力场影响，Rhim 等[9]对计算表面张力的 Rayleigh 公式进行了如下修正：

$$f = \frac{1}{2\pi} \sqrt{\frac{\sigma}{r_0^3 \rho} l(l-1)(l+2)} \left[1 - \left(\frac{Q^2}{64\pi^2 r_0^3 \sigma \varepsilon_0} \right) \right] \left[1 - F(\sigma, q, e) \right]$$

$$(4.5)$$

与 Rayleigh 公式 (4.2) 相比，式 (4.5) 引入了与悬浮液滴所处电场强度及所带电荷量等因素的影响 (具体信息详见第 6 章)。

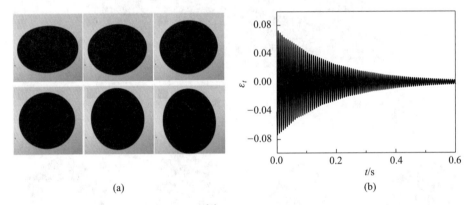

(a)　　　　　　　　　　　　(b)

图 4.5　静电悬浮液滴[8]：(a) 振荡过程；(b) 衰减信号

4.1.3　悬浮液态金属表面波纹及形成机制

在超声悬浮实验中液滴在声辐射压力的作用下发生不同程度的变形。当声场谐振较为剧烈时，由于声辐射压力在液滴表面分布不均致使液滴形成中心部位薄、边缘厚的形状。强烈的声场不仅使悬浮液滴被极度压扁，而且导致液滴表面产生由中心向边缘扩展的涟漪状波纹。那么悬浮的液态金属表面是否也会出现类似的波纹现象？产生机制是什么？这些波动的波纹能否在液态金属凝固过程中"冻结"而保留下来？

解文军等[10,11]报道了在声悬浮条件下 Pb-Sn 共晶合金表面的毛细波在液固相变过程中被保留，认为其毛细波是由表面受迫振动激发的 Faraday 不稳定性引起的。耿德路等[12,13]在调制的超声场中发现了 Ag-Cu 共晶合金样品表面上的波纹形貌,如图4.6所示。通过对外加声场的调制,在液态金属表面激发出毛细波,凝固过程中推移的固液界面与毛细波的耦合作用使得凝固样品的表面出现波纹形貌。一方面,共晶通常在声悬浮液滴的表面形核,圆环状液-固界面沿径向方向推移并受声场起伏波动影响;另一方面,共晶生长速度由于溶质扩散的限制通常是缓慢的,这使得微米级的可见波纹得以保留。通过调制外加声场,可以对表面形貌加以控制,这为共晶合金制备波纹状表面提供了一种可行的方法。

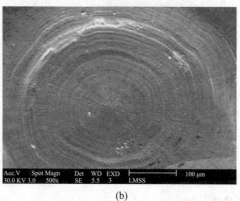

(a)　　　　　　　　　　　　　　　(b)

图 4.6　Ag-Cu 共晶合金表面波纹[12,13]

　　洪振宇等[14]在研究声悬浮条件下黏性液态合金的熔化和凝固过程中,发现了两种不同表面波纹的形成,并在快速凝固的合金表面保留下来。如图4.7(a)所示,In-Bi 合金表面上只有单个大的波胞,看起来像石头丢进水面上引起的涟漪状波纹。而图 4.7(b)中的 Ag-Cu-Ge 合金表面则分布着超过 50 个小尺寸的波胞。In-Bi 合金波胞直径约为 2 mm,平均波纹间的波长为 165 μm,而 Ag-Cu-Ge 合金表面的小尺寸波胞直径约为 0.8 mm,平均波长仅为 8 μm。通过测量的波长估算这两种不同的毛细波的频率分别为 9.8 kHz 和 1.2 MHz。据此推断 In-Bi 合金表面形成的波纹形貌是由毛细波在液固相变过程中被保留所形成的,其驱动频率为声场频率(20 kHz)的一半。而 Ag-Cu-Ge 合金表面的另一种波则为由组合示波器产生的经非线性破坏的驻波。

　　虽然通过无容器技术已取得了一些自由液滴振荡规律的研究结果,然而目前已有的实验研究仍有其局限性。液滴振荡的研究对象多是溶液液滴,对于金属液滴,特别是高温金属液滴的振荡行为研究则鲜有报道。对高温液态金属的振荡行为研究主要受两方面因素制约:一方面,高真空、高温熔化、稳定悬浮等实验条件较为严苛;另一方面,具有高表面张力和高黏度的高温液态金属难

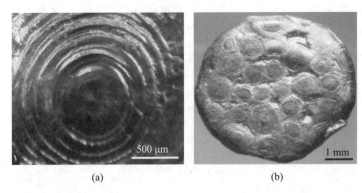

图 4.7　凝固的黏性液态合金表面两种不同的表面波纹形式[14]：（a）In-Bi；（b）Ag-Cu-Ge

以产生复杂的振荡模式。本章将通过静电悬浮无容器实验系统，以熔点为 2 000 K 以上的高温金属锆（Zr）液滴为例，研究高温液态金属的振荡行为[15]。

　　作为实验的有效补充和扩展，不同数值方法被用于模拟自由液滴的振荡演化过程，主要包括流体体积法（volume of fluid，VOF）[16]、边界积分法（boundary integral method，BIM）[17]、有限元法（finite element method，FEM）[18]和水平集法（level set method，LSM）[19]等。自由液滴振荡数值模拟的主要难点在于：① 准确"捕获"不断演化的液滴表面；② 评估表面张力时涉及界面曲率的计算；③ 自由液滴内外流体速度场的计算；④ 液滴振荡过程中体积守恒条件的保持；⑤ 数值迭代过程中庞大的计算量。本章构建了静电悬浮高温金属液滴振荡形态演化的二维轴对称数学模型，该模型耦合了静电场与流场，其中重力作为体积力作用于悬浮液滴内部，表面张力和电场力作用于液滴表面。采用任意拉格朗日-欧拉方法（arbitrary Lagrangian-Eulerian，ALE）追踪处理液滴振荡过程中时刻变化的表面形态。

4.2　高温液态金属振荡的静电悬浮实验

　　静电悬浮技术具有高真空、悬浮稳定、加热与悬浮独立控制、无外场扰动等优点，为高温液态金属振荡行为研究提供了理想的实验条件。本节选择不同尺寸的金属 Zr 样品作为研究对象，利用静电悬浮技术实现不同振荡演化模式并分析其振荡行为特征。

4.2.1　实验方法

　　通过如图 4.8 所示的静电悬浮实验系统开展高温金属液滴的振荡行为研

究。静电悬浮实验系统主要由悬浮控制、真空、加热测温、信号采集 4 个子系统组成[8]。

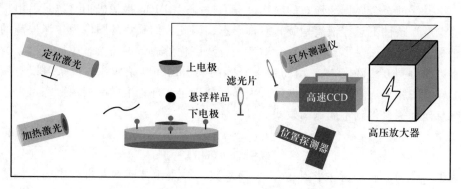

图 4.8　静电悬浮系统示意图[15]

（1）悬浮控制子系统，包括垂直悬浮电极组、水平稳定电极组、定位 He-Ne 激光、位置敏感探测器、控制计算机和高压放大器。由于静电场内不存在三维最小作用势阱，且样品表面所带电荷量在实验过程中会变化。因此，引入了 PID（比例-积分-微分）负反馈调节系统，并根据样品位置实时调节加载在垂直电极组之间的电压，从而保证样品稳定悬浮在电极中间。

（2）真空子系统，包括真空腔体、分子泵、机械泵和真空机。为了防止高电压下电极之间的击穿放电及加热过程中的样品氧化，真空腔体的真空度保持在 10^{-5} Pa 左右。

（3）加热测温子系统，包括加热激光器和红外测温仪。本装置采用光纤激光器进行加热，样品温度由红外测温仪测定。实验过程中通过改变红外测温仪中的辐射率设定参数，使所测温度能够与样品熔点或液相线温度所匹配，以此来标定温度数据。

（4）信号采集子系统，包括高速摄像机、光电二极管、函数发生器、紫色背景光源和数字工业相机等。在静电悬浮高温金属液滴振荡实验中，通过频率为 2 000 Hz 的高速附加金属氧化物半导体组件（complementary metal oxide semiconductor，CMOS）摄像机记录振荡形态的演化过程。

实验时将金属 Zr 样品放置在下电极上，通过真空子系统将真空腔体抽至 10^{-5} Pa，使整个实验过程处于超高真空环境之中。预热样品约至 1 500 K 并保持适当时间，使其携带足够的正电荷[20]。将上电极施加负高压，下电极接地，则带正电的样品处于向上的电场中而受到库仑力作用，以抵消其自身的重力。另外在 PID 负反馈调节系统和水平稳定电极的作用下，样品稳定悬浮在中心位置。通过激光加热使样品熔化，发生形变的悬浮液滴在重力、电场力、表面张力的耦合作用下会出现周期性振荡现象。在没有外界激励情况下，由于黏性衰减效应，振荡幅度越来越小，直至趋于稳定平衡态。

悬浮液态金属振荡形态的演化过程通过高速 CMOS 摄像机拍摄记录。由于静电悬浮条件下悬浮液滴呈旋转对称形态，因此我们采集的图像为悬浮液滴的正视图。获取振荡形态图像后，对其进行灰度化处理，振荡形态边界通过亚像素边缘检测方法确定[21]：由图像中心等间隔引出 400 条射线，每条射线对应的样品边缘点通过寻找灰度向量最大梯度处确定。理论上样品振荡形态可由边缘点坐标拟合得到不同振荡模式的极坐标方程[6]：

$$r(\varphi,\ t) = r_0\left[1 + \varepsilon_t\cos(l\varphi + \varphi_0)\right] \tag{4.6}$$

$$\varepsilon_t = \varepsilon_0\cos(\omega_l t) \tag{4.7}$$

式中，r_0 为液滴平衡态半径；l 为振荡阶数；ε_t 表示液滴振荡过程中的振幅变化；ε_0 为液滴 l 阶振荡的最大振幅；ω_l 为液滴振荡角频率；φ_0 为初始相位角。根据图像处理及样品振荡形态拟合结果，既可对比理论振荡模式与实验结果，又可定量分析样品的振荡行为。

4.2.2　高温金属液滴振荡

静电悬浮实验中，选择金属 Zr 为对象研究高温金属液滴的振荡行为。为了研究样品的尺寸对静电悬浮条件下液滴振荡行为的影响，分别选取了直径 d 为 2.5 mm、3 mm、3.5 mm、4 mm 和 4.5 mm 5 个不同尺寸的 Zr 球进行实验。实验过程中没有施加激励信号，样品所展现的振荡行为均是样品熔化后在重力、表面张力以及库仑力的合力作用下的结果。对于直径为 2.5 mm 的小尺寸悬浮液滴，即使温度超过 2 500 K 也没有出现肉眼可见的振荡现象。这是因为对于较小尺寸的金属样品，较强的表面张力作用抑制了悬浮液滴的变形及振荡行为。

当选取液滴直径为 3 mm 和 3.5 mm 的样品时，可以观察到垂直方向明显的 2 阶轴对称振荡。与超声悬浮实验中发生在水平面上的扇谐振荡不同[6]，静电悬浮中的液态金属的变形和振荡由表面张力和重力作用决定，因此会在垂直方向上发生关于 Z 轴旋转对称的带谐振荡。图 4.9 给出了直径为 3 mm 的 Zr 液滴在 2 263 K 温度下的一个完整振荡周期 t_p 内的形态演化过程。其中，图(a_1)~(a_5)为悬浮液滴的正视图，分别对应 0、0.25 t_p、0.5 t_p、0.75 t_p 和 t_p 5 个时刻。对 50 个周期的振荡时间进行统计平均，得到直径为 3 mm 的 Zr 液滴的振荡频率为 115.61 Hz。图(b_1)~(b_5)中实心圆点表示振荡液滴的实际边缘点，实线为根据 2 阶振荡方程(4.6)所得的拟合曲线，可以看出两者完美吻合，说明静电悬浮实验观测到的液滴振荡是 2 阶带谐振荡模态。通过拟合参数 ε_t，可以定量描述液滴振荡过程中的瞬态振幅变化，如图 4.10 所示。在一个振荡周

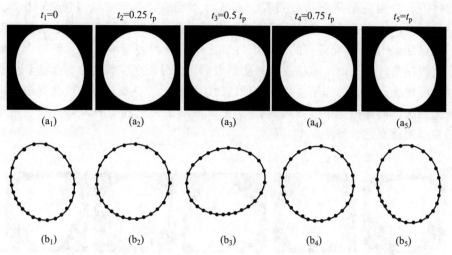

$t_1=0$　　　$t_2=0.25\,t_p$　　　$t_3=0.5\,t_p$　　　$t_4=0.75\,t_p$　　　$t_5=t_p$

(a_1)　　　(a_2)　　　(a_3)　　　(a_4)　　　(a_5)

(b_1)　　　(b_2)　　　(b_3)　　　(b_4)　　　(b_5)

图 4.9　静电悬浮 Zr 液滴 ($d=3\,\text{mm}$) 2 阶振荡形态演化[15]：(a_1)~(a_5) 振荡形态；
(b_1)~(b_5) 边缘点拟合

期内，Zr 液滴瞬态振幅呈正弦函数变化，在垂直方向最大振幅为 11.4%，而在水平方向最大振幅为 9.8%，这是由于样品在竖直方向上受到重力的影响，导致样品拉伸幅度比水平方向上大。

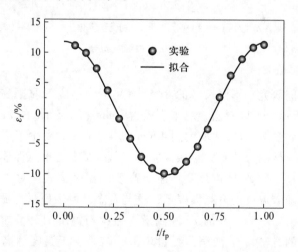

图 4.10　静电悬浮 Zr 液滴 ($d=3\,\text{mm}$) 2 阶振荡瞬态振幅演化过程[15]

当样品尺寸增大到 4 mm 和 4.5 mm 时，悬浮的 Zr 液滴发生了 3 阶振荡。如图 4.11(a_1)~(a_5) 所示，5 张图片给出了直径为 4 mm 的 Zr 液滴在 2 219 K

温度下 3 阶振荡的形态演化过程，并统计得到其振荡频率为 140.85 Hz。图 4.11(b_1)~(b_5)展示了根据悬浮液滴边缘点拟合的 3 阶振荡理论形态，发现对于大尺寸 Zr 液滴实验得到的 3 阶振荡形态与理论形态基本相符，但吻合度弱于 2 阶振荡。这是由于趋肤效应，使得电荷只能分布在样品表面，而随着样品尺寸的增大，重力的作用会对样品形状的影响变大，导致样品的形状逐渐偏离理想情况。同样拟合振幅参数 ε_t，得到 Zr 液滴振荡过程中的瞬态振幅呈正弦函数周期性变化，如图 4.12 所示。

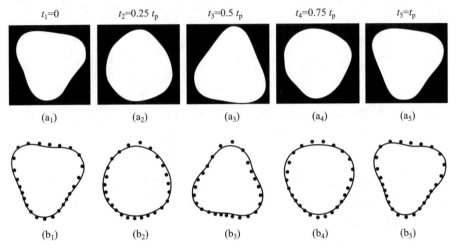

图 4.11　静电悬浮 Zr 液滴($d=4$ mm) 3 阶振荡形态演化[15]：(a_1)~(a_5) 振荡形态；
(b_1)~(b_5) 边缘点拟合

　　另外，我们研究了不同尺寸的 Zr 液滴在不同温度下的振荡行为特征，结果如图 4.13 所示。可以看出，对于直径为 3 mm 和 3.5 mm 的 Zr 球在熔化后呈现 2 阶振荡，而当 Zr 球尺寸增大到 4 mm 及 4.5 mm 时发生了 3 阶振荡。在相同振荡模式下，样品尺寸越大，振荡频率越低。随着静电悬浮能力的提高，有理由相信更大尺寸的 Zr 球应该会产生更高阶的振荡模式。对于相同尺寸的样品，振荡频率随着温度的升高而降低，这与合金液滴表面张力随着温度的升高而降低是一致的。不同尺寸的 Zr 液滴最大振幅与温度的关系如图 4.13(b)所示，随着温度的升高，Zr 液滴形变量增大，这是由于温度越高，液滴热运动加剧并且表面张力减小。此外，随着液滴尺寸增大，液滴形变量变大，直径为 4 mm 的 Zr 液滴在 2 232 K 时的形变量为 29.6%，而直径为 4.5 mm 的 Zr 液滴在 2 186 K 时的形变量为 36.6%。可以预见的是，随着液滴尺寸的增大以及温度的升高，液滴的形变量将愈发剧烈，而剧烈的振荡将会导致电场的改变以及液

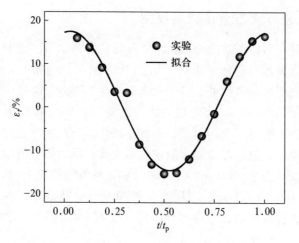

图 4.12 静电悬浮 Zr 液滴($d = 4\ \text{mm}$)3 阶振荡瞬态振幅演化过程[15]

滴表面电场力不均匀，从而使得液滴的稳定悬浮愈发困难。

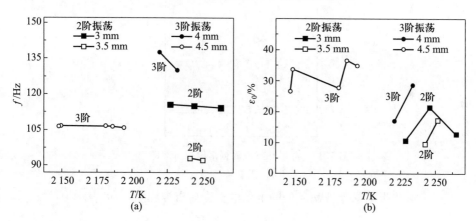

图 4.13 不同尺寸 Zr 液滴在不同温度下的振荡特征[15]：（a）振荡频率；（b）最大振幅

4.3 高温液态金属振荡的数值模拟

通过静电悬浮实验成功实现了高温液态金属 Zr 的 2 阶和 3 阶振荡，然而更高阶的振荡难以通过实验实现。因此本节将构建静电悬浮条件下液态金属的振荡模型，通过数值方法模拟不同振荡模式下液态金属的形态演化过程，并系统地分析液态金属的振荡行为及其相关因素的影响。

4.3.1　静电悬浮液态金属振荡模型

由于静电悬浮条件下液态金属的形态呈旋转对称结构，因此我们建立了液态金属振荡的二维轴对称数学模型。如图 4.14 所示，初始时，假设电荷量为 Q 的球形样品表面均匀带正电，置于两个距离为 l 的平行电极中，其中上电极电势设为负高压（$U = -U_0$），下电极设为零电势（$U = 0$）。带正电样品处于方向向上的电场中，表面电荷重新分布，并在电场作用下产生库仑力以抵消自身重力从而实现悬浮。静电悬浮金属液滴发生形变和振荡的数学模型耦合了描述静电场的麦克斯韦方程组（Maxwell equations）和计算流场的纳维-斯托克斯方程组（Navier-Stokes equations，N-S）。同时采用 ALE 移动网格处理振荡液滴的自由变形表面。数值模拟区域包括两部分，真空域 Ω_1 和表示振荡液滴的自由变形区域 Ω_2。

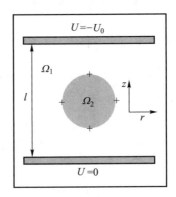

图 4.14　静电悬浮液滴振荡模拟示意图[15]

用于求解带电悬浮液滴所处静电场的麦克斯韦方程组[22]可表示为

$$\nabla^2 U = 0, \quad \in \Omega_1 \tag{4.8}$$

$$U = U_0, \quad \in \Omega_1 \cap \Omega_2 \tag{4.9}$$

$$D_e \cdot n = [\varepsilon_0 \varepsilon_r (-\nabla U)] \cdot n = \sigma_e, \quad \in \Omega_1 \cap \Omega_2 \tag{4.10}$$

$$\int_{a\Omega_2} D_e \cdot n \ \mathrm{d}A = Q, \quad \in \Omega_1 \cap \Omega_2 \tag{4.11}$$

式中，U 为电势标量；D_e 为电位移矢量；n 为单位外法向向量；ε_0 为真空磁导率；ε_r 为相对磁导率；σ_e 为表面电荷分布；Q 为液滴表面的自由电荷量。

用于平衡自身重力的电场力 F_E 可通过对液滴表面所受应力的积分得到

$$F_E = \int_{a\Omega_2} 2\pi r \ T \cdot n \ \mathrm{d}S \tag{4.12}$$

式中，T 为麦克斯韦应力张量，可表示为

$$T = ED_e^T - \frac{1}{2}(E \cdot D_e)I \qquad (4.13)$$

式中，I 为单位矩阵；E 为电场。

由于静电悬浮液滴处于真空环境，因此流场计算仅考虑悬浮液滴内部，即自由变形区域 Ω_2。熔体内部的流动可通过不可压缩层流场描述，其 Navier-Stokes 方程组表示为

$$\nabla \cdot \boldsymbol{u} = 0 \qquad (4.14)$$

$$\rho \frac{\partial \boldsymbol{u}}{\partial t} + \rho(\boldsymbol{u} \nabla)\boldsymbol{u} = \nabla \cdot [-P\boldsymbol{I} + \eta(\nabla \boldsymbol{u} + (\nabla \boldsymbol{u})^T)] + \rho \boldsymbol{g} \qquad (4.15)$$

式中，ρ 为液滴密度；$\boldsymbol{g}$ 为重力加速度矢量；$\boldsymbol{u}$ 为流场速度矢量；P 为压强；η 为动力学黏度。

悬浮液滴的重力作为体积力作用于流场内部，而表面张力和电场应力则作用于流场边界，因此流场边界条件需满足：

$$[-P\boldsymbol{I} + \eta(\nabla \boldsymbol{u} + (\nabla \boldsymbol{u})^T)] \cdot \boldsymbol{n} = -P_a \boldsymbol{n} + \Gamma \sigma \boldsymbol{n} + \boldsymbol{T} \cdot \boldsymbol{n} \qquad (4.16)$$

式中，P_a 为流体静压力（这里 $P_a = 0$）；Γ 为曲率；σ 为表面张力。

在模拟悬浮液滴振荡演化过程中，对于初始时刻给定形态的悬浮液滴，通过数值求解麦克斯韦方程组（4.8）~（4.11），可得到悬浮液滴所处电场、表面电荷分布并导出麦克斯韦应力张量。以此作为流场 N-S 方程组的边界条件，结合 ALE 方法得到下一时刻悬浮液滴的形态，再传递给麦克斯韦方程组进行静电场计算，如此往复迭代，便可模拟悬浮液滴的振荡演化过程。

4.3.2 静电悬浮液态金属振荡模拟

液态金属振荡的数值模拟结果作为实验的补充和扩展，不仅可以重现静电悬浮实验中出现的低阶振荡现象，也可模拟实验中难以实现的高阶振荡。本节将通过数值模拟方法系统地研究了振荡液滴内部的流动特征、不同模式的振荡行为。

4.3.2.1 振荡液滴内部流场

悬浮液滴的变形与振荡行为与其内部流动密切相关，因此很有必要了解振荡液滴内部的流场信息。以直径为 6 mm 的 Zr 液滴为例，模拟了振荡过程中液滴内部的流动情况。图 4.15(a) 给出了在 $t = 0.05$ s 时刻的液滴内部的流场分布及以此计算的 Peclet 数，可以看出振荡液滴内部的流速差异很大。液滴中心区域的流速很小约 10^{-5} m/s，而靠近表面区域熔体流动速度较大，特别在液滴顶端和底部流速达 1.2×10^{-2} m/s。根据液滴内部各点流速，估算其相应的 Peclet 数为 0.3~76.5。由图 4.15(b) 可知，悬浮液滴在振荡过程中，当液滴形态趋于平衡态过程中内部流速逐渐增大，而当液滴远离平衡态时内部流速减小，并

在形变程度达到最大时流速最小。

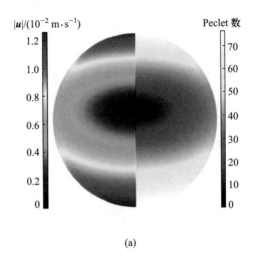

(a)

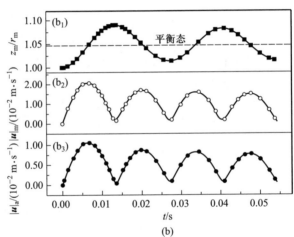

(b)

图 4.15　振荡液滴内部流动特征[15]：（a）$t = 0.05$ s 时 Zr 液滴内部流速（左）和 Peclet 数（右）；（b）Zr 液滴振荡过程中的形态（b_1）、最大流速 $|\boldsymbol{u}|_m$（b_2）、平均流速 $|\boldsymbol{u}|_a$（b_3）。

（参见书后彩图）

4.3.2.2　静电悬浮液滴不同振荡模式

为了获取静电悬浮条件下金属液滴不同振荡模式的形态演化特征，模拟了 Zr 液滴的 2 阶至 5 阶振荡。在数值模拟研究中 Zr 液滴的热物性参数包括密度（$\rho = 5\,800$ kg·m^{-3}）、表面张力（$\sigma = 1.48$ N·m^{-1}）和黏度（$\eta = 8.0$ mPa·s）。为激发不同的振荡模式，2~5 阶振荡悬浮液滴的初始形态分别设为

$$r(\varphi) = r_0(1 + 0.10\cos2\varphi), \qquad l = 2$$
$$r(\varphi) = r_0(1 + 0.15\cos3\varphi), \qquad l = 3$$
$$r(\varphi) = r_0(1 + 0.10\cos4\varphi), \qquad l = 4 \tag{4.17}$$
$$r(\varphi) = r_0(1 + 0.05\cos5\varphi), \qquad l = 5$$

给定非平衡态悬浮液滴的初始形态后（其中 r_0 均取 1.5 mm），由于处于非平衡状态，液滴开始振荡直至在黏性衰减作用下趋于平衡稳定形态。图 4.16(a) 展示了 Zr 液滴不同振荡模式的形态演化过程，分别对应一个完整振荡周期内典型时刻的振荡形态。可以看出预定形态的悬浮液滴在重力、表面张力和电场力耦合作用下，出现不同模式的振荡。在振荡过程中，液滴经历了一系列中间形态，最终返回初始形态，完成一个振荡周期，且相应的瞬态振幅均呈现正弦函数规律变化，如图 4.16(b) 所示。图 4.16(a_1)、(a_2) 所呈现的 Zr 液滴的 2、3 阶振荡形态演化过程，与静电悬浮实验结果图 4.9 和图 4.11 对比，可看出模拟与实验所得的振荡形态演化结果吻合较好。

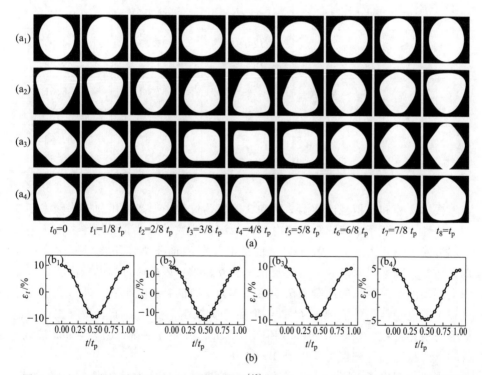

图 4.16　2~5 阶 Zr 液滴($d=3$ mm)振荡模拟[15]：(a_1)~(a_4) 形态演化；(b_1)~(b_4) 振幅演化

根据模拟的液滴振荡形态演变与振幅变化曲线,进一步统计了不同尺寸、不同振荡模式下液滴的振荡频率,并与静电悬浮振荡实验结果进行对比,如表4.1所示。对于直径为 3 mm 和 3.5 mm 的 2 阶振荡液滴,模拟与实验得到的振荡频率结果呈现良好的一致性,误差分别仅为 1.44% 和 0.37%。而对于直径为 4 mm 和 4.5 mm 的 Zr 液滴的 3 阶振荡,振荡频率的模拟结果比实验结果高约 5%,误差可能是由于对于尺寸较大的高阶振荡液滴,其振荡形态受重力作用影响较大从而偏离理想振荡形态,且实验环境与对应的数值模拟条件可能不完全一致。

表 4.1　不同尺寸 Zr 液滴 2~5 阶振荡频率实验、模拟、计算结果对比[15]

阶数	直径/mm	振荡频率/Hz		
		实验	模拟	计算
$l = 2$	3.0	115.39	117.05	116.36
	3.5	92.60	92.26	91.87
$l = 3$	4.0	128.91	133.33	144.06
	4.5	105.92	111.11	120.85
$l = 4$	3.0	—	337.08	348.61
	5.0	—	153.85	159.81
$l = 5$	3.0	—	483.87	492.60
	5.0	—	222.22	220.37

根据实验和模拟悬浮液滴 2 阶和 3 阶振荡过程中形态演化和振荡频率结果的一致性,验证了本节建立的静电悬浮液滴振荡数学模型的可行性。由于高温金属液滴表面张力较大,较小尺寸的液滴受强表面张力作用难以发生高阶振荡;而对于较大尺寸液滴,熔化及稳定悬浮较难,因此通过静电悬浮实验很难观察到高温金属液滴的高阶振荡现象。作为实验的补充及扩展,通过数值方法模拟了静电悬浮条件下 Zr 液滴的 4 阶和 5 阶振荡,据此可了解高阶振荡液滴的形态演化过程,如图 4.16(a_3) 和 (a_4) 所示。另外分别统计直径 3 mm 液滴 4 阶和 5 阶振荡频率分别为 337.08 Hz 和 483.87 Hz。

表 4.1 列出了不同尺寸 Zr 液滴 2~5 阶振荡频率实验和模拟的对比结果。作为参考,根据静电悬浮近球形液滴振荡频率的理论公式(4.5)计算了相应条件下的振荡频率。根据表 4.1 中的对比结果可以看出,通过数值模拟得到的振荡频率与静电悬浮实验结果几乎一致,然而根据理论公式(4.5)所计算的振荡

频率则存在微小偏差。这是由于振荡频率的理论计算公式是建立在振幅较小的近球形静电悬浮液滴基础之上的，而在静电悬浮实验和数值模拟中，液滴在振荡过程中振幅较大，接近甚至大于 10%，在考虑振荡频率时不能忽略振幅大小的影响。这也启示我们在估算具有一定振幅的液滴振荡频率时，很有必要讨论振幅的影响，并对频率计算公式(4.5)进行修正。

4.3.3　振荡频率影响因素

振荡频率是液滴振荡行为特征的重要参数，因此需要系统地研究静电悬浮高温金属液滴的振荡频率及相关因素的影响。基于上述章节的分析和讨论，悬浮液滴的变形与振荡行为是由重力、表面张力和电场力共同作用决定的，液滴尺寸、密度、表面张力则是影响振荡频率的主要因素。以 Zr 液滴的 2 阶振荡为例，通过控制变量法，在静电悬浮液滴振荡的数值模拟过程中依次改变液滴直径、密度和表面张力的值并统计相应的振荡频率，便可得到振荡频率与相关影响因素的定量依赖关系。作为参考，根据理论公式(4.5)计算了相应条件下的振荡频率。

为了研究液滴尺寸是如何影响静电悬浮金属液滴的振荡频率，我们模拟了不同直径 Zr 液滴的 2 阶振荡演化过程。对于尺寸较小的液滴($d<1$ mm)，由于很强的表面张力约束作用，难以激发明显的振荡，而对于尺寸较大的液滴($d>9$ mm)，其较强的重力效应使得难以维持稳定的液态悬浮，因此数值模拟中选择直径范围在 $1\sim9$ mm 的 Zr 液滴作为研究对象，其中所有 Zr 液滴的表面张力为 $\sigma_0 = 1.48$ N·m^{-1}，密度 $\rho_0 = 5\,800$ kg·m^{-3}。如图 4.17 所示，从振荡频率的模拟结果可以看出振荡频率对液滴尺寸的变化非常敏感，随着液滴直径的增大，

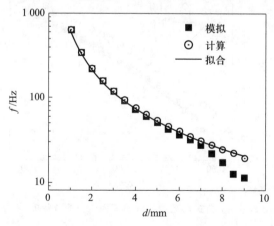

图 4.17　2 阶振荡频率与 Zr 液滴直径的依赖关系[15]

振荡频率由 630.9 Hz 急剧减小至 11.4 Hz。这是由于随着液滴直径的增大，液滴表面张力约束作用呈二次关系增长，而重力变形效应呈 3 次关系。这使得当液滴因重力作用发生形变时，减弱的表面张力作用使得液滴恢复平衡形态的能力减弱，因此大尺寸的液滴在振荡时伴随着较大的振荡幅度和较小的振荡频率。另外，通过拟合可以将静电悬浮条件下液滴的 2 阶振荡频率与液滴直径定量近似地描述为 $f \propto d^{-1.5623}$。

　　对于直径为 6 mm、密度为 5 800 kg·m^{-3} 的液滴，通过改变表面张力的值，得到液滴 2 阶振荡频率与表面张力的关系如图 4.18 所示。振荡频率与液滴表面张力呈正相关关系，当表面张力由 0.5σ_0（其中 σ_0 = 1.48 N·m^{-1}，是 Zr 液滴的基准表面张力）改变到 1.5 σ_0 时，振荡频率由 19.2 Hz 增大到 47.65 Hz。相同条件下，增大液滴的表面张力的值时，液滴在振荡过程中的表面张力效应加强，伴随着较小的振荡幅度和较大的振荡频率。通过拟合，2 阶振荡频率与液滴表面张力可以近似表示为：$f \propto \sigma^{0.7404}$。与表面张力相反，液滴密度与振荡频率存在负相关关系，如图 4.19 所示，其中液滴直径为 6 mm，表面张力为 1.48 N·m^{-1}。当密度由 0.5ρ_0（其中 ρ_0 = 5 800 kg·m^3，是 Zr 液滴的基准密度）增大到 1.5ρ_0 时，2 阶振荡频率由 56.0 Hz 减小到 25.3 Hz。随着液滴密度的增大，重力作用对液滴变形及振荡行为影响变大，使得液滴在振荡过程形变程度更大，并伴随着较小的振荡频率。同样地 2 阶振荡频率与液滴密度的关系可近似表示为：$f \propto \rho^{-0.6780}$。液滴振荡频率的相关影响因素研究结果表明：对于表面张力越大、密度越小的小尺寸液滴，其振荡频率越大，反之亦然。

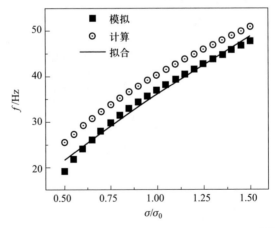

图 4.18　2 阶振荡频率与液滴表面张力的依赖关系[15]

　　另外，根据理论公式(4.5)计算了相应条件下的振荡频率作为参考，计算

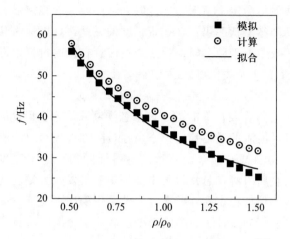

图 4.19　2 阶振荡频率与液滴密度的依赖关系[15]

结果在图 4.17~图 4.19 中用"⊙"表示。可以看出，式(4.5)计算的 2 阶振荡频率与液滴尺寸、表面张力、密度的依赖性关系和数值模拟结果一致。通过进一步对比，发现两者的振荡频率虽然呈现相同的趋势，但仍存在一定的差异，式(4.5)计算的振荡频率总是不同程度地高于数值模拟结果。这是由于当使用式(4.5)计算振荡频率时，假设液滴在振荡过程中振幅较小且基本保持球形，而静电悬浮高温金属液滴在实际振荡过程中总是存在相当程度的变形；且通常情况下，振荡幅度较大的液滴振荡频率较小，因此数值模拟得到的振荡频率相对于理论计算结果总是较小。这也很好地印证了图 4.17~图 4.19 中展示的不同情况下模拟与计算的振荡频率存在不同的误差，液滴在尺寸较大、表面张力较小、密度较大时，2 阶振荡频率的数值模拟与公式计算结果误差较大，因为此时对应的液滴在振荡过程中振荡幅度较大。

4.4　高温液态金属悬浮稳定控制

实现高温液态金属的稳定悬浮是进行液滴振荡行为研究的必要前提，且制备无容器条件下大块快速凝固合金样品同样需要熔体保持稳定的悬浮形态。因此，很有必要研究不同液态金属的稳定悬浮能力，并据此估计、预测哪些金属材料容易实现大体积液滴的稳定悬浮。

4.4.1　悬浮液态金属稳态形变度

静电悬浮条件下振荡的高温金属液滴在经历多个振荡周期后，由于黏性衰减最终会趋于并保持稳定平衡形态。此时，悬浮液滴的稳定形态在重力和表面张力作用下与标准球形状态仍存在一定幅度的偏差，这里称为悬浮液滴的稳态形变度。当悬浮液滴处于稳态时，用于描述液滴在振荡过程中形态轮廓的振荡方程(4.6)则与时间 t 无关，可表示为

$$r(\varphi) = r_0 [1 + \varepsilon\cos(l\varphi + \varphi_0)] \tag{4.18}$$

这里取液滴振荡阶数 $l = 2$ 时的 ε 表示悬浮液滴的稳态形变度。在数值模拟结果中，选取悬浮液滴的最终稳定形态，通过图像处理获取液滴形态轮廓及边界点坐标，通过式(4.18)拟合便可得到悬浮液滴的稳态形变度 ε。通常情况下，一定尺寸的金属液滴在悬浮过程中如果很容易发生大幅度变形，那么很难使其大尺寸液滴仍保持稳定悬浮状态。本节采用稳态形变度 ε 来反映金属液滴的稳定悬浮性，在相同条件下，稳态形变度较小的金属液滴具有较好的悬浮稳定性，更容易实现大尺寸液滴的稳定悬浮。

悬浮液滴的形变主要受表面张力和重力的作用控制，因此很有必要去研究表面张力和密度是如何影响悬浮液滴的稳态形变。为此，在数值模拟过程中独立地控制液滴表面张力和密度的改变，统计悬浮液滴最终稳态时的形变度，如图 4.20 所示。模拟结果均基于直径为 6 mm 的 Zr 液滴，其中 $\sigma_0 = 1.48 \text{ N·m}^{-1}$ 和 $\rho_0 = 5\,800 \text{ kg·m}^{-3}$ 分别为改变表面张力和密度的基准值。

由于表面张力效应会抑制悬浮液滴的变形，因此液滴的稳态形变度会随着表面张力值的增大而减小。如图 4.20(a)所示，液滴的稳态形变度与表面张力呈负相关关系，并通过非线性函数拟合进一步构建它们的定量关系为

$$\varepsilon = A_0 (\sigma/\sigma_0)^{-1.3384} \tag{4.19}$$

式中，A_0 为比例系数。

随着液滴密度值的增大，其自身重力作用更为显著，导致悬浮液滴在重力方向上发生大幅度的变形，不利于金属液滴的稳定悬浮。图 4.20(b)展示了悬浮液滴稳态形变度随密度值的增大而增大，其拟合的正相关函数关系可表示为

$$\varepsilon = B_0 (\rho/\rho_0)^{1.8779} \tag{4.20}$$

式中，B_0 为比例系数。

另外，当考虑重力作用对液滴形变的影响时，除了密度，也需考虑重力水平的影响。为此将实际重力加速度 g 与重力加速度常量 g_0 的比值定义为重力水平 L_g，并引入式(4.20)得到重力作用对悬浮液滴稳态形变度的定量关系为

$$\varepsilon = B_0 (L_g\rho/\rho_0)^{1.8779} \tag{4.21}$$

这样不同重力环境下重力作用对悬浮液滴形变的影响便可通过式(4.21)表示。在当前静电悬浮实验和数值模拟条件下，悬浮液滴所处环境的重力水平 L_g 为 1。然而在微重力环境下 L_g 趋于 0，此时重力作用对悬浮液滴形变的影响则微

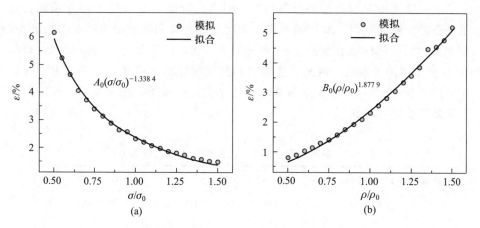

图 4.20 液滴稳态形变度与表面张力(a)和密度(b)的依赖关系[15]

乎其微。

4.4.2 稳定性因子模型

根据定量函数关系式(4.19)和(4.21),表面张力和密度对液滴稳定悬浮形态的影响已清晰可见,据此可进一步表征不同金属材料在熔融液态时的稳定悬浮能力。在流体力学中,Bond 数[23]($\mathrm{Bo} = g\rho L^2/\sigma$)被广泛用于描述重力和表面张力对液泡或者液滴的作用。Bond 数较大时液滴形态主要受重力作用,而值较小时主要由表面张力作用决定。Bond 数可在一定程度上预测液滴的形态,表明密度和表面张力对液滴形态具有完全等同的影响。然而图 4.20 所示的模拟结果显示,具有相同 Bond 数的两个不同金属液滴的稳态形变度可能有所不同。比如,密度和表面张力分别为 ρ_0、$0.8\sigma_0$ 和 $1.25\rho_0$、σ_0 的两个同样尺寸的液滴,Bond 数相同,然而稳态形变度分别为 3.13% 和 3.58%。这表明了表面张力和密度对静电悬浮条件下液滴稳态形变度的作用效果并不等同,因此,需要建立合适的参数因子用于定量表征静电悬浮条件下不同金属液滴的稳定悬浮能力。鉴于液滴的稳定悬浮能力与其稳态时的形变度呈负相关关系,且根据式(4.19)和式(4.21),定义与液滴表面张力和密度相关的无量纲稳定性因子 δ:

$$\delta = (\sigma/\sigma_0)^{1.3384}(L_g \cdot \rho/\rho_0)^{-1.8779} \qquad (4.22)$$

通过选取合适的表面张力 σ_0 和密度 ρ_0 作为标准值,便可得到不同金属材料的稳定性因子,并预测其悬浮液滴的稳定悬浮能力。根据式(4.22),我们可预测对于高表面张力、低密度的金属液滴,其稳定性因子 δ 较大,意味着具有更好的液态稳定悬浮能力,理论上可更容易实现大体积液滴的稳定悬浮。

表 4.2 选取 9 种典型的金属材料，列出其表面张力和密度[24]并预测它们的液态稳定悬浮能力。Al 的表面张力和密度在所选的 9 种金属材料中均最小，因此设为归一化标准表面张力 σ_0 和密度 ρ_0。由表 4.2 最后一列所示，金属 Al 和 Ti 稳定性因子最大，因此可推测它们具有很好的液态稳定悬浮能力，而稳定性因子较小的 W、Ag 和 Ir 液滴稳定悬浮能力则较差，理论上难以保持大体积液滴的稳定悬浮状态。

表 4.2　不同金属材料的物性参数[24]及稳定性因子[15]

金属	$\sigma/(\text{N}\cdot\text{m}^{-1})$	$\rho/(\text{kg}\cdot\text{m}^{-3})$	σ/σ_0	ρ/ρ_0	δ
Al	0.914	2 385	1.00	1.00	1.000 0
Ti	1.650	4 130	1.81	1.73	0.790 4
Zr	1.480	5 800	1.62	2.43	0.360 0
Fe	1.872	7 030	2.05	2.95	0.342 7
Ni	1.778	7 905	1.95	3.31	0.258 2
Cu	1.303	8 000	1.43	3.35	0.166 7
W	2.5	17 600	2.74	7.38	0.090 2
Ag	0.966	9 330	1.06	3.91	0.083 5
Ir	2.25	20 000	2.46	8.39	0.061 6

为了验证根据稳定性因子对 9 种金属液态稳定悬浮能力的预测，对相同尺寸的九种金属液滴在静电悬浮条件下的变形振荡行为进行了模拟。当振荡液滴最终趋于稳态时，获取它们的稳定悬浮形态，并据此推导其各自的稳态形变度。图 4.21 展示了直径均为 5 mm 的 9 种金属液滴的稳定悬浮能力与稳定性因子，液滴的稳定悬浮能力通过形变度的倒数表示。不难看出，不同金属液滴稳定悬浮能力的模拟测试结果与稳定性因子预测的结果完全一致。位于区域Ⅲ稳定性因子分别为 1.0 和 0.79 的 Al 和 Ti 液滴在达到稳定平衡悬浮形态时的形变度最小，约 0.6%，表明 Al 和 Ti 液滴的稳定悬浮能力最好。而位于区域Ⅰ的 W、Ag、Ir 液滴稳定性因子很小，稳态形变量度很大，如直径 5 mm 的 Ir 液滴的形变度高达 11.8%，表明 W、Ag、Ir 金属的液态稳定悬浮能力较差，难以实现更大尺寸液滴的稳定悬浮。至此，稳定性因子的可靠性得到了有效验证，可据此判断不同金属材料的液态稳定悬浮能力。

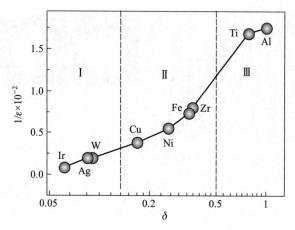

图 4.21 9 种金属液滴的稳定悬浮能力与稳定性因子[15]

4.4.3 大尺寸金属液滴的悬浮振荡

在稳定性因子的指导下，我们可以探索大尺寸（cm 量级）金属液滴的稳定悬浮并开展液滴振荡行为研究。在静电悬浮液滴振荡数值模拟中，可实现最大直径为 9.2 mm Zr 液滴（$\delta = 0.36$）的稳定悬浮并进行振荡行为研究，而对于更大尺寸的 Zr 液滴则无法保持稳定悬浮状态。根据表 4.2 及图 4.21 可知，Al 和 Ti 液滴的稳定性因子更高，具有更高的稳定悬浮能力，因此可以作为探索实现厘米级大尺寸液滴稳定悬浮及开展振荡行为研究的测试目标。通过调节悬浮液滴的带电量和电极之间的施加的电压值，液滴在静电悬浮条件下达到了最优状态，成功实现了大尺寸 Al（$d = 11.3$ mm）和 Ti（$d = 11.5$ mm）液滴的稳定悬浮和振荡。图 4.22 展示了直径为 11.3 mm 大尺寸 Al 液滴的悬浮及振荡演化过程。由图 4.22(a) 所示 Al 液滴振荡曲线，统计得到振荡频率为 9.33 Hz，最大振荡幅度超过 15%，平衡稳定形态的变形度约为 8%。Al 液滴在振荡演化过程中的最小、平衡及最大形变时的悬浮形态及边缘点轮廓拟合曲线如图 4.22(b) 所示。在数值模拟中，悬浮最大尺寸的 Zr、Al 和 Ti 液滴时相对应的 Bond 数分别为 0.812 7、0.811 0 和 0.816 3，因此 Bond 数为 0.81 可以作为参考临界值，用于估算不同金属可悬浮液滴的最大尺寸。

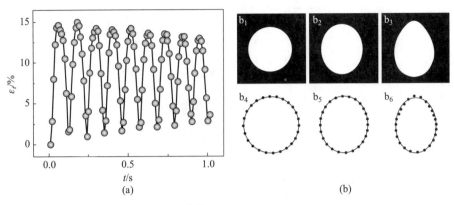

图 4.22　大尺寸 Al 液滴的悬浮振荡[15]：（a）振荡曲线；（b）振荡形态（$b_1 \sim b_3$）及边缘
点拟合（$b_4 \sim b_6$）

4.5　本章小结

　　本章简要总结了液滴振荡动力学理论与实验研究进展，结合静电悬浮无容器实验系统与有限元数值模拟方法，以 Zr 液滴为例，系统研究了高温金属液滴的振荡动力学行为。

　　Rayleigh 和 Lamb 建立了液滴振荡动力学的理论基础，主要包括描述液滴振荡规律的经典本征频率方程和液滴振荡过程的黏性衰减规律。随着空间实验平台的建立和地面无容器技术的发展，自由液滴振荡规律的实验研究取得了重大进展，实现了溶液、金属等液滴的大振幅、多模式的振荡演化。在超声悬浮实验中发现了自由悬浮液滴表面出现了涟漪状波纹，且在液态金属的凝固过程中被"冻结"而保留下来。

　　自由液滴的振荡研究取得了很多成果，然而研究对象多局限于溶液液滴，对于金属液滴特别是高温金属液滴的振荡行为研究则鲜有报道。为此，本章通过静电悬浮无容器实验系统和有限元数值模拟方法，系统地分析了高温金属液滴的振荡行为。

　　（1）通过静电悬浮方法实现了高温金属 Zr 液滴（$T_m = 2\,128\,K$）的带谐振荡，发现较小尺寸的液滴未发生明显的振荡，而对于直径为 3 mm 和 3.5 mm 的液滴，出现了明显的 2 阶振荡，当液滴尺寸增大到 4 mm 和 4.5 mm 时，液滴振荡模式转变为 3 阶。分析了液滴尺寸及悬浮温度对高温金属液滴振荡的影响：同一振荡模式下，振荡频率随液滴直径增大而显著减小；随着悬浮温度的升高，振荡频率略微减小，振幅增大。

（2）耦合静电场、流场、重力及表面张力效应，构建了静电悬浮条件下液态金属的振荡模型，数值模拟了金属液滴 2~5 阶带谐振荡，统计了 2~5 阶不同直径液滴的振荡频率，并与实验结果、公式计算较为一致；系统分析了液滴尺寸、表面张力、密度对 2 阶液滴振荡频率的影响。

（3）建立了与液滴表面张力、密度相关的稳定性因子模型，预测不同金属液滴的悬浮稳定性，并通过模拟结果得以验证。据此探索了大尺寸（cm 量级）金属液滴的稳定悬浮及开展了液滴振荡行为研究，成功模拟了大尺寸 Al（$d=11.3$ mm）和 Ti（$d=11.5$ mm）液滴的稳定悬浮和振荡演化。

参考文献

[1] Rayleigh L. On the capillary phenomena of jets[J]. Proceedings of the Royal Society of London, 1879, 29: 71-97.

[2] Lamb H. On the oscillations of a viscous spheroid[J]. Proceedings of the London Mathematical Society, 1881, 1: 51-70.

[3] Trinh E H, Holt R G, Thiessen D B. The dynamics of ultrasonically levitated drops in an electric field[J]. Physics of Fluids, 1996, 8(1): 43-61.

[4] Apfel E R, Tian Y R, Jankovsky J, et al. Free oscillations and surfactant studies of superdeformed drops in microgravity[J]. Physical Review Letters, 1997, 78(10): 1912-1915.

[5] Azuma H, Yoshihara S. Three-dimensional large-amplitude drop oscillations: Experiments and theoretical analysis[J]. Journal of Fluid Mechanics, 1999, 393: 309-332.

[6] Shen C L, Xie W J, Wei B. Parametrically excited sectorial oscillation of liquid drops floating in ultrasound[J]. Physical Review E, 2010, 81(4): 046305.

[7] 鄢振麟. 超声悬浮液滴的形态振荡与内部流场研究[D]. 西安：西北工业大学, 2012.

[8] 杨尚京. 难熔金属材料的静电悬浮过程与快速凝固机理研究[D]. 西安：西北工业大学, 2018.

[9] Rhim W K, Ohsaka K, Paradis P F, et al. Noncontact technique for measuring surface tension and viscosity of molten materials using high temperature electrostatic levitation[J]. Review of Scientific Instruments, 1999, 70(6): 2796-2801.

[10] Lü Y J, Xie W J, Wei B. Heterogeneous nucleation induced by capillary wave during acoustic levitation[J]. Chinese Physics Letters, 2003, 20(8): 1383-1386.

[11] Xie W J, Cao C D, Lü Y J, et al. Levitation of iridium and liquid mercury by ultrasound [J]. Physical Review Letters, 2002, 89(10): 104304.

[12] Geng D L, Xie W J, Yan N, et al. Surface waves on floating liquids induced by ultrasound field[J]. Applied Physics Letters, 2013, 102(4): 041604.

[13] 耿德路. 超声悬浮条件下共晶合金熔体的无容器凝固规律研究[D]. 西安：西北工业

大学，2014.

[14] Hong Z Y, Yan N, Geng D L, et al. Surface wave patterns on acoustically levitated viscous liquid alloys[J]. Applied Physics Letters, 2014, 104(15): 154102.

[15] Wang H P, Li M X, Zou P F, et al. Experimental modulation and theoretical simulation of zonal oscillation for electrostatically levitated metallic droplets at high temperatures[J]. Physical Review E, 2018, 98(6): 063106.

[16] Ding S T, Luo B, Li G. A volume of fluid based method for vapor-liquid phase change simulation with numerical oscillation suppression[J]. International Journal of Heat and Mass Transfer, 2017, 110: 348-359.

[17] Hou T Y, Lowengrub J S, Shelley M J. Boundary integral methods for multicomponent fluids and multiphase materials[J]. Journal of Computational Physics, 2001, 169(2): 302-362.

[18] Walkley M A, Gaskell P H, Jimack P K, et al. Finite element simulation of three-dimensional free-surface flow problems[J]. Journal of Scientific Computing, 2005, 24(2): 147-162.

[19] Min C, Gibou F. Geometric integration over irregular domains with application to level-set methods[J]. Journal of Computational Physics, 2007, 226(2): 1432-1443.

[20] Paradis P F, Ishikawa T, Lee G W, et al. Materials properties measurements and particle beam interactions studies using electrostatic levitation [J]. Materials Science and Engineering: R: Reports, 2014, 76: 1-53.

[21] Bradshaw R C, Schmidt D P, Rogers J R, et al. Machine vision for high-precision volume measurement applied to levitated containerless material processing[J]. Review of Scientific Instruments, 2005, 76(12): 125108.

[22] Huo Y, Li B Q. Surface deformation and convection in electrostatically positioned droplets of immiscible liquids inder microgravity[J]. Journal of Heat Transfer, 2005, 128(6): 520-529.

[23] Hager W H. Wilfrid Noel Bond and the Bond number[J]. Journal of Hydraulic Research, 2012, 50(1): 3-9.

[24] Gale W F, Totemeier T C. Smithells Metals Reference Book[M]. 8th ed. London: Elsevier Butterworth-Heinemann, 2004.

第 5 章
液态金属的结构

    认识物质在原子尺度上的结构特征对帮助人们深入认识自然具有重要的意义，同时对于新物质和新材料的研发与应用也具有重要的价值。通常对气体、晶体、液体在原子尺度上的结构特征的认识是：气体是"短程无序、长程无序"，晶体是"短程有序、长程有序"，液体是"短程有序、长程无序"。这里短程指的是几 Å 的尺度，长程多指 10 Å 以上。该描述提供了对不同结构物质的定性认识，然而，不同的液体、不同的晶体，甚至是同种液体，其结构也往往会随温度、压强等条件的变化而改变，如果都用"短程、长程是否有序"来描述，就会显得太宏观和笼统，如何采用定量的方法来更加深刻地表征这些重要的结构信息呢？

    科学家们（包括物理学家、化学家、数学家和材料学家）已经提出了不同的函数和参数来描述物质结构，如径向分布函数、双体分布函数、结构因子、配位数、中短程距离等，它们各具特征，功能互补，其中双体分布函数蕴含了更为丰富的基本结构信息，成为原子尺度上各类物质结构描述的典型代表，应用十分广泛。本章将通过双体分布函数、结构因子、配位数等介绍液态金属在原子层次的结构特征与变化规律。

5.1　双体分布函数

双体分布函数是原子排布信息在时间和空间的平均结果，描述了实空间中原子的平均分布状态，反映了原子间距、排布以及短程结构等信息。双体分布函数是液态结构分析中最重要的方法，它能很好地描述液态合金在平衡状态下的结构与性质，已经发展成为分析液态结构的重要手段之一。

5.1.1　双体分布函数的定义

5.1.1.1　双体分布函数的理论计算

双体分布函数 $g(r)$ 是指体系中距任意原子距离为 r 处的原子个数密度 $\rho(r)$ 与体系平均原子个数密度 ρ_0 的比值，数学表达式为

$$g(r) = \frac{\rho(r)}{\rho_0} \tag{5.1}$$

$$\rho_0 = \frac{N}{V} \tag{5.2}$$

式中，N 是体系的原子个数；V 是体系的体积。

式(5.1)所示双体分布函数的数学形式非常简单，但实际计算并非如此简单，这里需要用到微分的知识。计算双体分布函数的核心就是计算 $\rho(r)$，其思路如图 5.1 所示，将三维的体系用二维表示，画一个以某原子为圆心，半径为 r 的球面，再画一个半径为 $r+\Delta r$ 的球面，这两个球面形成一个间距为 Δr 的球壳，统计球壳内的原子个数再除以球壳的体积就是距中心原子距离为 r 处的

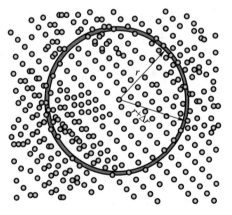

图 5.1　计算双体分布函数示意图

原子个数密度，即 $\rho(r)$，当然，这里要求 Δr 是一个微小量。根据上面的思路，双体分布函数 $g(r)$ 表示为[1]

$$g(r) = \frac{V\langle n_i(r, r + \Delta r\rangle}{4\pi r^2 \Delta r N} \qquad (5.3)$$

式中，V 是体积；$n_i(r, r+\Delta r)$ 是以第 i 个原子为中心在球壳 r 到 $r+\Delta r$ 间的原子个数。

采用上述方法的计算量有多大呢？以 10 000 个原子的体系为例来计算 0 ~ 10 Å 范围内的双体分布函数。如果计算中取空间步长为 0.1 Å，则需要计算 r 分别为 0.1 Å、0.2 Å、0.3 Å、0.4 Å、0.5 Å 直至 10 Å 共 100 个点处的 $\rho(r)$。计算每个点处的 $\rho(r)$ 首先需要计算体系中其余 9 999 个原子分别与该中心原子的间距，来判断在间距为 Δr 的球壳内的原子数，这样就有 9 999 次计算。接下来要体现"距任意原子"而不是"特定某个原子"的要求，还需要对所有原子进行统计平均，这样每个原子在每一点都有 9 999 次计算，总的计算次数为 10 000×9 999×100 次。如果将空间计算精度提高到 0.01 Å，则总的计算次数为 10 000×9 999×1 000 次；如果原子个数是现在的 10 倍，则计算量是当前的 100 倍还多。尽管可以通过建立原子近邻列表来优化计算过程，以减小计算量，但是这么大的计算量显然必须借助计算机程序多次循环才能实现。

5.1.1.2 双体分布函数的实验测定

金属的液态结构可以通过高温 X 射线衍射、同步辐射以及中子散射等方法获取。以高温 X 射线衍射为例，根据图 2.13 可知，在实验过程中可以获取衍射强度 I 随衍射角 2θ 的演化关系，其结果类似于图 2.22(a)，经过对测量数据的修正可以得到仅与液态金属结构有关的相干散射强度 I^{coh}，而双体分布函数可以根据下式计算得到[2]

$$g(r) = 1 + \frac{1}{2\pi^2 \rho_0 r}\int_0^{\infty} q\left\{\frac{I^{coh}(q)}{N[f(q)]^2} - 1\right\}\sin(qr)\,\mathrm{d}q \qquad (5.4)$$

式中，$q = 4\pi\sin\theta/\lambda$；$I^{coh}(q)$ 为相干散射强度；$f(q)$ 为与波矢有关的散射因子；θ 为入射角；λ 为波长；N 为原子数。

5.1.2 气体、液体和晶体的典型双体分布函数

气体、晶体、非晶体、准晶体、液体和等离子体是自然界中物质存在的基本形态，而气体、液体和晶体是最为典型也是最为常见的形态，图 5.2 给出了这 3 种形态的典型双体分布函数，从图中可以看出，3 种物质形态的双体分布函数特征明显且差异很大，它们各自是如何表征所对应的物质结构呢？具体阐述如下。

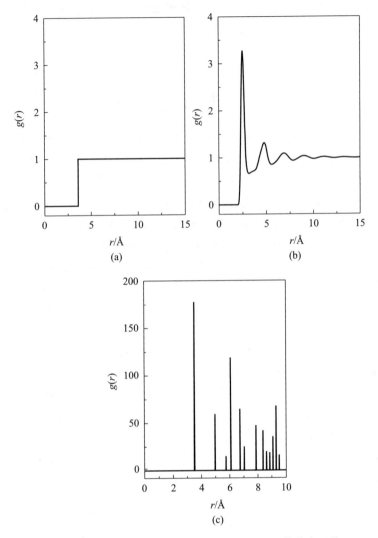

图 5.2　气体(a)、液体(b)和晶体(c)的典型双体分布函数

（1）对于气体，如图 5.2(a)所示，随着距离的增大，当间距 r 小于某一临界值时，双体分布函数 $g(r)$ 的值始终为 0，这说明在这个距离区间上的原子个数密度为 0，即没有原子，由此可以表征出两个原子不能无限靠近，应保持最小距离；当间距 r 大于这一临界值时，双体分布函数 $g(r)$ 的值始终为 1，说明无论在什么间距处的原子个数密度都与体系的平均原子个数密度相等，这样就表征了原子分布的无序特征。

（2）对于液体，如图 5.2(b)所示，随着距离的增大，当间距 r 小于某一临界值时，双体分布函数 $g(r)$ 的值始终为 0，当间距 r 大于这一临界值时，双体分布函数 $g(r)$ 曲线出现第 1 个峰，且峰值大于 1，此时所对应的原子个数密度是体系平均原子个数密度的倍数，这个位置称为第一近邻间距。对于体系内的任意原子，在其第一近邻间距处的原子个数密度是平均值的倍数关系，从这个倍数关系可以求出第一近邻的配位数，这说明短程分布有序。随后又出现第 2、第 3 个峰，且峰的高度逐渐减小；当间距 r 继续增大，$g(r)$ 趋近于 1，这表明各处的原子个数密度都与体系的平均原子个数密度相等，从而表征了原子长程分布无序。

（3）对于晶体，如图 5.2（c）所示，随着距离的增大，当间距 r 小于某一临界值时，双体分布函数 $g(r)$ 的值始终为 0；当间距 r 大于这一临界值时，双体分布函数 $g(r)$ 曲线出现第 1 个峰，且峰值大于 1，随后 $g(r)$ 的值为 0；当间距继续增大，则出现第 2、第 3 个峰；当间距 r 继续增大，$g(r)$ 始终存在峰，而没有峰的地方，$g(r)$ 值为 0。即晶体的双体分布函数随间距的增大以峰的形式出现，其余位置的值为 0。晶体是由最基本的晶格在三维方向上进行周期性平移排列分布得到的，即原子是按照格点位置分布的，非格点位置上没有原子。晶体双体分布函数的特征恰好表明原子是按规律性分布的，从而说明了无论从短程还是长程来看，其原子分布都是有序特征，及周期性平移排列分布。

5.1.3　液态金属钛的双体分布函数

金属钛常温条件下的密度是 $4.5 \, \mathrm{g \cdot cm^{-3}}$，是铁密度的 40%，而机械强度却与钢相当，比铝大 2 倍，比镁大 5 倍。金属钛耐高温，熔点为 1 941 K，比黄金高 604 K，比铝高 1 008 K，比铁高 130 K，这使得金属钛在航空航天领域有着举足轻重的地位。同时，钛具有"亲生物"的特性，能抵抗人体分泌物的腐蚀而没有毒性，被广泛用于制造医疗器械，如心脏支架、人造关节等。由于钛的热膨胀系数非常小，常用作高性能、高精度光学反射镜的基体材料，如武器装备上的稳像、火控、制导等光电产品中，钛合金占有很大的比重。液态金属钛是制备钛合金材料的母相，液态钛几乎能溶解所有的金属，并可以和多种金属形成合金。下面介绍液态金属钛的双体分布函数[3]。

图 5.3 给出了液体金属钛在不同温度下的双体分布函数，图中给出了 4 个温度处的结果。钛的熔点是 1 941 K，其中 2 400 K 为高过热常规液体状态，2 000 K 为略高于熔点的常规状态，1 600 K 和 1 200 K 时金属钛均处于深过冷亚稳态。由双体分布函数的定义可知，峰的大小表征了原子分布有序度，图 5.3 中结果表明，2 400 K 时液体钛的第 1 峰最低，随着温度的降低，峰值增大，这表明液态钛随温度降低其第一近邻的原子短程分布有序度逐渐增大；同样，对于第 2 峰，第二近邻的原子分布有序度也随温度的降低而增大。为进一

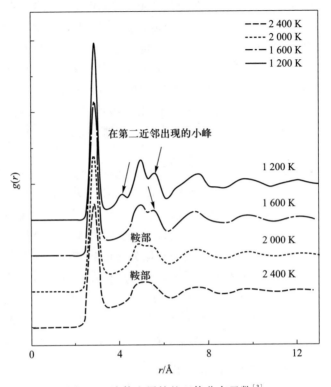

图 5.3　液体金属钛的双体分布函数[3]

步量化说明原子分布有序度的提高，图 5.4 给出了第一近邻和第二近邻处的峰值与温度的变化关系。从图 5.4(a)可以看出，R_1 处的峰值随着温度的降低而增大，当温度为 1 200 K 时，R_1 处的峰值为 4.95，这比最大温度 2 400 K 处的3.47 增大了 43%。显然，当钛从常规液态向过冷液体转变的过程中，第一近邻间距处的原子分布有序度明显增加。第 2 峰与第 1 峰相似，在 1 200 K 温度处，R_2 的峰值比最大温度 2 400 K 处的值增大了 32%。

5.1.4　高性能自润滑轴承用铁铜合金的双体分布函数

轴承是各类机械、光学、化工、生物设备中常见的构件，工业生产中往往采用润滑油来降低摩擦系数以提高构件的寿命，而在一些精密仪器设备中润滑油的引入往往会污染仪器从而影响其性能。如在真空室中使用机械手臂就不能使用润滑油，否则无法获得真空；马达轴承和光学反射镜共同处于封闭腔体的仪器，若使用润滑油则会对反射镜造成污染，从而影响反射效率或造成光学传输路径的改变。基于上述情况，科学家们提出了自润滑轴承的概念，即采用自

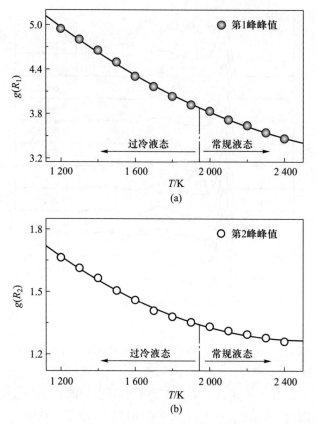

图 5.4 第一近邻(a)和第二近邻(b)双体分布函数的峰值随温度的变化关系[3]

润滑的材料制备轴承,这样的合金至少有两相组成,其中基体相强度高,而弥散相的润滑性好。然而,这样的材料往往出现相分离,即基体相和弥散相出现分层现象,从而使材料失效。为进一步开发利用这样的材料,下面以 Fe-Cu 合金为例,采用双体分布函数来认识、分析自润滑材料的相分离现象[4]。

图 5.5 给出了液态二元 $Fe_{60}Cu_{40}$ 合金不同温度下的双体分布函数,其中最高温度为 2 200 K,最低温度为 1 200 K,该温度范围既包含了熔点以上的常规液态,又有低于熔点的深过冷亚稳液态。从图中可以看出,液态二元 $Fe_{60}Cu_{40}$ 合金在各个温度的双体分布函数都有明显的第 1 峰和比较弱小的第 2 峰,随着距离的增大,双体分布函数稳定成一条直线,这样的双体分布函数展现了体系的"短程有序、长程无序"特征,是典型的液态结构。然而,这样的结果并不能展现合金中 Fe 和 Cu 两种不同原子的分布情况,更不能表明两种原子是否发生分离。

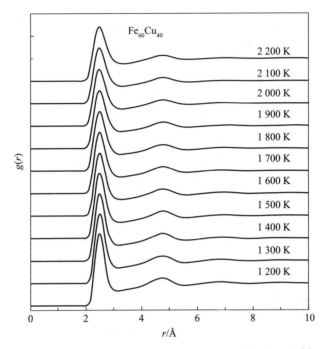

图 5.5　液态二元 $Fe_{60}Cu_{40}$ 合金不同温度的双体分布函数[4]

　　进一步地，计算了不同原子沿体系边长的分布，即原子个数密度，结果如图 5.6 所示。图中"all"代表不区分原子种类情况下原子个数密度沿 x 方向的情况，这包含了 Fe 和 Cu 两种原子的共同贡献，标有 Fe 和 Cu 的曲线分别表示 Fe 原子和 Cu 原子的原子个数密度沿 x 方向的变化情况。从图中可以发现，在 4 个典型温度 2 200 K、1 800 K、1 600 K、1 200 K 处的总体原子个数密度近似直线，即不随位置的变化而变化，这与图 5.5 中的双体分布函数相一致。在较高的温度条件下，如 2 200 K 和 1 800 K，Fe 原子和 Cu 原子分布有小的起伏；随着温度的进一步降低，到 1 200 K 时，我们发现 Fe 原子和 Cu 原子的原子个数密度出现大的振荡，这表明，两种原子已经在纳观尺度上出现了分离。

　　为了进一步分析该原子分离行为，对双体分布函数做了更为细致的研究，如图 5.7 所示，计算了液态二元 $Fe_{60}Cu_{40}$ 合金不同温度的偏双体分布函数，展现了不同原子间的分布关系。其中，g_{Fe-Fe} 表示忽略 Cu 原子只考虑 Fe 原子的双体分布函数，g_{Cu-Cu} 表示忽略 Fe 原子只考虑 Cu 原子的双体分布函数，g_{Fe-Cu} 表示 Fe 原子周围的 Cu 原子或者 Cu 原子周围的 Fe 原子的双体分布函数。可以看出当合金温度处于 2 200 K 时，3 条偏双体分布函数曲线 g_{Fe-Fe} 和 g_{Cu-Cu} 第 1 峰比较接近，略高于 g_{Fe-Cu} 的第 1 峰；随着温度的降低，发现 g_{Fe-Fe} 和 g_{Cu-Cu} 第 1 峰

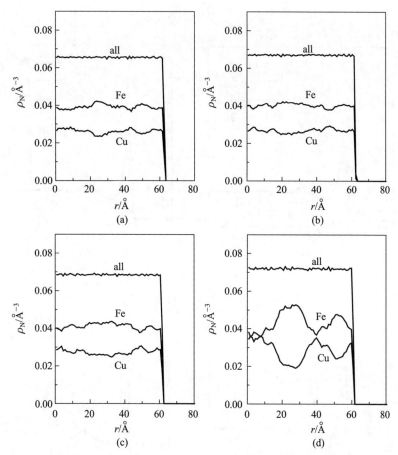

图 5.6 液态二元 $Fe_{60}Cu_{40}$ 合金不同温度沿 x 方向的原子个数密度[4]：（a）2 200 K，
（b）1 800 K，（c）1 600 K，（d）1 200 K

明显增大，而 g_{Fe-Cu} 的第 1 峰降低，进一步说明了随温度降低，两种原子发生了分离。

同时，对液态二元 $Fe_{60}Cu_{40}$ 合金的第一近邻配位数进行了计算，结果如表5.1 所示。表中，N_{Fe}、N_{Fe-Fe}、N_{Fe-Cu}、N_{Cu}、N_{Cu-Fe}、N_{Cu-Cu} 分别表示 Fe 的第一近邻原子配位、Fe 周围的 Fe 原子的第一近邻原子配位、Fe 周围的 Cu 原子的第一近邻原子配位、Cu 的第一近邻原子配位、Cu 周围的 Fe 原子的第一近邻原子配位、Cu 原子的第一近邻原子配位。

由表 5.1 可知，高温条件下，Fe 原子和 Cu 原子之间的配位与常规溶液的混合相似，例如，2 200 K 时，Cu 原子周围的 Fe 的配位数是 5.24，这与 Cu 原子周围的 Cu 的配位数 4.06 接近。低温条件下，N_{Fe-Cu} 和 N_{Cu-Fe} 明显降低，如

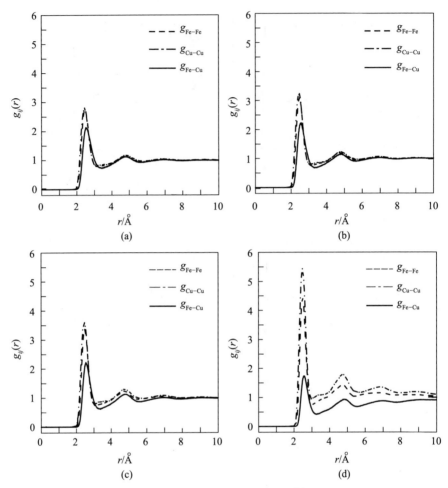

图 5.7　液态二元 $Fe_{60}Cu_{40}$ 合金不同温度的偏双体分布函数[4]：(a) 2 200 K；(b) 1 800 K，
(c) 1 600 K，(d) 1 200 K

1 200 K 时，N_{Fe-Cu} 和 N_{Cu-Fe} 的值分别是 2.20 和 3.30，这远小于 N_{Fe-Fe} 和 N_{Cu-Cu} 的
值 7.05 和 6.14。从配位数的结果来看，Cu 原子与 Cu 原子具有亲和的配位，
Fe 原子和 Fe 原子具有亲和的配位，这表明 Fe 原子和 Cu 原子的配位特征导致
了 Fe 原子和 Cu 原子分布上的涨落，进而出现宏观相分离。

表 5.1　液态二元 $Fe_{60}Cu_{40}$ 合金的第一近邻配位数

T/K	N_{Fe}	N_{Fe-Fe}	N_{Fe-Cu}	N_{Cu}	N_{Cu-Fe}	N_{Cu-Cu}
1 200	9.25	7.05	2.20	9.44	3.30	6.14
1 600	9.31	6.14	3.17	9.38	4.76	4.63
1 800	9.34	5.129	3.35	9.30	5.03	4.27
2 200	9.39	5.120	3.50	9.31	5.24	4.06

5.1.5　Al 基二元合金的液态结构

Al 基合金因其具有良好的高温力学性能、耐腐蚀性、导电性、导热性以及优异的加工塑性，因而被广泛应用于航空航天、汽车制造、石油化工以及电子科技等领域，此外 Al 基合金密度小，是工业领域结构轻量化中的必选材料。Al-Fe 和 Al-Si 合金是 Al 基合金中最为典型的两种材料。Al-Fe 合金兼具了 Al 和 Fe 的性质，在保持较低密度的同时又具有较高的硬度、良好的耐磨和耐热性能，尤其是 Al-Fe 金属间化合物。Al-Fe 合金可以部分取代 Ti 合金、结构钢等，在国防科技以及汽车制造领域具有广阔的前景。Al-Si 合金力学性能优异、摩擦性能好、热膨胀系数低、导电性能良好，因而被广泛用于精密结构件（如小型内燃机活塞等）以及电子封装领域。本节选取了文献中 Al-Fe 和 Al-Si 合金典型的液态结构研究结果，对 Al 基合金的液态结构进行分析。

5.1.5.1　Al-Fe 合金液态结构

Al-Fe 合金中研究者们最为关注的是以 Al_3Fe 为主的金属间化合物，边秀房[5]利用自主研制的高温 X 射线衍射仪系统地研究了 Al-Fe 合金系所有金属间化合物在 1 823 K 温度下的双体分布函数，其结果如图 5.8 所示。根据图 5.8 可知，液态 Fe 双体分布函数第 1 峰的高度比液态 Al 对应的高，这与 Fe 密度比 Al 密度大相对应；同时其第 1 峰对应的位置在液态 Al 第 1 峰对应位置的左侧，这表明液态 Fe 中原子排布比 Al 原子排布密集。此外，双体分布函数的结果还表明，随着 Fe 含量的增加，液态 Al-Fe 合金双体分布函数各峰均在向低位置处移动并且各峰高度在不断增加，这表明液态 Al-Fe 合金中原子堆积变密集，同时合金密度在不断提升。

5.1.5.2　Al-Si 合金液态结构

Al-Si 合金中 Si 含量在 11% ~ 13% 之间的共晶合金由于其流动性好、热膨胀系数低，已经成为小型内燃机活塞的首选材料。Srirangam 等[6]利用同步辐射研究了 Al-Si 共晶合金（Al-12.5 wt.% Si）在 867 ~ 1 065 K 温度范围内液态结

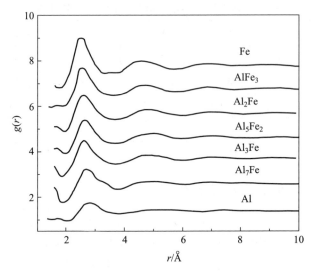

图 5.8　1 823 K 下 Al-Fe 合金的双体分布函数[5]

构随温度的演化关系，其结果如图 5.9(a)所示。根据图中结果可知，随着温度的降低，双体分布函数第 1 峰的高度逐渐变大，但是第 1 峰对应的位置几乎没有发生变化，这表明随着温度的降低，液态 Al-12.5 wt.% Si 合金中原子的堆积度不断增加，但是原子间距几乎不发生变化，这导致了液态合金密度随着温度的降低不断增加。图 5.9(a)中点画线是边秀房[7]利用高温 X 射线衍射仪测量的 Al-13 wt.% Si 合金在 948 K 温度下的双体分布函数，由图可知两者测量的结果符合较好。尽管利用同步辐射和高温 X 射线衍射都能获得 Al-Si 合金的液态结构，但是由于测量偏双体分布函数实验复杂，因此一般实验上只测量液态合金的总双体分布函数。为了详细研究液态 Al-Si 合金的原子分布必须采用理论计算手段对其偏双体分布函数进行仔细研究。美国 Ames 实验室的王才壮[8]利用从头算分子动力学模拟计算了液态 $Al_{88}Si_{12}$ 合金的液态结构，图 5.9(b)给出了 948 K 温度下总体和各偏结构因子分布的计算结果。为了验证该计算结果，图 5.9(a)中用虚线给出了 948 K 下的总双体分布函数。由图 5.9(a)中结果知，尽管总双体分布函数第 1 峰略大于 Srirangam[6]和边秀房[7]等给出的测量结果，但总体上符合得较好，这表明了计算结果的准确性。由图 5.9(b)中的结果可知，总双体分布函数的第 1 峰位置为 2.78 Å；Al-Al 偏双体分布函数几乎和总双体分布函数重合，其第 1 峰对应的位置为 2.81 Å，略大于总双体分布函数第 1 峰对应的位置，接近于液态纯 Al 第 1 峰的位置 2.80 Å，这表明 Si 原子的加入几乎不影响 Al-Al 原子的分布；Si-Si 偏双体分布函数呈现锯齿状，这是从头算分子动力学模拟中 Si 原子数较少导致的，其第 1 峰的位

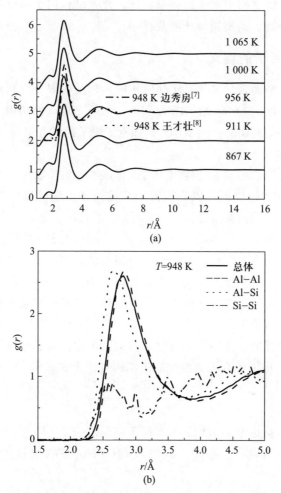

图 5.9 Al-Si 合金的液态结构：（a）Al-12.5 wt.% Si 合金在不同温度下的双体分布函数；（b）Al$_{88}$Si$_{12}$合金在 948 K 下的偏双体分布函数[6-8]

置为 2.50 Å，略大于液态纯 Si 第 1 峰的位置2.45 Å，这表明合金化后 Si-Si 原子间距略微变大；Al-Si 偏双体分布函数第 1 峰的位置为 2.69 Å，大于液态纯 Al 和 Si 原子的半径之和，这表明该温度下 Al-Si 原子间存在着相互排斥作用。

5.2 结构因子

与双体分布函数对应，结构因子是另外一种描述合金液态结构的重要手段，能够反映液态结构的短程和中程结构有序。而与双体分布函数不同的是，结构因子描述了倒空间中原子的排布信息，此外结构因子可以根据实验测量的衍射数据直接得到，而不用做任何变换。

5.2.1 结构因子的定义

对于二元合金而言，描述原子间结构的两种结构因子分别是：Faber-Ziman结构因子和 Bhatia-Thornton 结构因子[9,10]。Faber-Ziman 结构因子描述了原子间的短程有序，Bhatia-Thornton 结构因子描述了原子间的拓扑短程有序和化学短程有序。

与双体分布函数不同，结构因子可以直接通过实验获取。利用广角中子散射或高能 X 射线衍射数据可以直接得到结构因子，这里以中子散射为例介绍液态金属结构因子的测量方法。图 5.10 给出了利用双轴式衍射仪 D20 测量液态结构的原理示意图[11]：中子束由中子源引出，经过一系列装置后转变为准直性好的单色中子束，单色中子束经过样品衍射后被呈半圆形的位置探测器收集，得到衍射强度随角度的变化关系，如图 5.10 右上角所示[12]。为了使得液态金属获得较大的过冷度，一般采用无容器处理技术如电磁悬浮、静电悬浮等结合中子束测量结构因子，图 2.21 给出了静电悬浮装置结合中子散射测量结构因子的实验原理图。在中子散射测量结构因子中，液态金属的微分散射截面 $d\sigma/d\Omega$ 与液态结构因子有关，因此液态结构可用下式表示[13]：

$$S(q) = \frac{d\sigma/d\Omega - \langle b^2 \rangle}{\langle b \rangle^2} + 1 \tag{5.5}$$

式中，$d\sigma/d\Omega$ 为微分散射截面；b 为相干散射长度，$\langle b \rangle = x_i b_i + x_j b_j + \cdots + x_n b_n$，$\langle b^2 \rangle = x_i b_i^2 + x_j b_j^2 + \cdots + x_n b_n^2$，其中，$b_i$ 为 i 类原子的中子散射长度，x_i 为 i 类原子的摩尔分数。

实验中，仪器会产生额外的背景散射，液态金属还会吸收中子束，同时在散射过程中还会存在非弹性散射和非相干项，因此必须对直接测量的数据进行修正。经过扣除背景散射、吸收校正、扣除非弹性散射和非相干项后才能得到仅与液态结构有关的衍射数据。将微分散射截面化为散射强度 $I(q)$ 后，液态金属的结构因子表达式为[14]

$$S(q) = \frac{I^{coh}(q)}{4\pi \langle b^2 \rangle} \tag{5.6}$$

式中，$I^{coh}(q)$ 为修正后的弹性散射强度。

在分子动力学模拟过程中，根据原子坐标可以直接得到双体分布函数，然而结构因子并不能通过计算直接得到。因此，在模拟过程中往往利用傅里叶变换将双体分布函数转化为结构因子[15]：

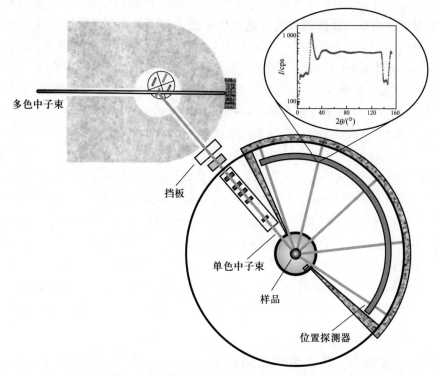

图 5.10 劳厄–朗之万研究所 D20 双轴式衍射仪实验原理图[11, 12]

$$S(q) = 1 + 4\pi\rho_N \int_0^\infty \left[g(r) - 1 \right] \frac{\sin(qr)}{qr} r^2 \mathrm{d}r \tag{5.7}$$

式中，ρ_N 为原子数密度；q 为波矢。

Faber-Ziman 结构因子描述了倒空间中原子间的分布情况[9]，即偏结构因子 $S_{ij}(q)$。对于二元合金，在中子散射中 Faber-Ziman 总体结构因子与偏结构因子之间存在如下关系[13]：

$$S(q) = \sum_{i,j=1}^{2} w_{ij} S_{ij}(q) \tag{5.8}$$

式中，$w_{ij} = (x_i x_j b_i b_j) / \langle b \rangle^2$，其中，$x_i$，$b_i$ 分别为 i 类原子的摩尔分数和中子散射长度。

在利用中子散射测量液态金属结构因子时并不能直接得到 $S_{ij}(q)$，根据式 (5.8)可知，为了求得 $S_{ij}(q)$，可以改变测试条件获得几次不同的 $S(q)$，对于二元合金需要测量得到 3 组不同的数据，之后联立方程组求解 $S_{ij}(q)$。在实际测试中，对于中子散射是利用同位素替换获得不同的 $S(q)$，对于同步辐射则

是改变入射波长 λ，从而得到不同的 $S(q)$。由式(5.8)可知，实验上测量偏结构因子时，测量次数会随着组元数呈阶乘式增长，对于多元合金来说较为烦琐，因此对于多元合金而言，一般利用理论计算研究其液态偏结构因子。

Bhatia-Thornton 结构因子用于描述二元合金的拓扑和化学短程有序[10]，主要包括三项：数-数结构因子(S_{NN})、数-浓度结构因子(S_{NC})以及浓度-浓度结构因子(S_{CC})。这 3 项均可以由 Faber-Ziman 偏结构因子得到[15]：

$$S_{NN}(q) = x_i^2 S_{ii}(q) + x_j^2 S_{jj}(q) + 2x_i x_j S_{ij}(q) \tag{5.9}$$

$$S_{NC}(q) = x_i x_j \{ x_i [S_{ii}(q) - S_{ij}(q)] - x_j [S_{jj}(q) - S_{ij}(q)] \} \tag{5.10}$$

$$S_{CC}(q) = x_i x_j \{ 1 + x_i x_j [S_{ii}(q) + S_{jj}(q) - 2S_{ij}(q)] \} \tag{5.11}$$

式中，x_i 为 i 组分的浓度；$S_{ij}(q)$ 为 Faber-Ziman 偏结构因子。

$S_{NN}(q)$ 忽略了不同原子对结构的影响，其结果仅由原子坐标决定，描述了体系的拓扑短程有序；$S_{NC}(q)$ 反映了不同原子半径对结构的影响；$S_{CC}(q)$ 反映了原子坐标上不同原子类型对结构的影响，描述了体系的化学短程有序。理想溶液中不同原子类型是不区分的，因此对于理想溶液其 $S_{NC}(q)$ 为 0；理想溶液为均匀分布，不存在浓度起伏，因此其 $S_{CC}(q)$ 为常数 $x_i x_j$；理想溶液的结构完全由 $S_{NN}(q)$ 反映。

5.2.2　液态 Ni-Zr 合金的结构因子

非晶合金以及储氢材料一直是材料领域研究的两大热点。非晶合金由于具有优异的力学、物理和化学性能，具有广阔的应用前景，如压变器、穿甲弹、太空探测器伸展机构的压盘伸杆等。氢能源作为新式清洁能源具有广阔的应用前景，然而氢能源制造成本高、难以运储是其使用过程中的两大难题。因此，氢能源的开发目前主要聚焦在如何低成本地产生氢气以及如何高效、安全地运输氢气，其中氢气的输运又是重中之重。固体储氢材料具有高的存储效率，同时可有效避免输运过程中的安全隐患。因此，氢能源开发的重点就是制备出高效能、低成本的储氢材料。Ni-Zr 合金体系包含了丰富的金属间化合物，这些金属间化合物具有较强的氢吸附能力和稳定性，并且在宽广的成分范围内具有较高的非晶形成能力，因此 Ni-Zr 合金体系在材料科学和凝聚态物理等领域引起了广泛的关注。下面以 Ni-Zr 合金金属间化合物和非晶点为例研究其液态结构随温度的演化。

Kelton 等[16]利用高能 X 射线研究了 Zr_2Ni 金属间化合物的液态结构随温度的演化。图 5.11 给出了液态 Zr_2Ni 合金在 1 673~1 173 K 温度范围内降温过程中的液态结构变化。根据图 5.11(a)可知，随着温度的降低，结构因子的第一、第二近邻的峰值逐渐升高；同时第 2 峰的形状表现出非对称特性，且随着温度降低其峰值不断增高，这通常与液态合金中的二十面体结构有序有关。图5.11(b)给出了通过对结构因子做傅里叶变换得到的双体分布函数。从图5.11(b)可以看出，随着温度的降低，双体分布函数各个峰变得锐化，同时峰值在不断地提高；此外，第1峰左侧存在前置峰，并且随着温度的降低，前置峰变得愈发明显。双体分布函数的第1峰与合金数密度有关，第1峰的峰值变大意味着合金数密度增大；而前置峰的存在表明了液态合金中存在着某种短程结构。

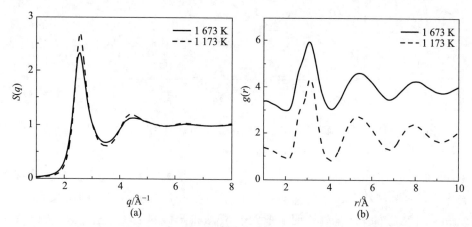

图 5.11　液态 Zr_2Ni 合金的液态结构随温度的演化：(a) 实验测定的结构因子；(b) 根据结构因子计算得到的双体分布函数[16]

Ni-Zr 合金是典型的二元非晶合金，研究表明，非晶合金中存在着大量的二十面体短程有序结构，而过冷液态中亦存在二十面体短程有序结构。为了研究非晶形成的微观机制，研究者们对 $Ni_{36}Zr_{64}$ 非晶点的液态结构进行了广泛的研究。Kordel 等[12]、Holland-Moritz 等[17] 分别利用准弹性中子散射和同步辐射研究了非晶合金 $Ni_{36}Zr_{64}$ 合金的液态结构，其结果如图 5.12 所示。尽管 Kordel 等[12] 测量的第 1 峰峰值略大于 Holland-Moritz 等[17] 的测量结果，但是第 2 峰及后续峰几乎完全重合，这对于利用不同测量技术得到的结果而言是完全可以接受的。

为了研究 $Ni_{36}Zr_{64}$ 合金的偏结构因子，Holland-Moritz 等[17] 利用中子散射测量了 1 375 K 下 $^{58}Ni_{36}Zr_{64}$、$^{60}Ni_{36}Zr_{64}$、$^{Nat}Ni_{36}Zr_{64}$ 合金的总结构因子，结果如图 5.12 所示。根据图 5.12 中的 3 个总结构因子可以求得 $Ni_{36}Zr_{64}$ 合金的 Faber-Ziman 偏结构因子，进而得到 Bhatia-Thornton 偏结构因子。图 5.13(a) 和 (b) 中实线分别给出了 1 375 K 下液态 $Ni_{36}Zr_{64}$ 合金的 Faber-Ziman 偏结构因子 S_{Ni-Ni}、S_{Ni-Zr}、S_{Zr-Zr} 和

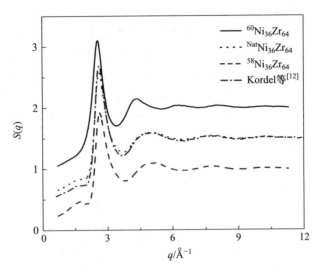

图 5.12　1 375 K 下液态 $^{58}Ni_{36}Zr_{64}$、$^{60}Ni_{36}Zr_{64}$、$^{Nat}Ni_{36}Zr_{64}$ 合金的总结构因子[12, 17]

Bhatia-Thornton 偏结构因子 S_{NN}、S_{NC}、S_{CC}。S_{CC} 结果表明液态 $Ni_{36}Zr_{64}$ 合金中存在着化学短程有序结构，这些化学短程有序结构和 Ni-Zr 键有密切的关系。图 5.13(a) 中 S_{Ni-Zr} 的第 1 峰峰值明显地大于 S_{Ni-Ni} 和 S_{Zr-Zr} 也表明了这一点。图 5.12 中液态 $^{Nat}Ni_{36}Zr_{64}$ 合金的结构因子在 $q = 1.75 \text{ Å}^{-1}$ 处存在一个前置峰，这表明液态 $Ni_{36}Zr_{64}$ 合金中存在着中程结构有序。而 S_{Ni-Ni} 在低波矢处存在一个明显的前置峰，这表明 Ni-Ni 键存在着明显的中程结构有序；同时该前置峰的位置和合金总结构

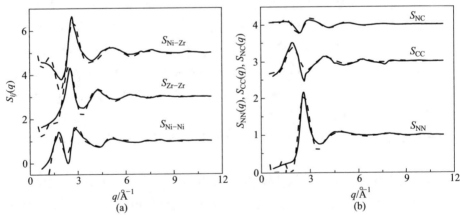

图 5.13　1 375 K 下液态 $Ni_{36}Zr_{64}$ 合金的结构信息：(a) Faber-Ziman 偏结构因子；
(b) Bhatia-Thornton 偏结构因子[17,18]

因子前置峰的位置相同，这表明液态合金中的中程结构有序是由 Ni-Ni 键引起的。

为了进一步研究 Ni-Zr 合金系的液态结构，Nowak 等[19]在 Holland-Moritz 等[17]实验的基础上利用静电悬浮结合中子散射技术研究了 $Ni_{50}Zr_{50}$、$Ni_{64}Zr_{36}$ 合金的液态结构，其结果如图 5.14 所示。根据图中结果可知，随着 Ni 含量的增加，S_{Ni-Zr} 的第 1 峰的高度在不断地增加，这表明液态合金中的化学短程有序结构含量在不断地提升；S_{Ni-Ni} 的前置峰的高度在不断地减小，而第 1 峰的高度在不断地增加，这表明液态合金中的 Ni-Ni 键由中程有序结构逐渐转变为短程有序结构；此外，S_{Zr-Zr} 的第 1 峰出现劈裂，且前置峰逐渐向 S_{Ni-Ni} 的前置峰的位置移动，这表明液态合金中的 Zr-Zr 键由短程有序结构逐渐转变为中程有序结构，且 Zr-Zr 键中程结构数量大于其短程结构。S_{Ni-Zr} 的第 1 峰前存在的峰谷会弥补 S_{Ni-Ni} 和 S_{Zr-Zr} 的前置峰，使得在总结构因子上第 1 峰前不存在前置峰或者前置峰较小，而 S_{Ni-Zr} 的第 1 峰前存在的峰谷随着 Ni 含量的增加不断地明显，这表明虽然液态合金中的中程有序结构由 Ni-Ni 转变为 Zr-Zr，但是中程有序结构的总含量在不断地提升，与实验中测量的总体结构因子前置峰变大的结论相同。

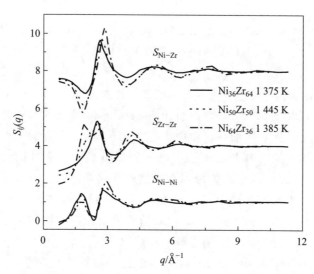

图 5.14　液态 $Ni_{36}Zr_{64}$、$Ni_{50}Zr_{50}$、$Ni_{64}Zr_{36}$ 合金的 Faber-Ziman 偏结构因子[19]

5.2.3　液态 Fe-Co 合金的结构因子

软磁材料具有较低的矫顽力、较高的电阻率以及高的饱和磁感应强度，由于其自身的优异性能使得软磁材料具有广阔的应用前景。随着航空、航天等高科技领域的快速发展，对软磁材料的应用提出了更为严苛的使用要求，这促进了新型软磁材料的开发，特别是高温软磁材料。高温软磁材料在较高的温度下仍能保持良好的软磁性能，其中最典型的一种便是 Fe-Co 合金。Fe-Co 合金具有较高的居里温度、较高的饱和磁通量密度以及高的电阻率，已在航空、航天、航海、军事和民用领域得到了广泛应用。下面以 Fe-Co 合金为例研究其液态结构的变化。

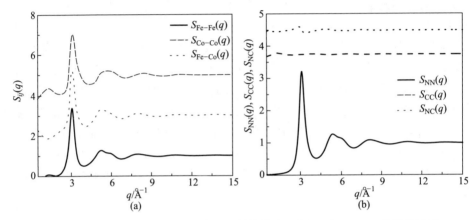

图 5.15　1 700 K 下液态 $Fe_{50}Co_{50}$ 合金的结构信息：（a）Faber-Ziman 偏结构因子；（b）Bhatia-Thornton 偏结构因子

　　图 5.15 给出了利用分子动力学模拟计算得到的 1 700 K 下 $Fe_{50}Co_{50}$ 合金的液态结构信息。从图 5.15(a)可以看出 Faber-Ziman 偏结构因子有着近乎一致的第 1 峰的高度，这表明液态合金中不存在元素偏聚，原子是均匀分布的。同时，各偏结构因子第 2 峰均在高波矢处出现了劈裂，第 2 峰的劈裂表明液态 $Fe_{50}Co_{50}$ 合金中存在着二十面体短程有序结构。此外，S_{Co-Co} 在第 1 峰前存在一个小的峰，这表明液态合金中 Co-Co 存在着中程结构有序，而 S_{Fe-Co} 在第 1 峰前存在一个小的峰谷，这弥补了 Co-Co 的峰值，使得总结构因子，即 Bhatia-Thornton 数-数偏结构因子 S_{NN} 第 1 峰前在总体上依然呈现平滑趋势。对于浓度-浓度偏结构因子 S_{CC}，由图5.15(b)可以看出，随着波矢的增大，基本保持不变，这表明 Fe 原子和 Co 原子几乎完全均匀融合，且不存在化学有序结构，即 $Fe_{50}Co_{50}$ 可以近似看作理想溶液，这与 Brillo[20] 利用电磁悬浮测量 Fe-Co 二元系合金密度得出该体系为理想溶液体系的结论是一致的。对于数-浓度偏结构因子 S_{NC}，由图 5.15(b)可以看出，随着波矢的增大，除小的波动外，基本保持为 0，这表明 $Fe_{50}Co_{50}$ 合金的液态结构几乎完全从 S_{NN} 中反映出来，合金几乎不偏离理想溶液。

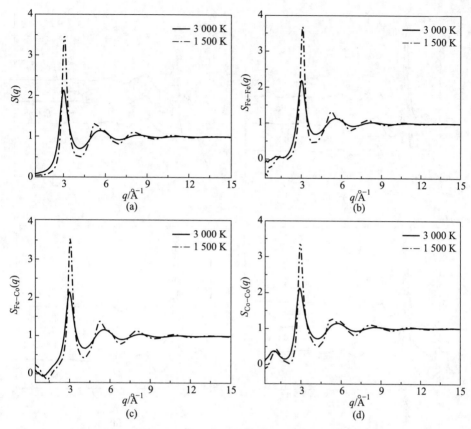

图 5.16 液态 $Fe_{50}Co_{50}$ 合金的 Faber-Ziman 偏结构因子随温度的变化关系: (a) $S(q)$;
(b) $S_{Fe-Fe}(q)$; (c) $S_{Fe-Co}(q)$; (d) $S_{Co-Co}(q)$

为了研究 $Fe_{50}Co_{50}$ 合金液态结构随温度的变化关系, 图 5.16 给出了 1 500
K 和 3 000 K 两个温度点的 Faber-Ziman 偏结构因子。由图 5.16(a) 可知, 随着
温度的降低总体结构因子的峰值不断提高, 这表明随着温度的降低, 液态 Fe_{50}
Co_{50} 合金的密度不断增大; 同时第 2 峰在温度降低至 1 500 K 时出现了明显的
劈裂, 在高波矢处出现了明显的劈裂峰, 这表明液态合金中出现了二十面体短
程有序结构, 并且其含量随着温度的降低而升高。对于偏结构因子 S_{Fe-Fe}、
S_{Fe-Co}、S_{Co-Co} 随温度的变化关系与总体结构因子类似。对于 S_{Co-Co} 偏结构因子,
其第 1 峰前存在的小峰几乎不随温度的降低而变化, 这表明 Co-Co 结构因子
存在着中程结构有序, 且含量并不因温度的变化而发生改变。

为了进一步研究 Fe-Co 二元合金液态结构随成分的演化关系, 图 5.17 给
出了液态 $Fe_{20}Co_{80}$、$Fe_{50}Co_{50}$ 以及 $Fe_{80}Co_{20}$ 合金在 1 700 K 温度下的 Faber-Ziman

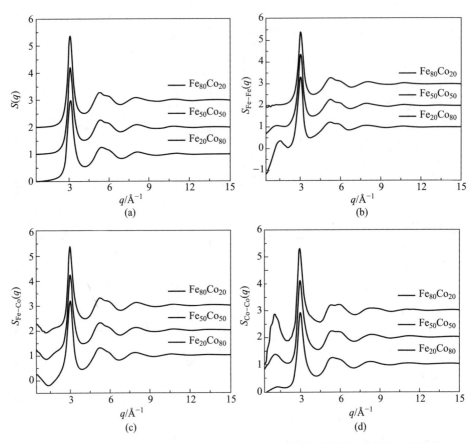

图 5.17　1 700 K 下液态 Fe-Co 合金的 Faber-Ziman 偏结构因子随成分的变化关系：
(a) $S(q)$；(b) $S_{\text{Fe-Fe}}(q)$；(c) $S_{\text{Fe-Co}}(q)$；(d) $S_{\text{Co-Co}}(q)$

偏结构因子。由图 5.17 可知，随着 Fe 含量的增加，第 1 峰的高度不断提高，并且总结构因子 $S(q)$ 和 $S_{\text{Co-Co}}(q)$ 第 1 峰对应的位置在不断地向低波矢处移动，这表明随着 Fe 含量的增加，Fe-Co 合金的数密度不断提高，并且平均原子间距和 Co-Co 原子间距不断增大；而第 2 峰高波矢处的"肩膀"随着 Fe 含量的提高逐渐变得明显，这表明随着 Fe 含量的增加，液态 Fe-Co 合金中的二十面体短程有序结构不断提高；$S_{\text{Fe-Fe}}(q)$ 的前置峰随着 Fe 含量的增加逐渐消失，而 $S_{\text{Co-Co}}(q)$ 的前置峰的变化规律刚好与 $S_{\text{Fe-Fe}}(q)$ 相反，此外 $S_{\text{Fe-Co}}(q)$ 第 1 峰前面的"波谷"不断变小，这表明随着 Fe 含量的增加，Fe-Fe 中程有序结构逐渐转变为 Co-Co 中程有序结构，且总体的中程有序结构含量逐渐减少。

5.3 配位数与 Warren-Cowley 参数

金属凝固过程中液-固界面处存在着元素的偏聚与扩散，因此研究液态合金中的元素偏聚即化学短程有序结构，对理解凝固过程具有重要的意义。虽然前述偏双体分布函数和偏结构因子都描述了原子间的分布状况，但是并不能反映原子排列的紧密程度以及第一壳层内原子的分布状况，为了解决这一问题引入了配位数的概念。Bhatia-Thornton 结构因子描述了液态合金中的拓扑短程有序和化学短程有序结构，但是仅仅是三维短程有序结构的一维平均。尤其是偏结构因子 S_{CC} 只是定性地反映了液态合金中的化学短程有序结构，并不能对液态合金中的化学短程有序结构进行定量表征。因此，为了对液态合金中的化学短程有序结构进行定量表征，引入了 Warren-Cowley 参数。

5.3.1 配位数的定义

在理想晶体中，为了反映原子排列的紧密程度，通过计算每个原子周围最近邻且等距的原子数目，引入了配位数 CN。然而在液态金属中，晶格结构被打破，为了反映液态金属中原子堆积的紧密程度，对晶体中的配位数的概念进行了扩展。径向分布函数 $[\,G(r)=4\pi r^2\rho_0 g(r)\,]$ 反映了距离中心原子为 r 的原子数，因此对径向分布函数第一峰进行积分来定义液态金属的配位数，如图 5.18 所示。因此，配位数 CN 可由式(5.12)计算[21]：

$$CN_{ij} = \int_0^{r_{\text{cut}}} 4\pi r^2 \rho_j g_{ij}(r)\,\mathrm{d}r \tag{5.12}$$

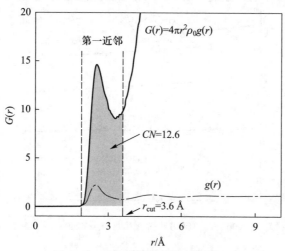

图 5.18 液态合金配位数计算原理

式中，r_{cut}为双体分布函数第 1 峰峰谷对应的位置，如图 5.18 所示；ρ_j 为 j 原子的平均数密度。

5.3.2　Warren-Cowley 参数的定义

为了定量地描述液态合金中的化学短程有序结构，Warren 和 Cowley 提出利用液态合金的偏配位数 CN_{ij} 来表征化学短程有序结构含量的 Warren-Cowley 参数，简称 W-C 参数（α_{ij}）[22]，其定义如下[23]：

$$\alpha_{ij} = 1 - \frac{CN_{ij}}{x_j(x_i CN_j + x_j CN_i)} \quad (5.13)$$

式中，$CN_i = CN_{ii} + CN_{ij}$；x_i 为 i 元素的含量。

当原子之间相互吸引时，Warren-Cowley 参数为负值；当原子之间相互排斥，则 Warren-Cowley 参数为正值。当 $\alpha_{ij}<0$ 时，表明液态合金中不同类型的原子趋向于成键，即存在化学短程有序结构；相反，若 $\alpha_{ij}>0$，则表明液态合金中相同类型的原子趋向于形成团簇，即液态合金中存在相分离现象；此外，若 $\alpha_{ij}=0$，则表明液态合金中不同类型的原子完全随机分布，即液态合金可以被当作理想溶液。

5.3.3　液态 Al-Si 合金的配位数和 Warren-Cowley 参数

王才壮[8]利用第一性原理分子动力学模拟研究了 $Al_{88}Si_{12}$ 合金在不同温度下的液态结构，根据前述图 5.9(b) 所示的偏双体分布函数可以求得液态 $Al_{88}Si_{12}$ 合金在不同温度下的偏配位数 CN_{ij}，其结果如图 5.19 所示。由图中结果可

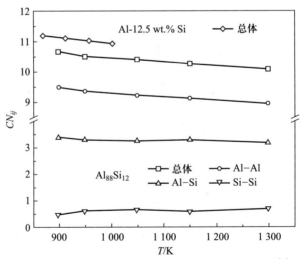

图 5.19　液态 $Al_{88}Si_{12}$ 合金配位数随温度的变化关系[8]

知，随着温度的降低总配位数从 10.1 增加到 10.7，尽管在低温阶段其数值略小于 Srirangam 等[6]测量得到的 Al-12.5 wt.% Si 合金的实验结果，但是考虑到成分的偏差，这个误差是可以接受的。Al-Al 和 Al-Si 的偏配位数与总体配位数变化规律类似，随着温度的降低其数值不断提高，相反 Si-Si 偏配位数随着温度的降低而减少。这表明随着温度的降低，合金的原子堆积度不断地提升，即密度会不断地增加；Al 原子会趋向于与同类型原子聚集在一起，且 Si 原子趋向于与 Al 原子成键。

5.3.4 液态 Ni-Zr 合金的配位数和 Warren-Cowley 参数

Nowak 等[19]结合 Holland-Moritz 等[17]的结果系统分析了液态 Ni-Zr 合金结构随成分的变化关系，通过对实验测量得到的 Faber-Ziman 偏结构因子作傅里叶变换可以求得偏双体分布函数，进而根据式(5.12)得到了其偏配位数随成分的变化关系，其结果如图 5.20 所示。由图中结果可知总体配位数随着 Zr 含量的增加呈现先减小后增大的趋势，在 Zr 含量为 50% 时总体配位数达到最低值 13.0。CN_{Ni-Zr} 和 CN_{Zr-Zr} 随着 Zr 含量的增加均在近似线性增加且前者数值小于后者，这表明随着 Zr 含量的增加，Ni 原子周围的 Zr 原子不断增加且 Zr 原子趋向于与同类原子成键。相反，CN_{Ni-Ni} 和 CN_{Zr-Ni} 随着 Zr 含量的增加不断减小，同时 CN_{Ni-Ni} 的值明显小于 CN_{Zr-Ni} 的值，这表明 Ni-Zr 合金中 Ni 原子更偏向于与 Zr 原子成键。

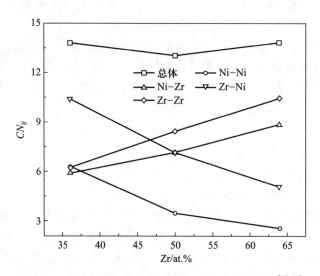

图 5.20 液态 Ni-Zr 合金配位数随成分的变化关系[17,19]

在此基础上，根据式(5.13)计算得到了 Ni-Zr 合金 W-C 参数随成分的变化关系，其结果如图 5.21 所示。由图中结果可知，α_{ij}的值随着 Zr 含量的增加先减小后迅速增大，这表明 Ni-Zr 合金熔体的化学短程有序度随着 Zr 含量的增加先增大后减小。Ni-Zr 合金的化学短程有序与 Ni-Zr 键的形成有关，根据图 5.14 可知，随着 Zr 含量的增加，S_{Ni-Zr} 与 S_{Ni-Ni} 和 S_{Zr-Zr} 第 1 峰的高度逐渐接近，这也反映了合金熔体中化学短程有序结构含量的减少。

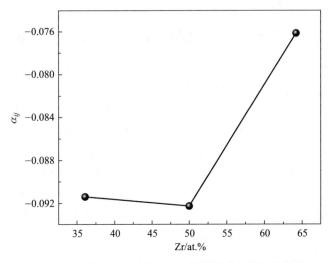

图 5.21　液态 Ni-Zr 合金 W-C 参数随成分的变化关系

　　虽然研究者利用各种实验方法研究了 Ni-Zr 合金的液态结构，但是由于偏结构因子测量技术烦琐，同时测量结果仅是一维的时间平均，并不能反映原子在三维空间的分布状态，为了更直观地研究 Ni-Zr 合金的液态结构以及后续进行更为直观的三维团簇分析，王才壮[18]利用第一性原理分子动力学精确地模拟了 $Ni_{36}Zr_{64}$ 合金在 1 210~1 650 K 温度范围内的液态结构，其 1 375 K 的结果如图 5.13 中虚线所示。对比图 5.13 中结果可知模拟结果与实验结果几乎完全符合，在低波矢处的波动是由于模拟体系较小导致的，这表明模拟结果能准确地反映出 $Ni_{36}Zr_{64}$ 合金的液态结构。根据模拟结果，研究者给出了该液态合金配位数随温度的变化结果，如图 5.22 所示。随着温度的降低合金的总体配位数由 13.06 增加至 13.24，这表明液态合金的原子堆积度在不断地提升，亦即密度在不断地增加。此外，CN_{Ni-Zr}、CN_{Zr-Ni} 以及 CN_{Zr-Zr} 的值均不断增加，相反 CN_{Ni-Ni} 不断减小，这表明随着温度的降低，Ni-Ni 键逐渐转化为 Ni-Zr 键，即合金熔体的化学有序度在不断提高。

　　根据上述结果进一步计算了 $Ni_{36}Zr_{64}$ 合金的化学短程有序度，结果如图

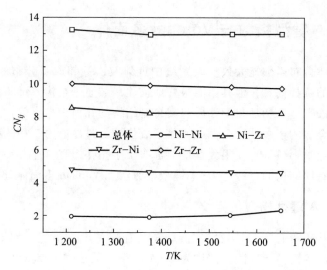

图 5.22　液态 $Ni_{36}Zr_{64}$ 合金配位数随温度的变化关系[18]

5.23 所示。随着温度的降低，α_{ij} 的值从 -0.078 6 减小至 -1.08，这表明随着温度的降低，液态 $Ni_{36}Zr_{64}$ 合金的化学短程有序度在不断地增加，这是降温过程中 Ni-Ni 键转变为 Ni-Zr 键导致的。

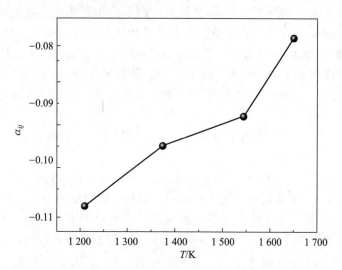

图 5.23　液态 $Ni_{36}Zr_{64}$ 合金 W-C 参数随温度的变化关系

5.4 H-A 键型指数与 Voronoi 多面体

尽管双体分布函数能大致反映系统中近邻及次近邻原子分布的平均状况，并给出一维的统计信息，但其不能很好地描述局域原子结构三维图像及其细微变化。通常液态金属物理化学性质与其自身结构的几何信息有关，这就是短程有序。液态金属的很多性质，例如非晶形成能力、过冷能力、相的稳定性和不同相之间的竞争形核等，在很大程度上都取决于拓扑短程有序。一般而言，描述液态三维有序结构的方法有 H-A 键型指数法和 Voronoi 多面体分析方法。

5.4.1 H-A 键型指数的定义

对于拓扑短程有序，一般用成键原子的连接情况来描述，如 Honeycutt 和 Andersen 提出的键型指数法，被称为 H-A 键型指数法[24]。键对分析技术能够从三维尺度上分析出模拟体系中最近邻原子排列的几何特征，也能够对不同温度下液态的几何结构演变特点、液态到非晶态转变过程中的几何结构变化特点进行有效描述。

与同液态中配位数的定义类似，在 H-A 键型指数分析技术中，以双体分布函数 $g(r)$ 曲线第一峰谷的距离作为截断半径 r_{cut}，如图 5.18 所示。如果两个原子间的距离大于截断半径 r_{cut}，则认为这两个原子未成键，否则成键。需要指出的是，这里讲的键并非化学键，只是一种纯几何上的描述。H-A 键对采用 4 个指数 i、j、k、l 来描述一对原子与其近邻原子的成键状况，具体如下：

（1）考虑体系中的任意两个原子 a、b，若原子 a、b 成键，记 $i=1$。反之，记 $i=2$。对于 $i=2$ 的原子对，由于两个原子距离过大，其相互作用很小，不参与后续键对分析；

（2）a、b 原子可能并非只有对方一个成键原子，将同时与 a、b 原子成键的原子归为 c，记 c 类原子个数为 j；

（3）c 类原子之间也可能相互成键，记 c 类原子之间成键的个数为 k；

（4）当 i、j、k 相同时，仍然有不同的结构，则以最后一个指数 l 来区分。如图 5.24，ijk 同为 142 的情况下存在两种可能的原子团簇结构，为了清晰起见，左侧只画出了 1421 和 1422 中的 c 类原子。可以看出，在这两种结构中的 4 个 c 类原子都构成了 2 个键对，因此用参数 l 等于 1 或 2 来体现其中的区别。

采用 H-A 键型指数描述系统局域原子结构时，在液态或者非晶态中，存在着大量的 1551、1431 和 1541 键对；fcc 晶体主要以 1421 为特征键对；bcc 晶体主要以 1661 和 1441 为特征键对；hcp 晶体中存在着大量的 1421 和 1422 键对。从图 5.24 中可以看出，1661、1551 和 1441 键对分别为 6 次、5 次和 4

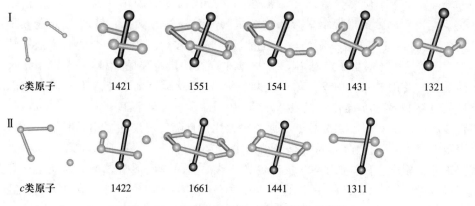

图 5.24　几种典型的 H-A 键型指数示意图

次旋转对称的正双锥体；1541 和 1431 键对分别为 5 次和 4 次的畸变双锥体；1421 键对比 1431 键对畸变的程度更加严重。

5.4.2　Voronoi 多面体的定义

H-A 键型指数分析技术揭示了团簇内部的对称性，但是还不能具体地给出团簇的几何图像及其特征，为此需要引入多面体分析。无序结构中的 Voronoi 多面体的定义与晶体中的 Wigner-Seitz 元胞类似。它定义为中心原子与近邻原子连线的垂直平分面所围成的最小封闭凸多面体。1970 年 Finney[25] 引入指数 $<n_3, n_4, n_5, n_i, \cdots, n_n>$ 来描述 Voronoi 多面体，这里 n_i 表示具有 i 个边的面的数目。由定义可知，$\sum n_i$ 即代表配位数。

晶体中 bcc 结构的 Voronoi 多面体指数为 $<0,6,0,8>$，配位数是 14，为最近邻和次近邻的配位数之和；fcc 结构的 Voronoi 多面体指数可表示为 $<0,12,0,0>$，配位数为 12，由 12 个四边形围成；二十面体结构的 Voronoi 多面体指数为 $<0,0,12,0>$，由 12 个五边形组成，配位数也是 12。Voronoi 多面体所确定的配位原子均在双体分布函数的第一壳层内，因此，Voronoi 多面体指数描述的局域结构是双体分布函数第一壳层内原子团簇的形状。Voronoi 多面体指数也与键型指数存在紧密的联系，Voronoi 多面体通常是由多个特定的键对组成的。Voronoi 多面体中面的边数通常与键型指数中与中心键对同时成键的原子的数目 j 相等。例如，完整的二十面体是由 12 个 1551 键对构成的，共包含 13 个原子，其中一个是中心原子。

5.4.3　液态 Ni-Zr 合金的 H-A 键型指数和 Voronoi 多面体

实验上只能得到液态结构在一维上的时间平均，并不能精确地反映原子的三维结构，为了研究合金的三维液态结构必须借助于理论计算。在基于前述 $Ni_{36}Zr_{64}$ 的非晶合金模拟结果与实验结果吻合较好的基础上，借助于 H-A 键型指数和 Voronoi 多面体分析方法，王才壮[19]进一步研究了该合金的三维液态结构。图 5.25(a)给出了液态 $Ni_{36}Zr_{64}$ 合金中存在的最主要的几种 H-A 键型指数随温度的变化关系。由 5.25(a)可知，液态 $Ni_{36}Zr_{64}$ 合金中与二十面体有关的 154、143 以及 155 键含量高达 55% 以上，且含量随着温度的降低不断增加；合金熔体中 166 和 144 键对也占据了很大比例且随着温度的减小不断增加，这表明液态 $Ni_{36}Zr_{64}$ 合金的局域有序结构中包含大量的 6 次和 4 次旋转对称的正双锥体；相反，142 键对的含量较少且随着温度的降低不断减小，这表明液态 $Ni_{36}Zr_{64}$ 合金中与 fcc/hcp 有关的结构几乎不存在。此外，不同类型原子间的键对指数分析表明，液态 $Ni_{36}Zr_{64}$ 合金中的 166 键对主要由 Zr-Zr 键组成，而 144 键对主要由 Ni-Ni 键组成。

王才壮[19]利用 Voronoi 多面体分析技术进一步研究了液态 $Ni_{36}Zr_{64}$ 合金的三维结构。图 5.25(b)、(c)给出了 4 个温度下液态合金中主要的 15 种多面体含量，由图可知 Ni 原子和 Zr 原子周围的多面体类型是完全不同的。以 Ni 原子为中心的配位数均小于 13，相反以 Zr 原子为中心的配位数均大于 13，这是由于 Zr 原子的半径大于 Ni 原子半径。尽管 Voronoi 多面体种类较多，但是仅有极少数多面体含量随着温度的降低而明显增多，以 Zr 原子为中心的多面体有<0,2,8,4,0>、<0,2,8,5,0>、<0,3,6,6,0>和<0,1,10,4,0>，这些多面体并不是二十面体或类二十面体团簇，其原子数为 14、15 或 16，这些团簇和 144、166 以及 155 键对有关；以 Ni 原子为中心的多面体有<0,2,8,1,0>和<0,3,6,3,0>，这些多面体是高度扭曲的类二十面体。液态合金中完全的十二面体<0,0,12,0,0>在整个计算温度范围内的含量小于 0.35%，以至于在图 5.25 中并没有被显示，这说明液态 $Ni_{36}Zr_{64}$ 合金的短程有序结构不同于绝大多数纯金属中发现的二十面体短程有序结构。

包晶合金是一种常见的合金类型，很多重要的工程材料均包含包晶转变。包晶合金在平衡或近平衡条件下的凝固分为初生相的凝固和包晶相的生长两个阶段：首先初生相先从液相中析出，随后发生包晶相的生长。包晶相的生长又分为 3 个阶段，即包晶反应、包晶转变和包晶相的直接析出。包晶反应是通过初生相与其前沿液相中的原子局域短程扩散进行的，因此包晶反应能很快进行。当初生相被包晶相包裹后，初生相、包晶相和液相相互接触的三相点消失，则包晶反应停止。随后，初生相向包晶相的转变是通过包晶转变来实现的。包晶转变是一个长程固态扩散的过程，它需要初生相和液相中的原子依靠浓度差穿过包晶层来完成，因此包晶转变进行缓慢。另一方面，靠近液相的包晶层可能会直接向液相中生长，即部分液相直接凝固成包晶相。在平衡条件

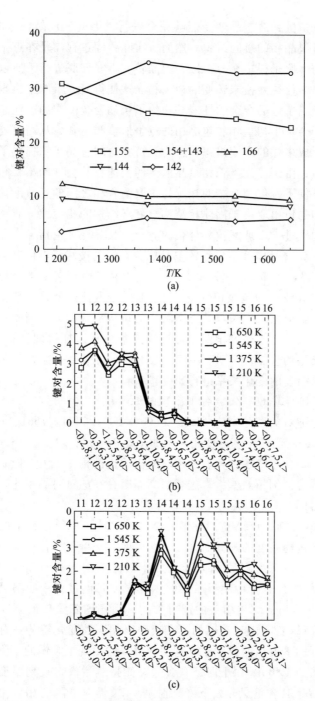

图 5.25 液态 $Ni_{36}Zr_{64}$ 合金中短程有序结构随温度的变化关系：（a）H-A 键型指数；
（b）、（c）以 Ni（b）、Zr（c）为中心的多面体团簇[19]

下，原子充分扩散，故包晶转变能够完全进行，因此，包晶合金凝固结束后，能获得只含有包晶相的凝固组织。然而，实际凝固过程均是在近平衡或非平衡条件下进行的，原子很难充分扩散，包晶转变不能彻底进行，所以在凝固结束后，凝固组织中往往残留未转变的初生相。这使得凝固组织中出现明显的微观偏析，严重影响了包晶合金的性能并制约了包晶合金的应用。液态包晶合金在深过冷条件下会发生初生相和包晶相的竞争形核与生长，从而可能出现多种凝固路径以及形成多样的凝固组织，这为获得完全的包晶组织提供了可能。在快速凝固过程中，由于优先生长相结晶潜热的快速释放会抑制第二相的形核，因此，深过冷条件下，包晶合金的相选择主要受各相之间的竞争形核控制。液态合金中固体相的析出取决于固体相结构与液态结构的相似性，研究液态包晶合金的拓扑结构对进一步理解包晶合金的竞争生长具有理论指导意义。Ni-16.75 at.% Zr 是 Ni-Zr 合金体系中典型的包晶成分，它的液相线温度和包晶平台温度差很小，只有 34 K。因此，液态 Ni_5Zr 合金极易过冷到包晶平台温度以下，从而诱发初生相 Ni_7Zr_2 和包晶相 Ni_5Zr 竞争形核与生长。金属材料在凝固过程中各相之间的竞争形核与生长与其母态液体的结构密切相关。因此，研究包晶合金的液态结构对从原子尺度阐明包晶凝固过程中相选择机理具有重要的作用。本节将选取典型的包晶合金 Ni-16.75 at.% Zr，利用第一性原理分子动力学对其液态结构随温度的变化关系进行研究[26,27]。

液态 Ni-16.75 at.% Zr 合金中出现的原子键对类型超过了 15 种，其中含量最高的 6 种键对类型分别为 1551、1431、1541、1441、1661、142x(1421 和 1422 的总和)，它们随温度的变化关系如图 5.26 所示。当温度比较高时(2 000 K)，液态 Ni_5Zr 合金中各种类型的键对所占的比例相差不大，但是随着温度的下降，它们所占比例相差变大，这表明高温时存在的键对类型比较多，并且没有明显的倾向性。

由图 5.26 可知，1551 键对在液态 Ni-16.75 at.% Zr 合金中的含量相对较高，并且其含量随温度的降低而升高，这表明 5 次旋转对称在降温过程中具有很好的稳定性。注意到 1551 键对是与二十面体结构相关的键对类型，说明液态 Ni-16.75 at.% Zr 合金中短程二十面体有序在降温过程中明显被加强。1661 和 1441 键对是与 bcc 结构相关的键对类型，它们均随温度的下降而缓慢地上升。1431 和 142x 键对随着温度的改变表现出相同的变化趋势：首先在温度从 2 000 K 下降到 1 800 K 的过程中，它们的数目均出现了缓慢的下降；有趣的是温度一旦下降到 1 800 K 以下时，其含量突然持续增大，直到温度降到过冷态 1 600 K；随后，其含量又开始下降，但是 142x 键对下降的相对比较缓慢。由于 142x 键对与 hcp 和 fcc 结构密切相关，它随温度的变化情况说明高温不利于 hcp 和 fcc 结构的存在。1541 键对的变化情况与 1431 和 142x 键对相似：当温

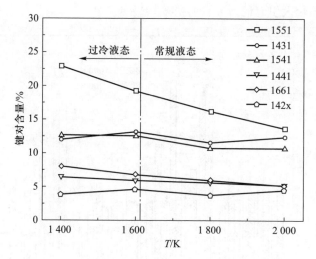

图 5.26　液态 Ni-16.75 at.% Zr 合金中 H-A 键型指数随温度的演变[26]

度下降到 1 800 K 的过程中，其含量几乎不变；然而，在 1 600~1 800 K 的温度
区间内，其含量发生了明显的变化，从 10.46% 增大到 12.55%；当温度下降到
1 600 K 以下的过冷态时，其含量几乎没有改变并且趋近于稳定。1431、142x
和 1541 键对在 1 600~1 800 K 温度区间反常的变化可能表明温度从过热态
1 800 K 下降到过冷态1 600 K 的过程中，液态 Ni₅Zr 合金的局域结构发生了改
变。1541 和 1431 键对是与缺陷二十面体结构相关的键对类型，它们的含量大
约是 142x 键对含量的 3 倍。另外，尽管 1551 键对的比例随着温度的下降明显
地增大，然而，其含量仍远小于 1541 和 1431 键对含量的总和，说明液态
Ni₅Zr 合金无论是处于过热态还是过冷态，缺陷二十面体结构始终占主导地位，
即表现为缺陷二十面体短程序的特征。综上所述，液态 Ni-16.75 at.% Zr 合金
中的拓扑短程序随着温度从过热态 2 000 K 下降到过冷态 1 400 K 时整体呈现上
升的趋势，这与双体分布函数得到的结果相一致。此外，大部分原子处在周围
是完整或缺陷的二十面体键对的环境中。

　　采用 Voronoi 多面体分析方法对液态 Ni-16.75 at.% Zr 合金中的原子团簇
进行了深入的研究，发现存在上百种不同类型的原子团簇。图 5.27 给出了其
中含量较高的前 20 种类型的多面体类型随温度的变化趋势。图 5.27（a）和
（b）分别是以 Ni 原子和 Zr 原子为中心团簇的 Voronoi 多面体指数。显然，以 Ni
原子为中心的多面体含量远大于以 Zr 原子为中心多面体的含量，这是由于合
金中 Ni 原子的含量比较高。从图中可以看出，以 Ni 原子为中心的 Voronoi 多
面体类型不同于以 Zr 原子为中心的 Voronoi 多面体类型，这是由 Ni 原子和 Zr

原子半径差异较大引起的。

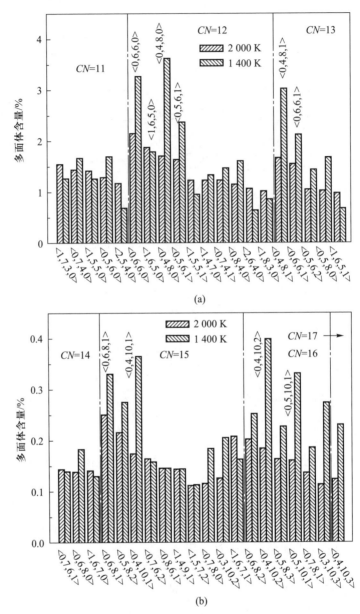

图 5.27 液态 Ni-16.75 at.% Zr 合金中含量较高的多面体团簇类型随温度的变
化关系[26]:(a)以 Ni 为中心的团簇;(b)以 Zr 为中心的团簇

液态 Ni-16.75 at.% Zr 合金中含量最高的 5 种 Voronoi 多面体分别为<0,4,

8,0>、<0,4,8,1>、<0,6,6,0>、<0,5,6,1>和<0,6,6,1>。随着温度的降低，它们的含量均在不断地增大。除了这 5 种类型的 Voronoi 多面体，一些其他的 Voronoi 多面体，如<0,5,8,0>、<0,3,10,3>等，其比例变化也对温度表现出明显的依赖性，这说明在降温过程中，液态 Ni-16.75 at.% Zr 合金中部分类型的拓扑短程序增强。图 5.27 也给出了液态 Ni-16.75 at.% Zr 合金中配位数的分布。显然，以 Ni 原子为中心团簇的配位数一般不大于 13，主要以 12 和 13 为主；而以 Zr 原子为中心团簇的配位数一般不小于 14，主要以 15 和 16 为主，这与双体分布函数得出的结果相一致。

由于液态金属的过冷现象和过冷能力与二十面体短程序密切相关，因此，有必要对液态 Ni-16.75 at.% Zr 合金中的完整二十面体和缺陷二十面体团簇进行深入研究。完整二十面体的 Voronoi 多面体指数为<0,0,12,0>，它是由 12 个五边形构成的。<0,2,8,2>、<0,1,10,2>和<0,3,6,3>为缺陷二十面体。完整二十面体和缺陷二十面体总的比例小于 2.5%，不是图 5.27 所示的液态 Ni-16.75 at.% Zr 合金中广泛存在的 Voronoi 多面体类型。这说明了液态 Ni-16.75 at.% Zr 合金的局域结构并不是以二十面体或缺陷二十面体短程序为主要特征。然而，键对分析指数表明 1551、1541 和 1431 键对广泛存在于液态 Ni-16.75 at.% Zr 合金中，并且它们总的含量超过了 47.5%，液态结构以完整二十面体和缺陷二十面体为主要特征。有趣的是对于二十面体短程序，Voronoi 多面体分析方法和键对指数方法得出了矛盾的结果。这是因为键对分析技术描述的是成键原子对周围的局域环境，特别是描述多面体团簇的对称性。例如，1551 键对的存在并不能说明完整二十面体的存在，而是描述了包含二十面体短程序的局域原子环境。完整二十面体是很难形成的，因为它由 12 个 1551 键对组成。而缺陷二十面体通常由多个 1541 和 1431 键对构成，它们的形成相对比较容易。因此，通过以上分析可以得出结论：尽管液态 Ni-16.75 at.% Zr 合金中完整二十面体和缺陷二十面体团簇的数目较少，但是原子键对趋向于聚集在这些团簇中；此外，该液态合金中存在大量含有五边形或变形五边形的多面体团簇。

为了进一步研究液态 Ni-16.75 at.% Zr 合金中的二十面体短程序，统计了体系降温过程中完整二十面体和缺陷二十面体的含量变化，完整二十面体和缺陷二十面体的形状如图 5.28 所示。图 5.29 分别给出了它们的含量随温度的变化曲线，从图中可以看出，当温度为 2 000 K 时，<0,0,12,0>、<0,2,8,2>和<0,1,10,2>多面体含量几乎一致。但是，当温度从 2 000 K 降低到 1 400 K 时<0,0,12,0>的含量明显增大，而<0,2,8,2>和<0,1,10,2>的数目增加相对比较缓慢，特别是<0,2,8,2>。<0,3,6,3>多面体的含量随温度的降低几乎没有发生变化，说明这 4 种类型多面体团簇的稳定性存在差异。这 4 种类型的多面体所包含的 5 次对称的比例不同，由此可以推测，对于配位数相同或相近的多面体，所含 5 次对称的比例越大，其稳定性越好。二十面体<0,0,12,0>5 次对称比例最高，所以它的稳定性最好。在最高温度 2 000 K 时，<0,0,12,0>的含量仅有 0.25%，在过冷态 1 400 K 时，其含量增大了 5 倍，达到了 1.27%，这表明随着温度从过热态 2 000 K 降低到过冷态 1 400 K，液态 Ni-16.75 at.% Zr 合金中二十面体短程序在不断地增强。

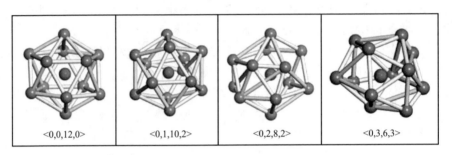

<0,0,12,0>　　　<0,1,10,2>　　　<0,2,8,2>　　　<0,3,6,3>

图 5.28　二十面体和缺陷二十面体团簇示意图[26]

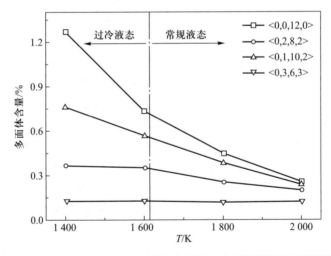

图 5.29　液态 Ni-16.75 at.% Zr 合金中完整和缺陷二十面体团簇含量随温度的演变[26]

5.5　液态结构与相选择的关系

液态合金中存在的拓扑短程序，其有序范围约为 2.5~5 Å，它在合金熔体凝固过程中的多相之间的竞争形核起着重要的作用。通常液态合金和结晶相之间结构的相似性说明了它们具有较小的液-固界面自由能,即小的形核功,意味着该结晶相能够在与其他相竞争中优先形核。因此,准确表征液态合金的结构并建立其与结晶相结构之间的联系,对于从原子尺度探索液-固相变机理和凝固过程中的相选择规律具有重要的作用。

5.5.1 Ni-Zr 包晶合金液态结构

在过冷液态合金凝固过程中会发生多相之间的竞争形核与生长,即多相之间的相选择。Ni-16.75 at.% Zr 合金是一个典型的包晶成分,它的初生相是 Ni_7Zr_2 金属间化合物,包晶相是 Ni_5Zr 金属间化合物。在平衡或近平衡条件下,当温度降到液相线温度以下时,初生相 Ni_7Zr_2 优先从合金熔体中形核和生长。然而,在非平衡条件下,如果温度下降到远低于包晶平台温度的过冷态时,包晶相有可能直接从过冷熔体中形核和生长,而初生相的形核和生长则被抑制。从热力学角度来讲,初生相 Ni_7Zr_2 和包晶相 Ni_5Zr 的竞争形核与生长取决于吉布斯自由能差 ΔG 和液-固界面自由能。吉布斯自由能差是形核的驱动力,而液-固界面自由能是形核的阻力。然而,它们的大小均与过冷度有关,过冷度越大,相变驱动力越大。即随着过冷度的增大,初生相 Ni_7Zr_2 和包晶相 Ni_5Zr 之间的竞争形核与生长会更加激烈。此外,从液态和固态结构特征的角度来讲,凝固是从无序结构相中形成有序结构相的过程。更重要的是从液相中优先形核的晶体相并不一定是热力学最稳定的相,而是与液相自由能最接近的晶体相。因此,为了从原子尺度阐明深过冷液态 Ni-16.75 at.% Zr 包晶合金中初生相 Ni_7Zr_2 和包晶相 Ni_5Zr 之间的相选择机理,对液相和相互竞争的结晶相的局域结构进行了深入的对比研究。采用 Voronoi 多面体分析方法对理想的 Ni_7Zr_2 和 Ni_5Zr 相的局域结构进行表征,含量前 20 的 Voronoi 多面体指数如图 5.30 所示。显然,Ni_7Zr_2 相的 Voronoi 多面体指数不同于 Ni_5Zr 相的多面体指数。在理想的 Ni_7Zr_2 晶体中,含量最多的 8 种 Voronoi 多面体指数分别为 <0,0,12,0>、<0,6,6,0>、<0,3,12,1>、<0,4,8,0>、<0,2,12,2>、<0,4,8,1>、<0,5,6,1> 和 <0,5,6,0>。这些种类多面体的总和已经达到了 77.6%,而其他类型的多面体的含量很小。同时,注意到这些多面体都是为 Ni 原子为中心。代表完整二十面体的 <0,0,12,0> 是 Ni_7Zr_2 晶体中比例最高的多面体,其含量达到了 32.4%。

然而,Ni_5Zr 晶体中含量大于 1.0% 的 Voronoi 多面体为 <0,0,12,0>、<0,0,12,4>、<0,2,10,0>、<0,1,12,3>、<0,3,10,2> 和 <0,5,6,0>,这些多面体的含量总和已经超过了 88.6%,剩余其他类型的 Voronoi 多面体含量远小于 Ni_7Zr_2 晶体中剩余多面体的含量,结果如图 5.30(b) 所示。另外,Ni_5Zr 晶体中的二十面体含量也较高,约为 52.2%,是 Ni_7Zr_2 晶体中二十面体含量的

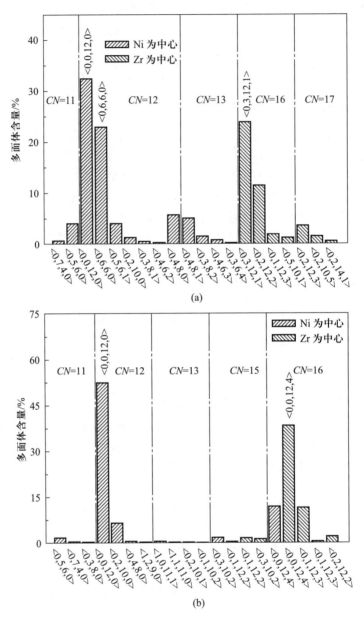

图 5.30　Ni_7Zr_2 晶体和 Ni_5Zr 晶体中含量较高的多面体团簇类型[26]：（a）Ni_7Zr_2；（b）Ni_5Zr

1.61 倍。由于液态、晶态或非晶态中存在的二十面体团簇对其自身的稳定性有着至关重要的作用，所以通过对 Ni_7Zr_2 和 Ni_5Zr 晶体中二十面体含量的对比，可以得出 Ni_7Zr_2 相的稳定性弱于 Ni_5Zr 相的稳定性。实际上，Ni_7Zr_2 相可以通过包晶反应和包晶转变生成 Ni_5Zr，表明包晶相 Ni_5Zr 确实有较高的稳定性。在液态 Ni–16.75 at.% Zr 合金中，<0,0,12,0>多面体并不是含量最高的多面体，但是其比例随着温度降低显著增大。此外，如前所述，液态 Ni–16.75 at.% Zr 合金中含量最高的 Voronoi 多面体团簇为<0,4,8,0>、<0,4,8,1>、<0,6,6,0>和<0,5,6,1>，这些类型的 Voronoi 多面体也是 Ni_7Zr_2 晶体中含量较高的 Voronoi 多面体，但是与 Ni_5Zr 晶体中出现的 Voronoi 多面体不同。液态 Ni–16.75 at.% Zr 合金和 Ni_7Zr_2 晶体中具有相似种类的 Voronoi 多面体，表明相对于 Ni_5Zr 相，Ni_7Zr_2 相与液相的界面自由能低，即形核功较小。而液态 Ni–16.75 at.% Zr 合金和晶体 Ni_5Zr 拓扑结构的较大差异会阻碍 Ni_5Zr 相的形核和生长。这是因为液体中的多面体团簇必须经过较大的规模的结构重新排列才能形成有序的 Ni_5Zr 相；而 Ni_7Zr_2 相的多面体团簇类型和液相相似，所以凝固的过程中优先析出 Ni_7Zr_2 相。通过上面的分析可以得出结论：从液相线温度到 1 400 K 的温度范围内，初生相 Ni_7Zr_2 会优先从过冷液态 Ni–16.75 at.% Zr 包晶合金中形核和生长。同时可以推测如果继续提高该液态合金的过冷度，包晶相 Ni_5Zr 可能会直接从过冷熔体中形核和生长。此外，如果液态 Ni–16.75 at.% Zr 合金能够获得较大的冷却速率，初生相 Ni_7Zr_2 和包晶相 Ni_5Zr 的形核和生长都会被完全抑制，从而形成非晶。

5.5.2 液态 Ni–Zr 包晶合金相选择

为了对上面的分析和推论进行验证，对静电悬浮条件下获得的合金样品的凝固组织进行了分析。图 5.31(a)和(b)给出了不同过冷度下样品的凝固组织照片，初生相 Ni_7Zr_2 和包晶相 Ni_5Zr 均已在图中标出，黑色区域为共晶组织。从图中可以看出，当过冷度为 90 K 时，凝固组织由初生相 Ni_7Zr_2、包晶相 Ni_5Zr 和枝晶间的共晶组成。初生相呈现出粗大的板条状形貌，并且被包晶相包裹着，如图 5.31(a)所示。枝晶间共晶组织由 Ni 和 Ni_5Zr 两相组成。随着过冷度的增大，凝固组织的形貌发生了显著的变化。当过冷度达到最大过冷度 162 K 时，Ni–16.75 at.% Zr 包晶合金的凝固组织中主要由包晶相 Ni_5Zr 组成，只含有极少的初生相 Ni_7Zr_2 和共晶。为了验证凝固组织中相含量的变化，对不同过冷度下的凝固样品进行了 X 射线分析，结果如图 5.31(c)所示。从图中可以看出，当过冷度为 90 K 时，凝固组织中有 Ni_7Zr_2 和 Ni_5Zr。然而，当过冷度达到 162 K 时，X 衍射结果表明样品中只含有 Ni_5Zr 相，这与凝固组织的结果不一致。这可能是因为样品中初生相 Ni_7Zr_2 的含量确实比较少，另外 Ni_5Zr 相的生长方向比较单一，所以 X 衍射结果中只有一个衍射峰，不含有 Ni_7Zr_2 相。

根据凝固组织和 X 射线衍射结果，可以推论过冷液态 Ni–16.75 at.% Zr 包晶合金凝固过程中存在两种凝固路径。第一种是当过冷度小于临界过冷度时，

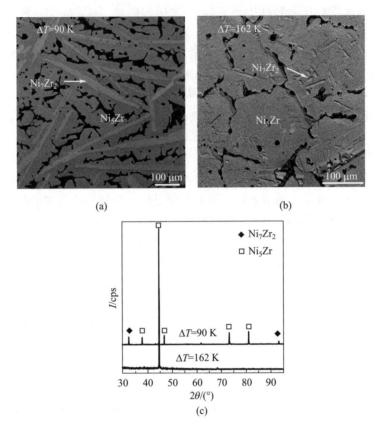

图 5.31　过冷液态 Ni-16.75 at.% Zr 合金的凝固特征[26]：（a）、（b）凝固组织；
（c）XRD 图谱

初生相 Ni_7Zr_2 优先从过冷熔体中形核和生长，随后当温度下降到包晶平台温度
以下时，包晶相 Ni_5Zr 开始在初生相 Ni_7Zr_2 的表面形核并发生包晶反应：
$Ni_7Zr_2+L \rightarrow Ni_5Zr$。一旦初生相 Ni_7Zr_2 被包晶相 Ni_5Zr 包围以后，初生相向包晶
相的转变就要通过包晶转变来进行。由于包晶转变属于长程固态扩散，该过程
进行得缓慢，通常很难彻底完成，由此导致了初生相 Ni_7Zr_2 残留在最终的凝固
组织中。初生相 Ni_7Zr_2 的残留使得剩余液相中 Ni 含量增大，剩余液相会偏离
原始成分进入共晶区域。所以，当温度下降到共晶平台温度以下时，残余的液
相凝固成共晶：$L \rightarrow (Ni)+Ni_5Zr$，凝固组织如图 5.31（a）所示。另一种凝固路
径是当液态 Ni-16.75 at.% Zr 包晶合金的过冷度超过临界过冷度后，包晶相
Ni_5Zr 直接从过冷熔体中形核和生长。Ni_5Zr 快速凝固释放的结晶潜热使得枝晶
间少量剩余的熔体温度升高，残余的液相在近平衡条件下凝固为 Ni_7Zr_2 相和由

$Ni_5Zr+(Ni)$ 组成的共晶组织，如图 5.31(b)所示。

上面的分析讨论表明通过计算模拟预测的初生相 Ni_7Zr_2 和包晶相 Ni_5Zr 之间的相选择结果与实验获得的结果相一致。更重要的是，本节从原子尺度和局域结构的角度阐明了过冷包晶合金快速凝固过程中的相选择机理。这些结果揭示了液态合金的局域结构与互相竞争的结晶相结构之间的内在联系。但是，计算模拟确定的包晶相直接析出的临界过冷度大于 200 K，而实验中确定的临界过冷度在 90~162 K 的范围内。造成计算模拟和实验确定的临界过冷度存在偏差的原因是计算模拟的体系是一个纯净的系统，没有异质晶核，因此它的形核因子 $f(\theta)=1$。而实验过程中，即使避免了熔体和坩埚壁的接触，也不能完全消除异质晶核，即 $f(\theta)<1$。所以，计算模拟预测的临界过冷度要大于实验确定的临界过冷度。

5.6　本章小结

本章主要以双体分布函数、结构因子、配位数、Warren-Cowley 参数、H-A 键型指数以及 Voronoi 多面体等作为表征液态金属结构的手段，并结合典型的研究结果介绍了金属液态结构的研究现状和代表性研究进展，同时，简要介绍了液态结构与凝固过程中对相选择起到的联系。

对于双体分布函数和结构因子，从实验和理论上介绍了它们的获取方法，并以典型的研究结果，如 Fe-Cu/Co、Al-Fe/Si 以及 Ni-Zr 等液态合金为例，介绍了两种函数在研究液态结构中的应用。尽管双体分布函数和结构因子都描述了原子间的分布状况，但是在表征原子排列的紧密程度和第一近邻原子的分布状况时都存在局限性，为了解决这一问题，引入了配位数的概念。液态金属的配位数可以对双体分布函数的第 1 峰进行积分得到，进一步根据获取的配位数可以得到描述液态金属化学短程有序结构的 Warren-Cowley 参数。本章以 Al-Si、Ni-Zr 合金为例，介绍了二元液态合金在降温过程中原子堆积程度和化学短程有序的变化。尽管双体分布函数和结构因子反映了液态金属原子的分布，但液态结构在空间和时间上的平均并不能反映局域原子结构的三维图像，而键型指数和 Voronoi 多面体的提出有效解决了这一问题。H-A 键型指数描述了液态金属中最近邻原子排布的几何特征；Voronoi 多面体则描述了液态金属中最近邻原子与中心原子形成的多面体，类似于晶体中的 Wigner-Seitz 原胞。进一步地，以 Ni-Zr 合金为例，介绍了液态金属三维结构随温度的变化关系，并结合实验结果，介绍了液态结构在液固相变过程中对相选择起到的作用。

参考文献

［1］　Li H, Wang G H, Zhao J J, et al. Cluster structure and dynamics of liquid aluminum under cooling conditions[J]. Journal of Chemical Physics, 2002, 116(24): 10809-10815.

［2］　边秀房, 王伟民, 李辉, 等. 金属熔体结构[M]. 上海: 上海交通大学出版社, 2003.

［3］　Wang H, Yang S, Wei B. Density and structure of undercooled liquid titanium[J]. Chinese Science Bulletin, 2012, 57(7): 719-723.

［4］　Wang H P, Wei B. Positive excess volume of liquid Fe-Cu alloys resulting from liquid structure change[J]. Physics Letters A, 2010, 374(47): 4787-4792.

［5］　Qin J Y, Bian X F, Wang W M, et al. Micro-inhomogeneous structure of liquid Al-Fe alloys[J]. Science in China Series E-Technological Sciences, 1998, 41(2): 182-187.

［6］　Srirangam P, Kramer M J, Shankar S. Effect of strontium on liquid structure of Al-Si hypoeutectic alloys using high-energy X-ray diffraction[J]. Acta Materialia, 2011, 59(2): 503-513.

［7］　Bian X F, Wang W M. Thermal-rate treatment and structure transformation of Al-13 wt.% Si alloy melt[J]. Materials Letters, 2000, 44(1): 54-58.

［8］　Wang S Y, Wang C Z, Chuang F C, et al. Ab initio molecular dynamics simulation of liquid $Al_{88}Si_{12}$ alloys[J]. Journal of Chemical Physics, 2005, 122(3): 034508.

［9］　Faber T E, Ziman J M. A theory of electrical properties of liquid metals Ⅲ. Resistivity of binary alloys[J]. Philosophical Magazine, 1965, 11(109): 153-173.

［10］　Bhatia A B, Thornton D E. Structural aspects of the electrical resistivity of binary alloys [J]. Physical Review B, 1970, 2(8): 3004-3012.

［11］　劳厄-朗之万研究所. 双轴式衍射仪 D20[EB/OL]. [2021-03-17]. https://www. ill. eu/users/instruments/instruments-list/d20/description/instrument-layout/

［12］　Kordel T, Holland-Moritz D, Yang F, et al. Neutron scattering experiments on liquid droplets using electrostatic levitation[J]. Physical Review B, 2011, 83(10): 104205.

［13］　Hennet L, Holland Moritz D, Weber R, et al. High-Temperature Levitated Materials [M]//Fernandez-Alonso F, Price D L. Experimental Methods in the Physical Sciences, Neutron Scattering: Applications in Biology, Chemistry, and Materials Science: Volume 49. Amsterdam: Academic Press, 2017: 583-636.

［14］　Holland-Moritz D, Schenk T, Convert P, et al. Electromagnetic levitation apparatus for diffraction investigations on the short-range order of undercooled metallic melts [J]. Measurement Science and Technology, 2005, 16(2): 372-380.

［15］　Johnson M L, Blodgett M E, Lokshin K A, et al. Measurements of structural and chemical order in $Zr_{80}Pt_{20}$ and $Zr_{77}Rh_{23}$ liquids[J]. Physical Review B, 2016, 93(5): 054203.

［16］　Hao S G, Kramer M J, Wang C Z, et al. Experimental and ab initio structural studies of liquid Zr_2Ni[J]. Physical Review B, 2009, 79(10): 104206.

[17] Holland-Moritz D, Stuber S, Hartmann H, et al. Structure and dynamics of liquid $Ni_{36}Zr_{64}$ studied by neutron scattering[J]. Physical Review B, 2009, 79(6): 064204.

[18] Huang L, Wang C Z, Ho K M. Structure and dynamics of liquid $Ni_{36}Zr_{64}$ by ab initio molecular dynamics[J]. Physical Review B, 2011, 83(18): 184103.

[19] Nowak B, Holland-Moritz D, Yang F, et al. Partial structure factors reveal atomic dynamics in metallic alloy melts[J]. Physical Review Materials, 2017, 1(2): 025603.

[20] Brillo J, Egry I, Matsushita T. Density and excess volumes of liquid copper, cobalt, iron and their binary and ternary alloys[J]. Internation Journal of Materials Research, 2006, 97(11): 1526-1532.

[21] Weber H, Schumacher M, Jovari P, et al. Experimental and ab initio molecular dynamics study of the structure and physical properties of liquid GeTe[J]. Physical Review B, 2017, 96(5): 054204.

[22] Cowley J M. An approximate theory of order in alloys[J]. Physical Review, 1950, 77(5): 669-675.

[23] Jakse N, Pasturel A. Dynamic properties and local order in liquid Al–Ni alloys[J]. Applied Physics Letters, 2014, 105(13): 131905.

[24] Honeycutt J D, Andersen H C. Molecular-dynamics study of melting and freezing of small Lennard-Jones clusters[J]. Journal of Physical Chemistry, 1987, 91(19): 4950-4963.

[25] Finney J L. Modeling structures of amorphous metals and alloys[J]. Nature, 1977, 266 (5600): 309-314.

[26] Lu P, Wang H P, Zou P F, et al. Local atomic structure correlating to phase selection in undercooled liquid Ni–Zr peritectic alloy[J]. Journal of Applied Physics, 2018, 124 (2): 025103.

[27] 吕鹏. 深过冷液态 Ni-Zr 合金的局域结构和快速凝固研究[D]. 西安: 西北工业大学, 2018.

第 6 章
液态金属的性质

    面向金属材料学科领域的国际学术前沿和国家对深空、深蓝、深地的高端金属结构材料和功能材料的重大需求，对金属材料提出了更高的要求，而液态金属的性质也已成为金属材料研究领域的关键基础问题和新金属材料研发不可或缺的重要参数。目前，航空航天领域的各类高性能合金铸件凝固面临着"复相生长难控、多组元偏析、晶粒难以细化、缺陷形成、均质化困难"等系列问题，亟待通过精准化主动控制予以解决，而凝固制备技术则依赖于液态金属的物理和化学性质。例如，晶粒能否细化的本源在于形核率，而对形核率的研究则离不开比热容和吉布斯自由能差这两个关键物理量；又如多组元偏析，其本源是溶质分配系数和扩散系数；再如表面和内部缺陷的形成源于表面张力和黏度。上述使得液态金属的性质在凝固制备技术研究中的作用更为凸显。新兴的柔性机器人、柔性电子电路等被认为是液态金属与机械电子产业的新交叉研究方向，如受到追捧的柔性电子屏幕，要求其轻薄和可弯曲，这对传统材料提出了巨大的挑战，而液态金属的流动变形特性和良好的导电性则有望解决这一问题。同时，液态金属具有极佳的延展性，能扩展为自身表面积的几十倍乃至上百倍，可用于制备二维金属材料。此外，液态金属具有比热容大以及流动性良好等特点，在散热领域具有重大的应用价值。

液态金属的性质是研究和解决上述问题的前提和基础，已成为金属材料前沿领域亟待研究的重要问题，反映液态金属性质的典型物理量包括密度、过剩体积、热膨胀系数、比热容、表面张力、黏度、扩散系数等，这些参数对于认识和研究液态金属主要特征与内在结构必不可少。然而，"高温、高活性"是多数液态金属的特征，致使其性质难以获取，尤其是高温液态金属的性质，从而严重制约了人们对液态金属的认识和应用。本章将详细介绍液态金属的密度、过剩体积、比热容、表面张力、黏度、扩散系数等性质的基本特征、主要测定方法、典型研究结果及其变化规律。

6.1　密度

密度是人们耳熟能详的基本物理量，听起来很简单，却有着重要的作用。例如，地球上广泛存在的自然对流就是由密度差引起的；不同金属的合金化过程、初生相的上浮或下沉是溶质再分布后的密度变化引起的。再如，在冶金提炼过程中，根据斯托克斯公式能够得到熔渣在液态金属中上浮或下沉的速度，但需要用到液态金属与熔渣的密度，而在冶金过程中液态金属的密度其实是变化的，如果能够精确测定液态金属的密度，就能够使冶金过程控制更加精细，有助于更高效地得到品质更好的金属。另外，密度是材料原子质量和原子组态微观结构的宏观体现，据现有实验表明，一些液态非金属与金属的密度随温度呈现特殊的变化规律，而这反映出物质在原子组态上发生了变化，因此，通过液态金属密度的研究可以一定程度上帮助人们加深对于材料液态结构的认识和理解。

6.1.1　密度的定义

密度 ρ 的定义为特定体积内质量的度量，密度是物质的内在性质，反映了物体内部排列的疏密程度，数学表达式为

$$\rho = \frac{m}{V} \tag{6.1}$$

式中，m 是待测样品的质量；V 是待测样品的体积。

在中学物理课本中介绍了常见液体和固体在常温常压条件下的密度，如铁、铜、水及酒精等，也介绍了测定固体和液体密度的方法，书本上给出的这些物质的密度一般是常数，这给大家留下了物质的密度是一个常数的初步印象。可是，密度值一定是个常数吗？它与什么因素有关呢？对于同一种金属而言，在相同温度下液态（过冷态物质）与固态的密度一样吗？

这里以金属锆为例对上述问题做进一步的说明，锆的原子序数是 40，原

子量是 91.224，熔点是 2 128 K，它是一种稀有金属，呈银灰色光泽，具有惊人的抗腐蚀性能、超高的硬度和强度，被广泛用在航空航天、军工、核工业和原子能等领域。含锆的高强钢、不锈钢和耐热钢等是装甲车、坦克、大炮和防弹板等先进武器制造的重要材料。锆的热中子俘获截面小，有突出的核应用性能，是发展原子能工业不可缺少的材料，也是我国的大型核电站普遍使用的材料，一百万千瓦的核电发电量，要使用 20~25 t 金属锆。

图 6.1 给出了金属锆固态及液态密度随温度的变化关系，由图可知，密度随温度的变化而线性变化，温度越高，密度越小。通常情况下，对于高熔点金属，工业生产中在温度相差不大时，可以将密度变化忽略不计，当温度变化超过 100 K 时，温度对密度的影响不能忽略。对于固态锆，在 1 597~2 087 K 测定温度范围内，密度的值为 6.30~6.42 g·cm^{-3}，在接近 500 K 的测温范围内，密度值变化了 0.12 g·cm^{-3}；对于液态锆，在 1 757~2 340 K 测定温度范围内，密度的值为 6.12~6.30 g·cm^{-3}，在接近 600 K 的测温范围内，密度值变化了 0.18 g·cm^{-3}。此外，对于液态锆的密度，在熔点以下依然有很大的一段温度区间的数据，这就是过冷液态锆的密度。同时，可以明显地看到，同温度下固态锆的密度比液态锆的密度大，例如在 1 900 K 时，固态锆的密度为 6.36 g·cm^{-3}，而液态锆的密度为 6.25 g·cm^{-3}。这表明：固态金属原子按照晶格排列得更为致密，而液态金属原子排列得较为松散。

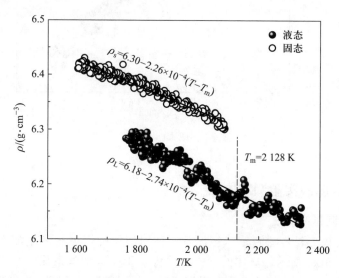

图 6.1 金属锆固态与液态密度随温度的变化关系

由液态金属锆的密度随温度的线性变化能否说明所有液态金属的密度与温

度都呈现线性关系？答案是否定的。以硅为例，其固态时有明显的非金属特性，而液态硅则表现为金属特性，图 6.2 给出了液态硅的密度，可以看到，液态硅的密度与温度呈非线性的关系[1]，随着温度的降低，密度逐渐增大，并且增大的幅度越来越小。关于为什么液态硅的密度与温度不是线性变化，科研工作者们近年来做了大量的研究，但至今该问题依然处于争辩中。主流的观点认为这是由于液态硅中存在液-液相变，从而导致了密度的非线性变化。

通常，液态金属的密度与温度可以用如下数学表达式表示：

$$\rho = \rho_0 + \frac{\mathrm{d}\rho}{\mathrm{d}T}(T - T_\mathrm{m}) + \frac{\mathrm{d}^2\rho}{\mathrm{d}T^2}(T - T_\mathrm{m})^2 \qquad (6.2)$$

式中，ρ_0 为熔点处的密度值；$\mathrm{d}\rho/\mathrm{d}T$ 为密度的一次温度系数；$\mathrm{d}^2\rho/\mathrm{d}T^2$ 为密度的二次温度系数；T_m 为熔点。

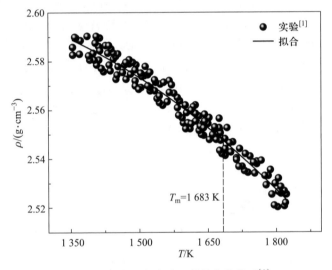

图 6.2　液态硅密度随温度的变化关系[1]

6.1.2　密度的实验测定方法

6.1.2.1　阿基米德法

该方法基于著名的阿基米德原理，利用液体的浮力来测量液态金属的密度，如图 6.3(a) 所示，具体的操作方法为：用一根细丝系住一个已知质量与体积的浮子，细丝的一端悬挂于测力计上，分别记下浮子浸入被测液态金属前与后的力，为 F_0 与 F_1，两者之差 ΔF_1 包含了浮子浸入待测液态金属中产生的浮力与液态金属附着在细丝上造成的附着力 $F_{附}$，因此液态金属的密度可按式 (6.3)~式(6.6)计算：

$$\Delta F_1 = F_1 - F_0 \tag{6.3}$$

$$F_{附} = 2\pi r \sigma \cos \theta \tag{6.4}$$

$$\Delta F_1 = \rho g (V_1 + V_0) + F_{附} \tag{6.5}$$

$$\rho = \frac{F_1 - F_0 - F_{附}}{g(V_1 + V_0)} \tag{6.6}$$

式中，r 为细丝半径；σ 为液态金属的表面张力；θ 为细丝与被测液态金属的接触角；g 为重力加速度；V_1 和 V_0 分别是浮子体积和细丝浸入液态金属部分的体积。将式(6.3)~式(6.5)联立即可得到液态合金的密度，V_1 和 V_0 都可以在浸入液态金属前测得。该方法主要的误差来源于对液态金属附着力的估算，为了降低其对于结果的影响，应选用尽量细的吊丝。科研工作者们评估了附加力的大小，约为浮力大小的 0.5% [2]。那么能不能消除表面张力与细丝的体积带来的影响呢？答案是可以的，如图 6.3(b)所示，在浸入第一个浮子后，再浸入比第一个浮子更大质量的浮子，两次浸入被测液态金属中的细丝部分体积应相同，分别记下浮子浸入被测液态金属前与浸入后的力，为 F_2 与 F_3，两者之差 ΔF_2 可以用式(6.7)表示：

$$\Delta F_2 = F_3 - F_2 \tag{6.7}$$

$$\Delta F_2 = \rho g (V_2 + V_0) + F_{附} \tag{6.8}$$

结合式(6.5)式(6.8)，即可得到被测液态金属的密度为

$$\rho = \frac{\Delta F_2 - \Delta F_1}{g(V_2 - V_1)} \tag{6.9}$$

式中，V_2 指的是新浸入浮子的体积。该种方法被称作"双浮子法"。

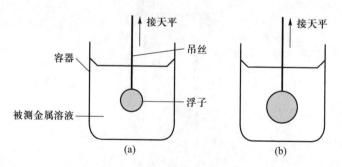

图 6.3 阿基米德法示意图

该方法特别需要重视浮子与细丝材料的选取，需要选取浮子与细丝不易与被测液态金属反应的材料，否则将对密度结果影响较大。同时，由于需要浮子浸入被测液体金属中，故要求所需液态金属的量较大，但由于实验方法简单，并且可以在很宽的温度区间进行连续测量。对于低熔点金属，阿基米德法是一

种重要且简便的方法。

6.1.2.2　膨胀计法

膨胀计法测密度如图 6.4 所示，可以看到，膨胀计跟温度计的形状很相似，其实它们的用法也很相似，温度计读取的是被测物体的温度，膨胀计则读取的是被测液态金属的体积。该方法的原理为：将已精确测定质量的样品于真空中封装进一个细长的毛细管内，实验时，样品的体积随温度的变化可以通过毛细管中液面的高度读出，运用式(6.1)即可得到待测液态金属的密度。该装置可以使用恒温器或恒温炉进行加热，具体选择视实验样品而定。温度计与膨胀计放在铝块中固定，且膨胀计与温度计的液泡球靠得很近，铝块传热性能很好，故可以把温度计的读数认作实验样品的温度。在该方法中，需要特别注意两点：① 由于该方法属于接触式测量，膨胀计的材料需要遵循不易与被测液态金属反应的原则，同时，该方法是通过读取样品的体积来获得密度的，故要求膨胀计材料具备热膨胀系数较小的特点，这有助于提高实验结果的精度；② 在实验前，需要用已知热膨胀系数的材料(如汞等)在不同的温度下测量其体积，从而计算出膨胀计材料的膨胀系数。另外，由于毛细作用，膨胀计在读数时会出现弯月面，但由于整个毛细管的体积仅相当于液泡球体积的5%左右，故对结果影响很小，可以忽略。该方法实验操作过程较烦琐，需要将一定质量的被测液态金属封装进膨胀计中，之后要进行除气；但结果准确度较高，且可以在一定的温度范围内连续测量样品的密度，故也被较为广泛地采用。

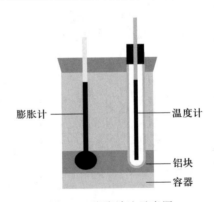

膨胀计　　　　　　　　温度计

铝块

容器

图 6.4　膨胀计法示意图

6.1.2.3　最大泡压法

该方法与阿基米德法有一定的相似之处，都是运用液体的自身性质来测定液态金属的密度，不同之处在于阿基米德法运用的是液体的浮力，而最大泡压法运用的是液体压强。图 6.5(a)所示的是最大泡压法的示意图，将一定量的被测液态金属放入一个容器中，向其中插入一根毛细管，当气体通入毛细管后，在毛细管的末端将产生一个个的气泡，压力计在毛细管的中间部分，它的示数将随着气泡的大小发生变化。在一定深度下，气泡的最大尺寸与液态金属的表面张力和毛细管的半径有关。在气泡脱离毛细管时，压力达到最大（也称最大泡压），应等于在该深度下平衡液体压力和维持液泡表面所需的压力之和，即

$$P_{m} = \rho g h + \frac{2\sigma}{r} \tag{6.10}$$

式中，P_m 表示最大泡压；h 为毛细管浸入的深度；σ 为表面张力；r 为毛细管半径。

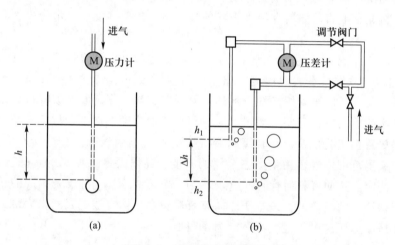

图 6.5　最大泡压法示意图

由式（6.10）可得，欲求得被测液态合金的密度需要知道它的表面张力，那么能不能绕过表面张力呢？如果在两个深度 h_1 和 h_2 下分别测定出最大泡压 P_{m1} 和 P_{m2}，两式相减就可以消除表面张力的影响。此时密度可以用式（6.11）表示：

$$\rho = \frac{P_{m1} - P_{m2}}{(h_1 - h_2)g} \tag{6.11}$$

由式可知，毛细管两次浸入深度差 Δh 的精确性对于结果的准确程度非常重要，用同一根毛细管进行实验容易导致深度测定不准确，所以一般采用两根毛细管插入不同深度，通过两根毛细管之间的压力计即可获得两处最大泡压差，如图 6.5（b）所示。此外，准确测定最大泡压差对于结果精度同样至关重要，由于只有在气泡尺寸最大也就是气泡即将脱离时，泡压会达到最大值，而

在这个过程中压力变动比较大，故需要多次测量保证结果的准确性；如果要测量一段温度区间内液态金属的密度，毛细管的热膨胀系数也需要测定。该方法允许在较宽的温度范围内连续测定液态金属的密度，但实验所需液态金属的量较大且精度不如膨胀计法。

6.1.2.4　γ 射线衰减法

该方法是基于 γ 射线与样品中电子的相互作用而使部分 γ 射线被吸收的原理。图 6.6 给出了 γ 射线衰减法的原理。γ 射线由放射源产生，放射源与中间部分的加热炉置于铅容器中，防止放射性污染，样品被密封于坩埚中，再放入加热炉中，故可以避免加热过程中样品的氧化，实验过程中的温度可由内嵌的热电偶测得，样品的另一端为 γ 射线探测系统。当强度为 I_0 的 γ 射线产生后，经过平行光管准直后照射在厚度为 d 的样品上，透射强度可表示为

$$I = I_0 e^{-\mu\rho d} \tag{6.12}$$

式中，I_0 为 γ 射线入射前强度；μ 为质量吸收系数。该方法需要注意 3 点：① 质量吸收系数要在实验前测定出来，质量吸收系数只与材料有关，与材料的状态无关，所以可以用已知密度的被测固态金属来测定质量吸收系数；② I_0 需要在实验前测得，需要考虑坩埚对 γ 射线入射强度的影响，故实验前可以将空坩埚放置在实验位置，此时探测器所接受到的 γ 射线强度即为 I_0；③ 若要在一定温度范围内连续测量液态金属的密度，还需要考虑坩埚的热膨胀系数，在实验测定或查明资料后代入式(6.12)以修正参数 d。γ 射线衰减法的精确度取决于探测器的灵敏度，该方法还能有效避免由于液态金属表面张力带来的影响，如最大泡压法中的气泡不一定为正圆形。

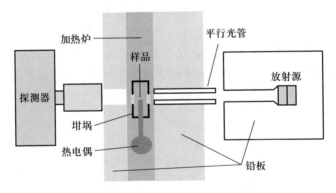

图 6.6　γ 射线衰减法原理示意图

6.1.2.5　高能射线成像法

随着我国经济实力与科学技术的发展，大科学装置越来越多，同步辐射装

置就是其中的佼佼者，该装置利用高能射线与材料相互作用产生散射与衍射，能够得到材料很多方面的信息。除此之外，同步辐射的成像技术也不容忽视，在材料领域有着巨大的应用价值。如图 6.7 所示是高能射线成像系统示意图，它与前面介绍的 γ 射线衰减法很相似，都是运用高能射线穿过材料时会被吸收一部分的原理。但不同材料的吸收系数不尽相同，这使得被测液态金属与坩埚在探测器中的衬度不一致，进而能够被区分，最后通过数据处理或三维重构即可得到被测液态金属的体积。根据成像原理与被测液态合金的不同，中间光路也要随之改变。液态金属的质量可以在实验前称量得到，通过式（6.1）即可得到被测金属的密度。

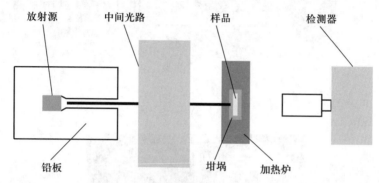

图 6.7　高能射线成像法原理示意图

然而，该方法并不是专门为测定液态金属性质所设计的，密度测量只是同步辐射实验中的一个子课题。它的优点在于对材料的前提参量无预先要求，只需样品质量与数字化技术相结合即可，该实验的精度依然与探测器的灵敏程度密切相关。

6.1.2.6　悬浮法

在前面的章节中，大家已经对悬浮无容器处理过程有了一定的了解。在静电悬浮中，样品的悬浮稳定性和温度可控性，有利于数据的采集与温度测定。静电悬浮法测量液态金属密度的原理如图 6.8（a）所示[3]，该套测量系统基本结构由背景光源、低通滤波片和黑白工业相机构成。悬浮法的核心是利用工业相机对悬浮状态下的液态金属拍照，进而得到相对应的体积，所以悬浮液滴的图像质量非常重要。根据黑体辐射理论，物体向外辐射的能量与温度成 4 次方的关系，在高温时，样品亮度较高；当温度低一些时，样品会相对变暗，如图 6.8（b）所示，可以看到两张照片中样品的亮度差异很大，如此大的对比度差异使得在后续计算机处理所得到的体积误差较大。为了解决这个问题，研究表明在高通量紫光背景下，不同温度下样品的对比度差值较小。如图 6.8（c）所示[4]，在 2 000 K 与 1 500 K 时，背景为白色，样品皆成黑色，这使得温度变化导致的样品成像差异降至最小。同时，在工业相机前放置了一个滤镜，它能够将其他波长的光过滤，只让背景光源和样品发出的紫光投射到相机 CMOS 面上，从而提高图像的精度。

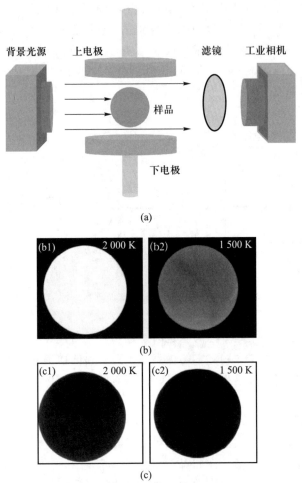

图 6.8　静电悬浮密度测量原理[3]：（a）装置示意图；（b）没有背景光下工业相机拍摄的照片；（c）在背景光下工业相机拍摄的照片

实验前，先将熔炼好的金属小球放置在下极板上，将环境抽取真空且达到实验要求后，接通高压放大器，样品跳起并在极短时间内实现稳定悬浮，此时增大激光功率使待测金属熔化，当金属完全熔化后，关闭激光，样品将以自然辐射的方式向外辐射散热，样品的温度可以通过双色红外测温仪这种无接触的测量方式得到。获得图像后，首先运用计算机对其进行数据化，由图像中心向外引出 100~500 条射线，寻找到每条射线上最大梯度强度处，并将其认为是边界，如图 6.9（b）所示[4]，图像的边缘可以通过 6~8 阶勒让德多项式拟合，在表面张力的作用下，悬浮样品近似为圆球，故可以通过极坐标下边界的旋转积分得到其体积，计算式如下：

$$r(\varphi) = \sum_{n=0}^{6} c_n P_n^0(\cos\varphi) \tag{6.13}$$

$$V = q^3 \frac{2\pi}{3} \int_0^\pi R(\varphi)^3 \sin\varphi \mathrm{d}\varphi \tag{6.14}$$

式中，c_n 为勒让德多项式系数；$P_n^0(\cos\varphi)$ 为勒让德多项式；q 为标定系数。标定系数可用一个已知密度的小球（如钢球）测出像素点及其对应的实际尺寸计算得到。对于一般的液态金属来说，实验过程中的挥发不大，实验后样品的质量可以认为是液态金属的质量，对于挥发量大的金属，需要校正质量，从而获得液态金属的密度。通过这种无接触的方法可以测定大多数液态金属的密度与温度的关系，并且保证了样品的纯净度，防止试样被氧化及污染。该方法解决了传统方法难以测定"高温、难熔、高活性"液态金属密度的难题，且能够获得一般方法所无法获得的液态金属深过冷温度区间内的密度。

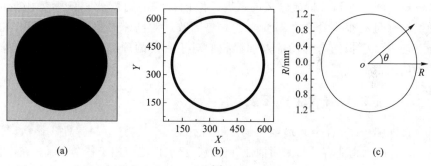

图 6.9　工业相机图像数字化处理过程[4]：（a）原始图片；（b）边界的提取；（c）边界的再拟合

6.1.3　计算模拟方法

进入 21 世纪以来，随着计算模拟理论与计算机技术的发展，计算模拟在材料科学研究中的地位变得越来越重要。在材料科学领域，计算方法经历了"蒙特卡罗—分子动力学—第一性原理"三代发展。其中，蒙特卡罗借助概率论计算，在晶体生长、界面模拟等方面有重要应用；分子动力学基于牛顿第二定律，可以模拟一定尺度上液态金属的热物理性质，固态金属的力学加载过程及相变过程；第一性原理基于密度泛函理论，它的模拟尺度一般在几十到几百个原子。这里，主要关注用于液态金属性质模拟的分子动力学方法。

分子动力学是基于牛顿第二定律所发展出来的方法。液态金属及其合金种类有很多，单对一个二元合金体系而言，不同原子比的合金成分有很多，对每一个成分都进行实验是一项耗时、费力的工作，若能够选取一些特殊成分点进行实验，同时运用计算机模拟技术对大量成分点进行模拟，将其结果与特殊成分点的实验结果进行对照，则能起到很好的互补作用。对于密度而言，分子动力学模拟的原理与过程并不难，首先根据金属固态的不同结构，以其对应的晶胞为基矢在其 x、y、z 方向上复制一定数量的晶胞作为该金属原子的初始位置，之后选取合适的势函数，并设置与真实环境一致的 NPT 系统以及周期性边界条件。模拟开始时，以金属固态的构型作为体系的初始结构并让其处于一个高于其熔点的温度运行一定的步数以使其达到液态的状态，在其充分弛豫后，设置一定的步数使其降低一定的温度，再让其充分弛豫。在弛豫的后期可以进行数据的采集作为结果并重复"降温-弛豫"过程，直到其达到预设的温度。对于分子动力学来说，模拟体系的体积是能够直接输出的量，结合原子个数及相对原子质量即可得知金属的质量，进而得出液态金属的密度。

该方法可以大大减少实验的工作量，如果在计算能力充足的情况下，可以在较短时间内得到大量成分点的密度，但该方法的精度严重依赖势函数的准确性，并且有很多合金体系尚未建立势函数。对已建立势函数的体系，进行分子动力学模拟结合实验能够加深我们对于密度的理解并可以得到更宽温度范围内的液态金属密度。

6.1.4　液态钛镍合金的密度

钛镍(Ti-Ni)合金是最经典的形状记忆合金，它具有超弹性、形状记忆效应、良好的生物兼容性与耐腐蚀性等优点，已被广泛应用于各个领域。在生物医学领域，由于钛镍合金的超弹性行为与人体骨骼-肌肉的应力应变曲线相符，其优良的弹性使得该材料足以承受正常活动导致的物理冲击，被大量地应用于制造人体支架；在航空航天领域，由于钛镍合金具有形状记忆效应，在受到冲击时，材料温度升高进而发生相变从而保护零件不受较大力的冲击，因此被广泛应用于飞行器减震器及连接层上；在工程材料领域，日常使用的积累之下，会导致钛镍合金产生裂纹或损伤，可以对钛镍合金加热再降温，从而实现钛镍合金的自我修复。综上所述，钛镍合金具有重大的应用价值，但目前对于它的研究主要集中在固态的物理性质与性能上，人们对于其处于液态时的物理性质及性能认识严重不足，以致限制了钛镍合金的研发，下面介绍液态钛镍合金的密度。

为了更加系统地研究钛镍合金，从该体系中选取了 11 个成分点，如图 6.10(a)所示，它们涵盖了纯金属、固溶体、共晶合金以及金属间化合物，基本包含了钛镍合金体系中的所有类型。图 6.10(b)给出了静电悬浮实验过程中样品温度变化的一个典型例子。$Ti_{16.5}Ni_{83.5}$ 合金是共晶型合金，样品在悬浮稳定后，提升激光功率，当样品温度升高到液相线温度(T_L) 1 577 K 时，温度在熔化过程中保持基本不变。当样品完全熔化时，样品温度继续升高到 1 784 K 时，过热 207 K，此时关闭激光，样品将以自然辐射的形式冷却，并在 1 359 K 时发生再辉，此时过冷度为 218 K($0.14T_m$)，样品在 9.33 s 内降温 424 K，平均自然辐射冷却速率为 45.4 K·s^{-1}。在再辉中，样品温度升高，发生凝固，当完全凝固后样品继续以自然辐射的方式冷却[5]。

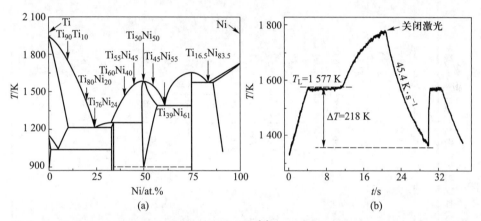

图 6.10 液态 Ti-Ni 合金静电悬浮实验测定密度[5]：(a) 成分选择；(b) $Ti_{16.5}Ni_{83.5}$ 合金的"温度-时间"曲线

采用静电悬浮方法与分子动力学方法分别得到了图 6.10(a)中 11 个成分点的密度随温度的变化关系，为了更加直观地比较实验与计算结果，表 6.1 给出了包括熔点处的温度、温度系数以及测温范围等信息[5,6]。图 6.11 给出了典型金属 Ti、$Ti_{76}Ni_{24}$、$Ti_{50}Ni_{50}$ 以及 Ni 不同温度下的液态密度随温度的关系。从图表可以看到，除了液态 $Ti_{50}Ni_{50}$ 合金外，其他液态 Ti-Ni 合金的密度都随温度线性变化。随着温度的逐渐降低，所有液态 Ti-Ni 合金的密度值皆增大。在同一温度下，随着 Ni 的原子百分数的增加，其密度值也依次增大，其温度系数也从液态 Ti 的 -1.69×10^{-4} g·cm^{-3}·K^{-1} 依次降低至液态 Ni 的 -6.83×10^{-4} g·cm^{-3}·K^{-1}，这说明 Ti-Ni 合金中，随着 Ni 含量的增加，温度对密度的影响逐渐增加。图 6.11(a)中误差线标记位置为熔点处，可以看到合金熔体的过冷度基本都在 100 K 以上，特别是对于液态 $Ti_{55}Ni_{45}$ 合金，它的最大过冷度达到了 377 K（$0.24T_L$），此时的密度为 6.02 g·cm^{-3}，比熔点处的密度提高了 2.7%。此外，由图和表可得，实验值与计算值之间吻合的较好，大部分结果误差在 2% 以内。

表 6.1　静电悬浮方法与分子动力学得到的液态合金密度的一些参数[5,6]

成分	$T_m(T_L)$/K	静电悬浮				分子动力学		
		ρ_L/(g·cm^{-3})	$\partial\rho/\partial T$ /(10^{-4} g·cm^{-3}·K^{-1})	$\partial^2\rho/\partial T^2$ /(10^{-7} g·cm^{-3}·K^{-2})	温度范围/K	ρ_L/(g·cm^{-3})	$\partial\rho/\partial T$ /(10^{-4} g·cm^{-3}·K^{-1})	温度范围/K
Ti	1 941	4.22	-1.69	0	1 617~1 991	4.25	-1.21	1 200~3 000
$Ti_{90}Ni_{10}$	1 753	4.50	-2.46	0	1 436~1 959	4.60	-1.48	1 500~3 000
$Ti_{80}Ni_{20}$	1 423	4.94	-2.64	0	1 126~1 831	5.02	-1.78	1 500~3 000
$Ti_{76}Ni_{24}$	1 215	5.10	-2.60	0	1 101~1 734	5.16	-1.88	1 500~3 000
$Ti_{60}Ni_{40}$	1 468	5.64	-3.42	0	1 122~1 848	5.79	-2.41	1 600~3 000
$Ti_{55}Ni_{45}$	1 553	5.86	-4.20	0	1 176~1 722	5.97	-2.59	1 600~3 000
$Ti_{50}Ni_{50}$	1 583	6.04	-2.34	6.52	1 219~1 774	6.13	-2.66	1 600~3 000
$Ti_{45}Ni_{55}$	1 543	6.30	-4.68	0	1 408~1 727	6.31	-2.81	1 500~3 000
$Ti_{49}Ni_{61}$	1 391	6.60	-4.84	0	1 336~1 880	6.54	-3.02	1 500~3 000
$Ti_{16.5}Ni_{83.5}$	1 577	7.42	-6.09	0	1 359~1 789	7.03	-3.90	1 200~3 000
Ni	1 728	7.89	-6.83	0	1 511~1 758	7.80	-6.61	1 300~3 000
$Ti_{50}V_{50}$	1 888	5.13	-3.22	0	1 620~1 972	—	—	—
Inconel 718	1 663	7.39	-6.89	0	1 553~1 789	—	—	—
$Ni_{51}Cr_{25}Fe_{24}$	1 679	—	—	—	—	7.32	-7.70	1 100~2 000
$Ni_{56}Cr_{23}Fe_{21}$	1 682	—	—	—	—	7.35	-7.79	1 100~2 000
$Ni_{60}Cr_{23}Fe_{19}$	1 685	—	—	—	—	7.37	-7.89	1 100~2 000
$Ni_{51}Cr_{30}Fe_{19}$	1 673	—	—	—	—	7.29	-7.46	1 100~2 000

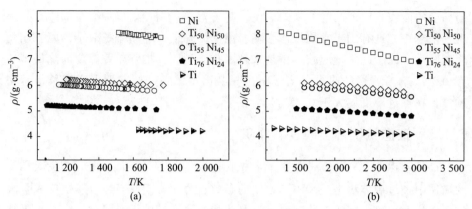

图 6.11 液态 Ti-Ni 合金体系密度随温度的关系[5]：（a）静电悬浮方法；
（b）分子动力学方法

图 6.12 给出了等比例的液态 $Ti_{50}Ni_{50}$ 合金的密度与温度的关系，由图可得
其密度随温度呈现非线性关系，可以拟合为如下表达式

$$\rho = 6.04 - 2.34 \times 10^{-4}(T - T_L) + 6.52 \times 10^{-7}(T - T_L)^2 \qquad (6.15)$$

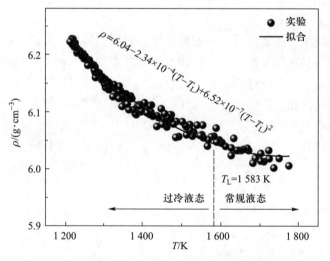

图 6.12 液态 $Ti_{50}Ni_{50}$ 合金密度随温度的关系[3]

式中，ρ 的单位为 $g \cdot cm^{-3}$。该合金的密度与 Ti-Ni 体系内其他合金密度随温度
呈线性变化的规律不同。迄今为止，这也是实验上发现的第一种密度呈非线性
变化的合金，前文提到过液态 Si 的密度随温度也是呈 2 次方的非线性关系。
有趣的是，液态 $Ti_{50}Ni_{50}$ 合金密度随温度的曲线是向内凹的，而液态 Si 的密度

随温度的曲线是向上凸的。换句话说，随着温度的降低，Ti-Ni 合金体积收缩得越来越快，这有别于常规规律。随着温度的降低，样品体积减小，原子间的距离减小，原子间距理应减小得越来越困难。所以，推测随着温度的降低，液态 $Ti_{50}Ni_{50}$ 合金密度的曲线应该还存在一个拐点，经过拐点后密度增长得越来越慢，拐点过冷度应大于 $0.25T_L$。

6.1.5　液态钛镍合金的过剩体积

过剩体积（ΔV_E）也是液态金属非常重要的性质。一方面，在液态金属理论的描述中，过剩体积是一个不可或缺的参数；另一方面，当纯金属熔炼成合金时，体积会发生怎样的变化呢？对过剩体积的研究有助于实现对冶金过程更加精准地控制。过剩体积描述的是实际液态金属与理想溶液体积之差，可以用来评估目标体系与理想溶液的偏离程度。

在密度已知的前提下，过剩体积可以根据式（6.16）进行计算：

$$\Delta V_E = V - V_0 = \frac{X_1 M_1 + X_2 M_2}{\rho} - \left(\frac{X_1 M_1}{\rho_1} + \frac{X_2 M_2}{\rho_2} \right) \tag{6.16}$$

式中，V 是实际体积；V_0 是理想体积；X_i、M_i 和 ρ_i 分别是相应组元的原子分数、相对原子质量和密度；下标 1 和 2 分别指组元 1 与组元 2。过剩体积是液态金属中不同原子相互作用力的宏观体现，若过剩体积值为正，说明该合金不同种类原子间存在相互排斥，则该体系为不混溶体系，在液态时可能会发生液相分离的现象；若过剩体积值为负，说明不同原子之间表现为引力，该成分有较强形成金属间化合物的能力。因此，过剩体积是研究熔体是否发生液相分离的一个重要判据。

图 6.13 给出了在 1 700 K 下 Ti-Ni 合金过剩体积与成分的关系。从图中可

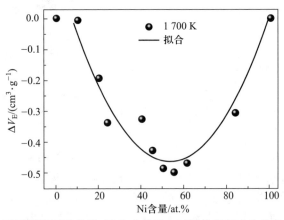

图 6.13　不同温度下液态 Ti-Ni 合金体系中过剩体积与成分的变化关系[5]

以看出，随着合金中 Ni 含量的增加，Ti-Ni 合金体系过剩体积先减小后增大，并存在负值，说明该体系是一个混溶的体系。无论 Ni 原子和 Ti 原子分别占比多少，它们混合后的体积均小于混合前的体积和。这是由于 Ni 原子和 Ti 原子间具有较强的吸引力所导致的。

6.1.6 高温合金的热膨胀系数

热膨胀系数也是很重要的物理量之一，选取合适热膨胀系数的固体材料对于零件装配和密封非常重要。同时，随着柔性电子学的发展，对于液态金属的应用势必会越来越多，必定会遇到液态金属的封装或与固体材料配合的问题。若要求器件在较宽广温度区间内使用，对于液态金属热膨胀系数的认识必不可少。

对于金属来说，通常所说的热膨胀系数是指体膨胀系数，定义为在一定压力下，单位温度变化所导致的体积的变化，表达式为

$$\beta = \frac{1}{V}\left(\frac{\partial V}{\partial T}\right) \tag{6.17}$$

式中，β 即为体膨胀系数，运用测定液态合金密度的方法能够得到液态金属的体积，再运用式(6.17)即可以得到液态金属的体膨胀系数与温度的关系。杨尚京等[4]利用静电悬浮测定了难熔金属 W、Re、Ta、Mo、Nb、Hf、V、Zr 以及 Ti 等金属的液态及固态热膨胀系数随温度的变化关系。热膨胀系数也可由线性方程拟合，即

$$\beta = \beta_0 + \frac{\mathrm{d}\beta}{\mathrm{d}T}(T - T_\mathrm{m}) \tag{6.18}$$

式中，β_0 为熔点处纯金属的热膨胀系数；$\mathrm{d}\beta/\mathrm{d}T$ 表示热膨胀系数的温度系数。12 种纯金属以及一些合金的液态与固态热膨胀系数与温度的关系如表 6.2 所示。在熔点处液态纯金属热膨胀系数的值分布于 $3.98\times10^{-5} \sim 7.24\times10^{-5}$ K^{-1}，固态热膨胀系数分布于 $2.48\times10^{-5} \sim 6.49\times10^{-5}$ K^{-1}，因此液态纯金属热膨胀系数大于固态热膨胀系数，其中纯 W 的热膨胀系数最小，纯 V 的热膨胀系数最大。在熔点处，纯金属热膨胀系数的值与材料的固态结构有关。对于 BCC 结构的 V、Nb、Mo、Ta 和 W，随着熔点的升高，它们固态和液态的热膨胀系数都逐渐减小，而存在固态相变的 Ti、Zr 和 Hf，它们的液态热膨胀系数随熔点升高逐渐增大。在 9 种纯金属中，熔点处纯 Hf 的液固热膨胀系数之比最大，即 $\beta_\mathrm{L}/\beta_\mathrm{S}=1.9$，而纯 Zr 的液态热膨胀系数与固态热膨胀系数最接近，即 $\beta_\mathrm{L}/\beta_\mathrm{S}=1.1$。另外，它们热膨胀系数的温度系数在 10^{-10} 数量级上，最小为 0.61×10^{-9} K^{-2}，最大为 4.96×10^{-9} K^{-2}。

表 6.2　一些难熔纯金属及高温合金的热膨胀系数[4,6]

金属	$T_m(T_L)/K$	$\alpha_0/10^{-5}K^{-1}$	$d\alpha/dT/10^{-9}\ K^{-2}$	状态
W	3 695	3.98	1.57	液态
		2.48	0.61	固态
Re	3 459	5.49	2.98	液态
		4.92	2.39	固态
Ta	3 290	4.77	2.30	液态
		3.06	0.92	固态
Mo	2 896	4.64	2.08	液态
		3.35	1.10	固态
Nb	2 750	6.96	4.68	液态
		5.03	2.46	固态
Hf	2 506	5.46	2.86	液态
		2.87	0.81	固态
V	2 183	7.24	4.96	液态
		6.49	3.77	固态
Zr	2 128	4.79	2.22	液态
		4.49	1.96	固态
Ti	1 941	4.00	1.56	液态
		3.33	1.08	固态
$Ti_{80}Ni_{20}$	1 423	5.34	2.85	液态
$Ti_{39}Ni_{61}$	1 391	7.33	5.53	液态
Inconel 718	1 663	9.33	8.73	液态

6.2　比热容

　　热能在人类进化发展的道路上起到了很大的作用，人们对于热能的使用无处不在，其中有一个很重要的物理量——比热容，表示物体吸热或散热能力，比热容越大，物体的吸热或散热能力越强。同一物质的比热容一般不随质量、形状的变化而变化。对同一物质，比热容值与物态有关，在不同的状态下，比热容是不相同的。例如水与冰的比热容不同，水的比热容较大，这对于气候调节作用显著，在同样日照条件下，与土壤、岩石相比，水的温度变化较小。该特征对气候影响很大，白天沿海比内陆温升慢，夜晚沿海温度降低慢，这也是夏季内陆比沿海炎热、冬季内陆比沿海寒冷的主要原因。对于各类动植物，其体内水的比例高，这有助于调节动植物自身的温度，以免温度变化太快对动植物造成严重损害。在工业生产中，比热容是计算物质传热过程非常关键的参数。在材料科学方面，经典形核理论是凝固科学的基础，金属液固相变过程中的驱动力是液、固吉布斯自由能差。而根据热力学，计算吉布斯自由能差需借助材料液固相变时的熔变，然而熔变与潜热和比热容两个参数密切相关。如果能够准确掌握这些物理量，无疑对材料性能调控和工业生产的帮助是巨大的。

6.2.1 比热容的定义

比热容分两种，定压比热容(C_p)和定容比热容(C_V)，在平时生活中，由于我们生活在大气环境，一般情况下气压较为稳定，故通常讨论的是定压比热容，它的定义为：在压强不变的情况下，单位质量的物质温度升高或降低 1 K 所需吸收或放出的热量，是衡量单位质量物质吸热或放热能力的物理量。数学表达式为

$$C_p = \frac{\partial H}{\partial T} \tag{6.19}$$

即只需测得材料的熔变与温度的关系，对熔变求导即可得到材料的比热容。

对于常规液体及固态金属，科学家们已经对其进行了广泛的研究，而对于液态金属的比热容，特别是过冷态纯金属比热容的测定则主要集中在低熔点材料上。目前所见到的最早报道是 1968 年 Turnbull 等[7]用乳化法并结合热分析对 Ga 进行的研究。1984 年，Perepezko 等[8]用同样的方法测得了熔点较低的 Bi、In、Sn 等纯金属的比热容，而人们对中高熔点纯金属(熔点大于 900 K)过冷液态比热容的研究则是近十几年的事，这主要是因为高温下材料容易与坩埚发生化学反应而受到污染，进一步阻碍了深过冷状态的获得。只有无容器处理技术发展起来以后，中高熔点材料的比热容研究才成为可能。1991 年 Ohsaka[9]利用电磁悬浮结合下落量热计法测得了 Al 的熔 $H(T)$，并由此间接得到了 Al 的比热容。1993 年，Barth[10]等采用同样的方法测得了 Ni、Fe 的比热容，过冷度分别达到了 235 K 和 200 K，这是所见到关于高熔点纯金属深过冷熔体比热容研究最早的报道。1996 年，Willnecker 课题组[11]运用热分析测定了 Au 以及 Cu-Ni 合金的比热容，图 6.14 所示为这几种金属的比热容与温度的关系。

随着对过冷纯金属比热容研究的进一步深入，这一问题的焦点集中在比热容是否是温度的函数及它与温度的依赖关系如何。Perepezko[8]认为：过冷熔

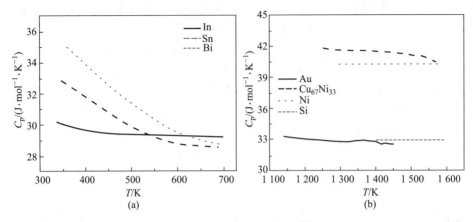

图 6.14　几种金属的比热容与温度的关系：(a) Bi、In、Sn[8]；(b) Au、$Cu_{67}Ni_{33}$、Ni、Si[11]

体与熔点处液态金属的比热容有相似的温度依赖关系，即比热容与温度呈线性关系，且比热容随着温度的增加而降低，在熔点处连续变化而不发生突变。这对于低熔点金属是适用的。但是，Co[12]、Al[9]、Ni、Si 和 Au[11] 的结果表明：过冷液态金属的比热容随温度变化极小，如 Ni 在 0~230 K 的过冷度范围内 C_p^L = 40.5 J·mol^{-1}·K^{-1}。这似乎验证了 Dubsdale[13] 的观点：所有熔点大于 900 K 的纯金属，其比热容是一定值，而不是温度的函数。Bakara 等也认为，温度通常对液态金属的比热容影响较小，一般可以忽略不计。

6.2.2　比热容的实验测定方法

6.2.2.1　乳化热分析法

在材料科学领域，差示扫描量热仪(DSC)是进行材料热力学分析非常重要的手段，它能够用于测量材料的熔点、沸点、玻璃化转变温度、结晶温度、比热容、反应热以及结晶度等信息，但是它的一般实验对象为固态金属，这是由于 DSC 属于接触式测量方法，液态金属一般在熔点附近就发生凝固，这导致液态金属在实验数据范围一般只有熔点以上或只包含几十 K 的过冷温度区间。

而乳化热分析法能够较好地实现在较宽温度范围内对液态金属比热容进行测定。它是将深过冷技术和热分析法有机结合起来，使合金熔体在慢速冷却中获得大的过冷度，甚至达到非晶态，并在熔体连续冷却过程中用普通商用差示扫描量热仪测定比热容。该技术中，一方面利用合适的油类物质或有机物作为阻隔的介质，以消除容器壁对液态金属的催化作用；另一方面，通过将一定量的乳化剂添加至液态金属中，再通过物理方法将该混合熔体分散成液滴直径在 20 μm 左右的微小熔体，该方法可以保证大多数液滴的纯净度，有助于实现材料的深过冷。然后用差示扫描量热仪来测量样品和参照体之间的热交换。如图 6.15 所示是热流型差示扫描量热仪示意图，通过热电偶可以测得在相同功率下样品与参照体之间的温差，进而求出热量差，经过处理即可求得被测样品的比热容。

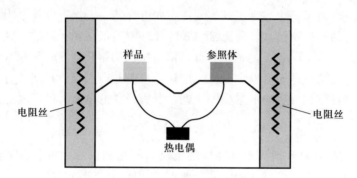

图 6.15　热流型差示扫描量热仪示意图

差示扫描量热仪由于自身材料的限制，一般要求测定温度上限为 1 500 ℃ 以内，故理论上只能测定熔点在 1 500 ℃ 以内的金属。因此，该方法被用于低熔点液态金属比热容的测定。

6.2.2.2　非晶加热法

所谓非晶加热法，也是利用差示扫描量热仪来测定液态金属的比热容，只是它针对的是具有较强玻璃形成能力的金属，它的原理主要是运用金属非晶状态时的比热容来反求其过冷态时的比热容。首先采用熔体急冷或其他方法将具有较强玻璃形成能力的金属或合金制备成玻璃态物质，然后将制备的玻璃态物质加热至过冷区间的玻璃化转变温度(T_g)，并测定该过程中非晶的比热容，之后继续升高温度至晶化温度(T_x)，非晶将发生晶化，停止加热使样品温度降至与非晶样品相同的初始温度，再加热样品并在加热过程中测定该过程中金属的比热容，通过热力学方程变换，即可得到液态金属的比热容。以 Au-Si 合金[14]为例，它的热力学方程可表示为

$$\Delta H(T) = H^{glass}(T) - H^{Au(s)+Si(s)}(T) = \Delta H_f(T_E) + \int_{T_E}^{T} \Delta C_p(T') dT' \quad (6.20)$$

式中，ΔH 表示金属从非晶到晶化过程的焓变；H^{glass} 表示非晶合金的焓 ΔH_f 表示 Au-Si 共晶合金的生成焓；T_E 表示共晶点温度；ΔC_p 是 C_{pL} 与 C_{pS} 的比热容差，即液态金属与固态金属的比热容差。

该方法的优点在于不用将样品加热至液态，只需得知样品非晶态与晶态时的比热容数据，但该方法只适用于非晶形成能力较强的合金，对于非晶形成能力较弱的金属来说，该方法不适用。

6.2.2.3　超快脉冲加热技术

20世纪90年代，Kaschnitz等[15]开发了一种新的用于测定液态金属热力学与动力学性质的方法，即超快脉冲加热技术。如图6.16所示是超快脉冲加热技术的示意图，样品要制成线或者细管的形式，将其放入支撑系统中并与电路系统相连。电路系统中包含了储能元件，如电容器、电流表以及电压表等测量元件，样品的温度则通过外部无接触式的红外测温仪得到。通过电容器的快速放电，样品能以10^8 K·s^{-1}的速率升温，由于样品的熔化与冷却过程很快，样品在该过程中的位置并不会发生变化，熔化与冷却过程持续50 μs左右，因此可以认为样品在熔化过程中的焓变等于电容器所释放的电能，可以表达为

$$H(t) = \int I(t) U(t) \,\mathrm{d}t \qquad (6.21)$$

式中，$I(t)$与$U(t)$分别代表电路中的电流与样品的电压，可分别通过电流表与电压表得到，再结合样品的温度，即可得到样品焓变与温度的关系，通过式(6.19)即可求得比热容。

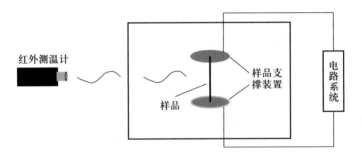

图6.16　超快脉冲加热技术示意图

该方法可以很大程度上避免与容器接触或反应导致的结果不准确，其次实验过程是在高达几个大气压的氩气气氛下完成的，可以有效地防止样品氧化，但该方法由于升温速率太快，对测温系统提出了很大的挑战，容易造成温度测量的误差较大。

6.2.2.4　冷却曲线法

所谓冷却曲线法，是在深过冷实验的基础上利用样品的冷却曲线测定液态金属在实验覆盖的过冷度范围内的比热容。以静电悬浮为例，测量装置示意图与前面静电悬浮测定密度的图6.8一致。由于静电悬浮系统要求真空的实验环境，当关闭加热激光后，样品只通过热辐射的方式降温，样品的热平衡方程可以表示为

$$\frac{C_{\mathrm{p}}}{\varepsilon_{\mathrm{T}}} = -\frac{AM\sigma_{\mathrm{SB}}(T^4 - T_{\mathrm{s}}^4)}{m\mathrm{d}T/\mathrm{d}t} \tag{6.22}$$

式中，ε_{T} 为样品的发射率；A 为样品表面积；m 和 M 分别为样品的质量与相对分子质量；σ_{SB} 为 Stefen-Boltzmann 常数；T_{s} 为环境温度。样品的表面积通过工业相机拍照及后期计算机处理得到，样品的质量则可以通过称量实验后的样品获得。通过红外测温仪可以得到样品的温度，$\mathrm{d}T/\mathrm{d}t$ 可以根据"温度-时间"的曲线得到，代入式 (6.22) 即得到液态金属比热容与发射率的比值。若能测得或查询文献得到液态金属的发射率与温度的关系，即可得到液态金属的比热容。一般情况下发射率随温度的变化较小，因此通常取金属熔点处的发射率，并认为它在测定范围内不变。

这种方法对于温度的测量精度较高，且测定环境为真空，可以有效地避免样品氧化带来的误差，因此得到的比热容与发射率的比值是较为准确的，但若是要准确得到液态金属比热容与温度的关系，需要先知道发射率与温度的关系，若只取熔点处发射率的值会造成一定误差。

6.2.2.5 落滴式量热计法

落滴式量热计法是一种非常典型的测定过冷液态金属比热容的方法。其装置一般由两部分组成，即加热部分和量热计部分。加热部分用来加热熔化金属，然后使其达到一定的过冷度，再将过冷熔体下落至量热计部分测量其焓变，最后对焓变求导以确定其比热容。

落滴式量热计法是目前测量高熔点金属深过冷比热容较为通用的方法，它的加热部分可以采取各种无容器悬浮技术，比如电磁悬浮、声悬浮、气动悬浮和静电悬浮等，这样能避免金属液滴和容器壁接触以获得大的过冷度。特别是，电磁悬浮技术因加热速度快、加热温度高非常适合处理高熔点金属。因此，利用电磁悬浮技术结合落滴式量热计法是目前测量高熔点金属过冷熔体比热容较为有效的方法，颇受研究者们的青睐，图 6.17 是电磁悬浮比热容测量系统示意图。

落滴式量热计是建立在能量守恒原理上的，当悬浮液滴达到一定过冷度并下落至量热计芯体时，由于热交换作用，量热计芯体将由初始温度 T_0 上升到平衡温度 T_{e}，过冷熔体释放的热量被铜基板吸收，由能量守恒定律有

$$H(T) - H(T_{\mathrm{e}}) = \frac{m_{\mathrm{Cu}}}{m}C_{\mathrm{pS}}^{\mathrm{Cu}}(T_{\mathrm{e}} - T_0) + \frac{Q_{\mathrm{lost}}}{m} \tag{6.23}$$

式中，$H(T)$ 为液态金属在初始温度 T 时的焓；$H(T_{\mathrm{e}})$ 是液态金属凝固后并达到平衡温度 T_{e} 时的焓；m_{Cu} 为 Cu 块的质量；$C_{\mathrm{pS}}^{\mathrm{Cu}}$ 是量热计 Cu 块的比热容；m 是样品质量；Q_{lost} 是液态样品在下落过程中所散失的热量，表示为

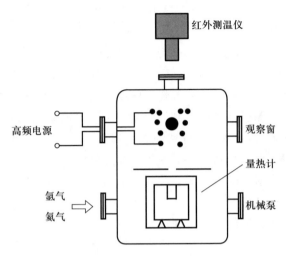

图 6.17　电磁悬浮比热容测定示意图

$$Q_{lost} = Q_r + Q_c \tag{6.24}$$

式中，Q_r 是辐射散失的热量；Q_c 表示对流散失的热量。可以看出，只要测定出 Cu 块升高的温度 $\delta T = T_e - T_0$，不需要了解金属样品在液固相变过程中的具体变化，即可由式（6.23）得出液态金属在任意温度下的焓变，进而利用式（6.19）推导出其比热容。

6.2.3　计算模拟方法

前面介绍了实验测定液态金属比热容的方法。总的来说，实验测定液态金属的比热容比测定密度更加复杂，有些方法对于测温的要求高，有些方法则需要一些前置的参数导致实验难度较大。除实验方法外，分子动力学也是获得液态金属比热容的一个较好的选择，其过程也与密度模拟过程相似。先以固态金属的结构构建超晶胞，并输入原子的坐标文件作为初始位置，选择适合的势函数并设置好系综，其中定压比热容选择 *NPT* 系综，而定容比热容则选择 *NVT* 系综，然后设置好周期性边界条件。为了得到液态结构，将计算体系在远高于熔点的温度运行一定步数，在此基础上，以一定的速率降温，到达目标温度后设置一定步数进行弛豫使之达到平衡态，平衡后再运行一定步数统计该温度下的相关信息。分子动力学能够监测计算体系的一些物理量，如体系的内能、压强、体积等，应用以下式（6.25）即可得到体系的比热容：

$$H = U + PV \tag{6.25}$$

$$C_{pL} = \frac{dH(T)}{dT} \tag{6.26}$$

式中，$H(T)$是焓；T是热力学温度；U是内能；P是压强。

6.2.4 液态 Fe-Cu-Mo 合金的热力学性质

迄今为止，液态金属的过冷态比热容的数据仍然十分匮乏。尤其对于偏晶合金，当温度低于偏晶转变温度时，由于较小的液/液界面能，第二液相 L_2 总是领先形核。一旦 L_2 液相开始形成，局域浓度便有利于固相形核，导致偏晶合金很难获得大的过冷度，故采用传统 DSC 方法测定比热容受到限制。偏晶合金的快速凝固理论研究因缺乏基本的过冷热物理性质数据而受到制约。Fe-Cu-Mo 合金是典型的偏晶合金，Fe 基合金作为重要的结构材料，在汽车工业等领域有重要的应用价值。

运用电磁悬浮结合落滴式量热计可以有效测定液态合金的热力学性质。根据式(6.19)、式(6.23)和式(6.24)，对深过冷液态 Fe-Cu-Mo 合金的比热容进行了实验测定。图 6.18 给出了焓变实验结果。焓变(单位为 $J \cdot mol^{-1}$)与温度之间存在如下函数关系：

$$H(T) - H(293)_{Fe_{77.5}Cu_{13}Mo_{9.5}} = 97.96 + 44.71T \qquad (6.27)$$

$$H(T) - H(293)_{Fe_{78}Cu_{15}Mo_7} = 6\ 485 + 40T \qquad (6.28)$$

$$H(T) - H(293)_{Fe_{71.5}Cu_{3.5}Mo_{25}} = 1\ 188 + 38.31T \qquad (6.29)$$

根据比热容的定义，将焓变对温度求导可获得比热容。从式(6.27)~式(6.29)可知，$Fe_{77.5}Cu_{13}Mo_{9.5}$、$Fe_{78}Cu_{15}Mo_7$ 和 $Fe_{71.5}Cu_{3.5}Mo_{25}$ 3 个成分合金的焓变与温度均呈现线性函数变化关系，这表明比热容基本上不依赖于温度而发生变化。在实验所覆盖的温度范围内基本上为定值 44.71 $J \cdot mol^{-1} \cdot K^{-1}$、40.00 $J \cdot mol^{-1} \cdot K^{-1}$ 和 38.31 $J \cdot mol^{-1} \cdot K^{-1}$。

根据所测定的过冷态合金熔体的比热容可以获得相变过程中其他热力学性质，如焓变 ΔH_{LS}、熵变 ΔS_{LS} 和 Gibbs 自由能差 ΔG_{LS} 等，它们在晶体形核与生长方面极为重要。比热容确定后，它们可分别表示为

$$\Delta H_{LS} = \Delta H_m - \int_T^{T_m} \Delta C_{pL}(T) dT \qquad (6.30)$$

$$\Delta S_{LS} = \frac{\Delta H_m}{T_m} - \int_T^{T_m} \frac{\Delta C_{pL}(T)}{T} dT \qquad (6.31)$$

$$\Delta G_{LS} = \Delta H_{LS} - T\Delta S_{LS} \qquad (6.32)$$

根据实验结果，由式(6.30)~式(6.32)，计算了 Fe-Cu-Mo 合金的热力学性质随过冷度的变化关系。如图 6.19 所示为液态 $Fe_{77.5}Cu_{13}Mo_{9.5}$ 合金的焓变、熵变和 Gibbs 自由能差随过冷度的变化关系[16]。ΔH_{LS} 和 ΔS_{LS} 随着过冷度的增大而减小，ΔG_{LS} 随着过冷度的增大而增大，这表明相变驱动力随过冷度变化越来越大。为了比较实验结果与现有理论模型计算结果的差别，以 Turnbull 模型

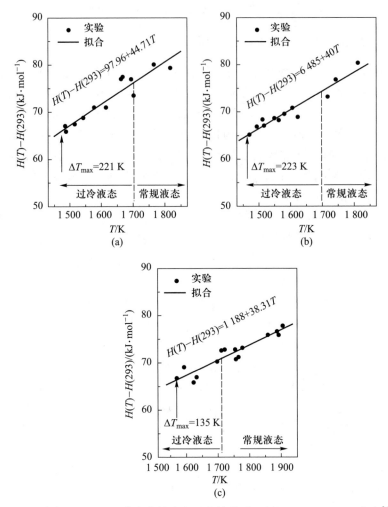

图 6.18　液态 Fe-Cu-Mo 合金的焓变与温度的关系：（a）$Fe_{77.5}Cu_{13}Mo_{9.5}$ 合金[16]；
（b）$Fe_{78}Cu_{15}Mo_7$ 合金；（c）$Fe_{71.5}Cu_{3.5}Mo_{25}$ 合金

的计算值为例，分别计算了 ΔH_{LS}、ΔS_{LS} 和 ΔG_{LS} 随过冷度的变化关系，如图 6.19 虚线所示。显然，随着过冷度的增加，实线与虚线间差值越来越大。对于 ΔH_{LS} 和 ΔS_{LS} 差别十分显著。如果把 ΔH_{LS} 和 ΔS_{LS} 作为常数来计算，则不能反映相变过程中焓变与熵变的真实情况，对于 ΔG_{LS} 而言，虽然看似差别不大，但它对形核动力学过程影响很大。这表明经验模型只能用来描述小过冷条件下的近平衡相变过程。

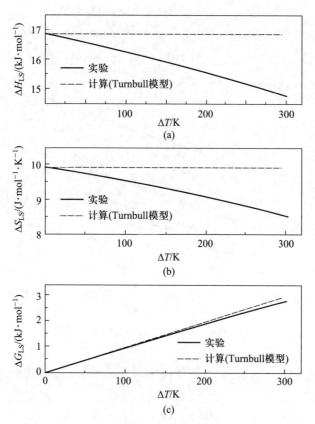

图 6.19　液态 $Fe_{77.5}Cu_{13}Mo_{9.5}$ 合金热力学性质与过冷度的关系[16]：（a）焓变；
（b）熵变；（c）Gibbs 自由能差

6.2.5　液态 Ni-Si 合金的热力学性质

Ni-Si 合金可以用作锂电池的阳极材料，其热力学性质是进行模拟时非常重要的参数。本节借助分子动力学对 Ni-Si 合金的热力学性质进行了计算。选取了 Ni-Si 合金中 7 个不同成分合金，利用 MEAM 势函数对液态 Ni-Si 合金的焓随温度的变化关系进行了计算，如图 6.20 所示，焓与温度存在良好的线性关系：

$$H_{Ni_{90.1}Si_{9.9}} = -4.400 \times 10^5 + 38.03T \qquad (6.33)$$

$$H_{Ni_{70.2}Si_{29.8}} = -4.680 \times 10^5 + 35.96T \qquad (6.34)$$

$$H_{Ni_{60}Si_{40}} = -4.828 \times 10^5 + 33.66T \qquad (6.35)$$

$$H_{Ni_{50}Si_{50}} = -4.819 \times 10^5 + 30.41T \qquad (6.36)$$

$$H_{Ni_{40}Si_{60}} = -4.753 \times 10^{5} + 31.88T \tag{6.37}$$

$$H_{Ni_{25}Si_{75}} = -4.575 \times 10^{5} + 33.54T \tag{6.38}$$

$$H_{Ni_{10}Si_{90}} = -4.334 \times 10^{5} + 34.13T \tag{6.39}$$

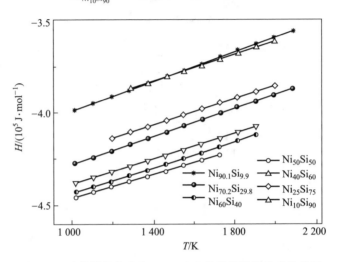

图 6.20　计算模拟的液态 Ni-Si 合金的焓随温度的变化关系

根据式(6.33)~式(6.39)，对 7 个不同成分合金的混合焓 ΔH_{mix} 进行了分析，其表达式为

$$\Delta H_{mix} = H - H_0 = H - (X_1 H_1 + X_2 H_2) \tag{6.40}$$

式中，H 是合金的焓；H_0 是纯组元混合前的焓；X_i 和 H_i 分别是两种纯组元的原子分数和焓。计算结果如图 6.21 所示，可以看出，该合金系的混合焓为负值，即混合过程对外放热，可以自发进行，而且当两种原子的比例相当时，混合焓的绝对值相对较大。同时也发现该合金系混合焓的最大绝对值不在 50%Si 处，而是略向右偏的 60%Si 处。进而，为了揭示该合金系偏离理想溶液的程度，图 6.21 也给出了合金混合焓与混合前的焓的值，如图中实心球所示，当合金中两组元的原子比为 4:6 时，与混合前偏离最严重，偏离程度达 18%。这表明 Ni 原子和 Si 原子具有很强的结合能力。

根据不同成分合金的焓与温度的关系，可获得液态二元 Ni-Si 合金的比热容。选取不同成分的 Ni-Si 合金的焓均与温度呈线性关系，如图 6.22 所示。所以根据定压比热容的定义可以确定其为定值，即不随温度的变化而发生变化。由图可以看出，Ni-Si 合金的比热容随 Si 含量的增大先减小再增大。在比热容随成分的变化曲线中分别有一个极小值，即当 Ni:Si = 1:1 时，比热容为最小值 30.41 J·mol⁻¹·K⁻¹，当 Si 超过 50% 随 Si 含量的增大比热容开始增大。其中，对

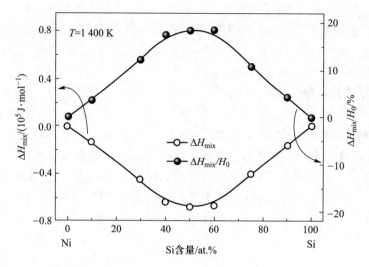

图 6.21 计算模拟的液态 Ni-Si 合金的 ΔH_{mix} 及 $\Delta H_{mix}/H_0$ 随成分的变化关系

于液态 $Ni_{90.1}Si_{9.9}$ 合金，运用落滴式量热计法测定的比热容为 39.51 $J \cdot mol^{-1} \cdot K^{-1}$，利用分子动力学模拟得到的比热容为 38.03 $J \cdot mol^{-1} \cdot K^{-1}$，由此可知实验测定与计算结果吻合得非常好。

在以往研究中，当缺乏液态合金的比热容数据时，利用 Neumann-Kopp 法则根据合金中纯组元的比热容进行线性叠加可获得估计值。为了检验二元 Ni-Si 合金比热容的估计值与分子动力学计算结果的偏离程度，图 6.22 中同时也

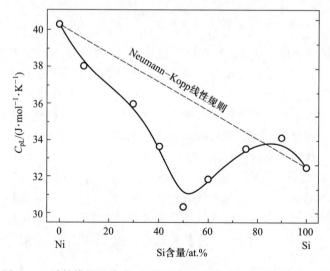

图 6.22 计算模拟的液态 Ni-Si 的比热容随合金成分的变化关系

给出了采用 Neumann-Kopp 线性法则计算的估计值(虚线所示)。可以看出,只有当 Si 的含量很高时(超过 90%),估计值与本文结果相差较小,而在其他成分范围内二者均有很大的差异,尤其是当 Ni 与 Si 的含量接近时,差值最大。

6.3 扩散系数

在物质质量传输过程中,扩散是一种非常重要的方式。例如,在一杯清水中滴入几滴红墨水后,整杯水会慢慢变红的过程,这是最为直观的扩散现象。在我们的日常生活中,扩散现象好像并不是很引人注目,但是在工业生产及材料科学中,扩散现象很常见并至关重要。在晶体生长过程中,边界层厚度的控制非常重要,它与晶体的生长质量和成本直接相关,而扩散系数则是计算边界层厚度十分重要的物理量。前期研究表明,在扩散控制的溶质再分配过程中,溶质的扩散行为能够影响金属最后的微观组织,进而对金属的韧性及耐腐蚀性能造成影响[17]。此外,非晶形成能力也是非晶领域中非常热门的研究方向,而通过微合金化可以影响原来体系中原子的扩散行为,进而改善非晶形成能力。而扩散系数是衡量扩散行为非常重要的物理量,因此,对于扩散系数的认识与研究是很有必要的。

6.3.1 扩散系数的定义

对于一维体系,单位时间内在垂直于扩散方向上的单位面积内通过的粒子的总量定义为流量 J,且通常与扩散粒子的浓度梯度成正比[2],其表达式为

$$J = - D \frac{\partial C}{\partial x} \tag{6.41}$$

式中,C 为扩散浓度;D 为扩散系数,这就是著名的菲克定律。扩散有两种形式,即自扩散与互扩散,在不存在浓度梯度的材料中,原子进行无规则热振动且运动方向随机,此时原子的扩散行为即为自扩散;在存在浓度梯度的材料中,原子会朝着浓度梯度低的方向扩散,这种以浓度梯度或化学势为驱动力的扩散行为称为互扩散。自扩散一般表征体系内某一原子自身的迁移能力,而互扩散则表征了体系的集体运动倾向[18]。

就目前研究而言,气体、液体、固体扩散系数分别为 10^{-5} $\mathrm{m^2 \cdot s^{-1}}$、$10^{-9}$ $\mathrm{m^2 \cdot s^{-1}}$ 和 10^{-14} $\mathrm{m^2 \cdot s^{-1}}$ 量级,对于气体和固体的扩散行为,前人已经建立好了相应的模型,并对其影响因素研究得较为透彻,但液体或液态金属的结构较为复杂,至今仍然没有建立好完整的理论,这使得从理论上预测与推导它们的扩散系数变得较为困难。

图 6.23 所示是液态纯金属 Li[19] 以及二元合金 $\mathrm{Al_{95}Ni_5}$ 合金中 Ni 元素[20] 的

自扩散系数随温度的变化关系，由图可知液态金属的自扩散系数随着温度的升高而增加，这是由于自扩散系数是原子热运动的体现，原子的热运动会随着温度的升高而加剧，并且相同温度下通常液态纯金属的自扩散系数比二元及多元合金中元素的自扩散系数要大。虽然近些年来材料学家们还没有找到一个能够囊括所有液态金属及其影响因素的公式，但是针对不同类型的液态金属也建立了一些模型并总结了相应的公式，从而有利于对扩散系数的理解。

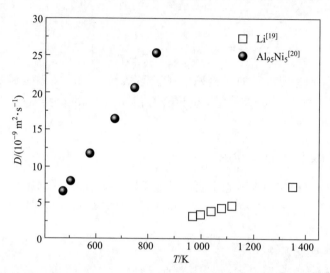

图 6.23　液态纯金属 Li 及 Al$_{95}$Ni$_5$ 合金中 Ni 元素的自扩散系数随温度的变化关系[19,20]

从经典流体力学理论的角度看，液态金属的自扩散行为还属于流体动力学的范畴。根据流体力学中的动量守恒定律，在引入了一些假设后推导出了著名的 Stocks-Einstein(S-E) 方程：

$$D = \frac{k_B T}{c \pi \eta r} \tag{6.42}$$

式中，c 为与扩散粒子及液态金属性质相关的常数，一般情况下 c 的取值范围为 $4 \sim 6$；k_B 为玻尔兹曼常量；η 为液态金属的黏度；r 为扩散粒子的半径。该式将自扩散系数与黏度这两个非常重要的物理量联系起来，有利于对液态金属动力学的理解。对于一些简单液态金属，如一些液态纯金属及二元合金，该公式是适用的，可以通过液态金属的扩散系数或黏度推导出另一个物理量，但对于一些复杂体系液态合金，该公式可能会失效。

材料学家们对于自扩散系数与温度的关系也非常感兴趣，在对一些液态金属的自扩散系数测定后，发现液态金属的自扩散系数随温度的增加呈现指数增长的趋势，且满足 Arrhenius 方程，即

$$D = D_0 \exp\left(-\frac{E_D}{RT}\right) \tag{6.43}$$

式中，D_0 为指数前因子；E_D 为扩散激活能；R 为理想气体常数。对于一些液态金属，在较大的温度区间内自扩散系数都能用该方程拟合，但后来发现对于一些具有较强非晶形成能力金属的熔体，其自扩散系数与温度的关系与 Arrhenius 方程会产生较大偏离，此时可以用 VFT(Vogel-Fulcher-Tammann)方程来拟合，即：

$$D = D_0 \exp\left[-\frac{E_D}{R(T - T_{VFT})}\right] \tag{6.44}$$

式中，T_{VFT} 是 VFT 温度。通过判断自扩散系数与温度的关系是满足 Arrhenius 方程还是 VFT 方程，可以大致得出该合金的非晶形成能力，这为探索非晶材料提供了一些手段。

6.3.2　扩散系数的实验测定方法

本节将介绍如何测定液态金属的扩散系数，其中测定自扩散系数的方法有毛细管源法及准弹性中子散射技术，测定互扩散系数的方法有滑动剪切法与多层平动剪切技术。

6.3.2.1　毛细管源法

毛细管源法是早期原理较为简单的一种方法，它的装置示意图如图 6.24 所示。将待测金属放置进内径均匀、一端封闭的毛细管中，然后在大的容器中放入相同的待测金属，抽真空并反充氩气以防止其氧化，当通过炉体周围的加热装置使容器内及毛细管内的金属熔化并达到目标温度后，将毛细管浸入大容器中，向容器中加入所要测定元素自扩散系数的同位素，待熔体温度达到在目标温度一定时间后，迅速将毛细管从容器内取出并置入水中急冷，使金属快速凝固。随后将凝固后的金属等间距切片并检测其中同位素元素的浓度，根据菲克第二定律，同位素的浓度与扩散系数存在如下关系：

$$C(t, x) = \frac{\alpha}{\sqrt{\pi Dt}} \exp\left(-\frac{x^2}{4Dt}\right) \tag{6.45}$$

式中，α 为初始时刻同位素的含量；t 为扩散时间；x 为扩散距离。

对于液体来说，对流与扩散是其物质传输的两种主要方式。对于放置在大容器中的液态金属来说，对流不可避免，这也会造成所测得的扩散系数不准确。而毛细管由于口径很小，可以明显减少对流的影响。该方法的另一个优点是避免了升温阶段过程中的原子扩散。这些优点使得该方法运用较广泛，但该方法整体测定精度较低、误差较大。

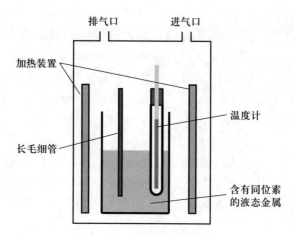

图 6.24　毛细管源法装置示意图

6.3.2.2　准弹性中子散射技术

当中子的波长与原子间距相匹配，即 0.1~100 nm 时，其能量大约为 1~100 meV，与原子或分子的热运动能量相当。因此，中子非常适合用于探测原子的结构及其动力学行为[18]。该技术是与无容器悬浮技术相结合进行测定的，特别是与静电悬浮相结合，这是由于静电悬浮技术悬浮稳定性好且视野开阔，样品附近的空间无遮挡，便于探测器在一个宽广的角度内接收中子散射的信号。具体操作为待样品稳定悬浮后通过控温程序将样品稳定控制在目标温度，之后引入中子散射，探测器能够在皮秒量级内检测到金属熔体原子尺度的动力学行为。利用探测器得到的数据能够描绘出非相干散射函数，通过对中子散射波函数的求解，发现非相干散射函数的半高宽[$\Gamma_{1/2}(q)$]与波矢(q)之间存在如下关系：

$$D = \frac{\Gamma_{1/2}(q)}{\hbar q^2} \tag{6.46}$$

式中，$\hbar$ 为约化普朗克常量。再通过改变温度，即可得到液态金属自扩散系数与温度的关系。

该方法用于测定纯金属的自扩散系数时，无需使用同位素进行示踪，使得操作更加简单。其次，该方法得到的自扩散系数精度很高，因为这是从中子散射的波函数方程中推导出来的。该方法的误差主要来源于红外探测器非接触测温所造成的温度误差，使得自扩散系数与温度的关系存在细微的偏差。此外，由于该方法与无容器技术相结合，消除了容器壁对液态金属造成的异质形核，可以得到过冷态熔体的扩散系数与温度的关系。这也是在众多扩散系数测定方法中唯一能获得过冷态扩散系数的方法，这是它独一无二的优势。

6.3.2.3　扩散偶法

对于液态合金的互扩散系数的测定，最传统的方法就是扩散偶，如图 6.25(a) 所示，将金属 A 与金属 B 对接在一起即形成了扩散偶，升高温度并保温一段时间后，金属 A 和 B 中的元素相互扩散，待冷却结束后将金属取出，切片、抛光后分析元素含量，由菲克第二定律可得到扩散偶中浓度解为

$$\frac{2[C_2 - C(x, t)]}{C_2 - C_1} = 1 - \mathrm{erf}\left(\frac{x}{2\sqrt{Dt}}\right) \tag{6.47}$$

式中，$C(x, t)$ 一般为溶质元素的浓度分布函数；C_1 与 C_2 为溶质元素分别在金属 A 与金属 B 中的浓度；D 为互扩散系数；x 与 t 分别为扩散距离与扩散时间；erf 代表误差函数。根据实际情况，扩散分布函数是有解的，这就要求满足如下关系：

$$x^2 = 4Dt \tag{6.48}$$

通过扩散距离与扩散时间的关系即可得到液态金属的互扩散系数。

扩散偶法操作简单，但由于金属 A 和 B 无论是在升温阶段还是在降温阶段始终连接在一起，而在升温及降温过程中金属依然会进行扩散行为，这会导致测定结果不准确，如图 6.25(a) 所示。材料学家们为了提高实验精度，改进了扩散偶法从而得到了滑动剪切法，如图 6.25(b) 和图 6.25(c) 所示。具体操作为在升温过程中，将金属 A 和 B 彼此分离，当温度达到目标温度后推动滑块，使得样品 A 和 B 连接进行扩散，待冷却结束后将金属取出，切片、抛光后分析元素含量，根据式(6.47)得到相应的扩散系数。

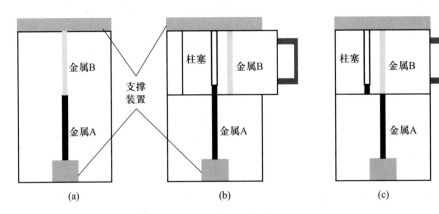

图 6.25　扩散偶法示意图

与传统的扩散偶法相比，滑动剪切法避免了升温过程中的扩散，但是在降温过程中，金属 A 和 B 还是相互接触的，所以无法避免降温过程中溶质的扩散，由此旋转式剪切法孕育而生，它由若干层能够进行同轴旋转的圆盘构成，

在达到扩散温度前，金属之间彼此分离，待扩散实验结束后，每一层圆盘再相互错开，避免降温过程中的扩散行为。

6.3.2.4 X 射线成像法

前面介绍了扩散偶法及基于扩散偶法改良的测定方法，尽管旋转式剪切法已经能够避免升温及降温过程对互扩散系数的影响，但也只是对凝固后的样品进行分析从而得到液态合金的互扩散系数，而凝固过程对于扩散行为也存在影响。为了使测定结果更加准确，张博等[21]提出了一种原位测定液态合金互扩散系数的方法，称为 X 射线成像法，该方法结合了 X 射线成像技术与扩散偶法，如图 6.26 所示。

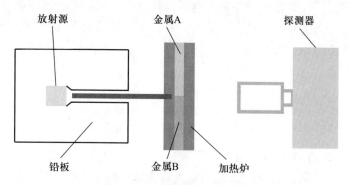

图 6.26　X 射线成像法示意图

该方法与液态密度测量方法中的 γ 射线衰减法和高能射线法类似。扩散偶放置于加热装置内，发射源发出的 X 射线打到扩散偶上。由于扩散行为，扩散偶中元素含量的分布不同，这导致不同部位的扩散偶对 X 射线的吸收程度不同，从而使得成像装置在扩散偶长度方向得到强度分布不均匀的像。经过一系列的转化后能够得到某种元素在扩散偶长度上的浓度分布，实际测量过程中，探测器每隔几秒即能测得某元素的浓度分布曲线，进而求得液态金属的互扩散系数。

由于 X 射线成像法能够原位测量原子的扩散深度，因此即使加热及降温过程中两种金属没有分离也不会影响实验结果，只需采用达到目标温度后的数据；此外，实时的测量还能够避免凝固对扩散行为的影响，从而进一步减小实验误差。

6.3.3　计算模拟方法

根据爱因斯坦对布朗运动的研究，他发现随机运动的粒子的移动距离的平方的平均数（也叫做均方根位移）与时间成正比，而均方根位移（mean square displacement，MSD）与自扩散系数密切相关，可以表示为

$$\text{MSD}(t) = \frac{1}{N} \left\langle \sum_{i=1}^{N} \left[r_i(t) - r_i(0) \right]^2 \right\rangle \tag{6.49}$$

$$D = \frac{1}{6} \frac{\partial}{\partial t} \text{MSD}(t) \tag{6.50}$$

式中，$r_i(0)$ 是第 i 个原子的初始位置；$r_i(t)$ 是经过时间 t 后的位置；$\langle\ \rangle$ 表示平均值；由于在三维空间中原子可以朝 6 个方向运动，所以扩散系数的系数为 1/6。而在分子动力学中，计算机能够掌握所有模拟原子在任一步长的运动位置，如同模拟液态合金密度、比热容等性质一样。在设置好初始条件后，分子动力学能够直接计算输出模拟液态金属的均方根位移，将它与模拟步长结合起来即可得到液态金属的自扩散系数。而对于互扩散系数来说，分子动力学无法通过模拟直接得到，在固体扩散理论中，Darken 总结了自扩散系数与互扩散系数的关系为

$$D_{AB} = (x_A D_A + x_B D_B)\varphi \tag{6.51}$$

$$\varphi = \frac{x_A x_B}{RT} \frac{\mathrm{d}^2 G_{\text{mix}}}{\mathrm{d}x_B^2} = 1 + \frac{\partial \ln \gamma_i}{\partial \ln x_i} \tag{6.52}$$

式中，D_{AB} 为组分 A 与 B 的互扩散系数；x_A 与 x_B 分别为组分 A 与 B 的摩尔分数；D_A 与 D_B 分别为组分 A 与 B 的自扩散系数；φ 为热力学因子，与该体系的混合吉布斯自由能 G_{mix} 有关；γ_i 为组分 i 的活度系数。对于部分液态金属，可以用式（6.51）估算液态金属的互扩散系数。

6.3.4　Ni 元素的自扩散系数

金属 Ni 是工业生产中非常重要的金属之一，其深过冷条件下的扩散行为引起了科学家们极大的研究兴趣，在凝固过程中，金属的扩散行为会对晶体的生长以及最后的组织形貌产生很大的影响。

图 6.27 给出的是运用示踪粒子法测得的固态 $\text{Ni}_{40}\text{Fe}_{10}\text{Al}_{50}$ 合金中 Ni 元素的自扩散系数与温度的关系[22]，由于金属 Ni 及其大部分合金熔点较高，所以运用示踪粒子法测定 Ni 及其合金的液态自扩散系数难度较大，从图中可以看到该合金中 Ni 元素的自扩散系数与温度满足 Arrhenius 关系，可表示为

$$D = 1.3 \times 10^{-5} \exp\left(-\frac{270.2}{RT}\right) \tag{6.53}$$

此外，根据式（6.49）对计算体系的 MSD 随时间的变化关系进行了计算，图 6.28（a）分别给出了温度为 1 200 K（最大过冷度为 526 K）、1 600 K（小于熔点温度）和 2 000 K（高过热状态）时的计算结果。显然，MSD 与 t 呈线性关系，根据自扩散系数 D 与 MSD 的关系，D 与 T 的关系常用 Arrhenius 公式表示：

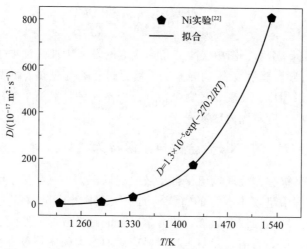

图 6.27 固态 $Ni_{40}Fe_{10}Al_{50}$ 金属中 Ni 的自扩散系数行为[22]

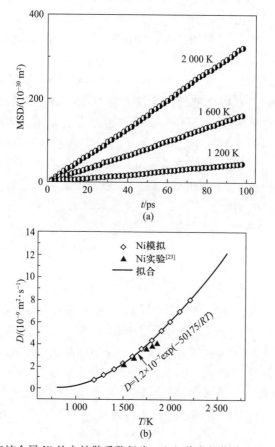

图 6.28 液态纯金属 Ni 的自扩散系数行为：（a）均方根位移；（b）自扩散系数

$$D = 1.2 \times 10^{-7} \exp\left(-\frac{50\,175}{RT}\right) \tag{6.54}$$

如图 6.28(b) 所示，图中实心三角形代表的是运用准弹性中子散射方法测定的液态 Ni 的自扩散系数[23]，涵盖了一部分过冷态与过热态的数据，与分子动力学模拟结果相比，发现二者吻合很好，但本文的计算结果给出了包括过冷及过热的更宽广温度范围内的数据。

6.3.5　液态 $Ce_{70}Al_{10}Ni_{20}$ 合金的自扩散行为

非晶材料又被称作金属玻璃，自从被发现以来，一直都被广泛关注。非晶合金在局域结构中呈现出有序的特征，而从大范围来看它又不具备有序的特征，这种独特的结构导致非晶合金在力学以及电磁学方面的性能非常优异，具有巨大的应用价值。目前，限制非晶材料应用的最大障碍是很难制备得到大尺寸的非晶合金。Ce 基非晶合金具有较强的非晶形成能力，有助于制备大尺寸非晶合金。而在玻璃化转变过程中，液态金属的微观动力学也就是扩散行为是非常重要的，胡金亮[18] 等利用准弹性中子散射技术测量了液态 $Ce_{70}Al_{10}Ni_{20}$ 合金中 Ni 原子的自扩散系数。

图 6.29 给出了液态 $Ce_{70}Al_{10}Ni_{20}$ 合金中 Ni 原子的自扩散系数与温度的关系，其中纵坐标做了对数化处理，这样方便判断扩散系数是否符合 Arrhenius 关系。图中虚线表示的是利用 Arrhenius 方程拟合的结果，实线表示的是利用 VFT 方程拟合的结果。由图可知，Ni 原子的自扩散系数随温度的升高而增大，当温度较高时，Ni 原子的自扩散系数与 Arrhenius 曲线符合较好，当温度降低后，自扩散系数偏离了 Arrhenius 关系，与 VFT 关系符合较好，这从一定程度上也说明 $Ce_{70}Al_{10}Ni_{20}$ 合金具有良好的非晶形成能力。

对于黏度与扩散之间的关系，可以用更广泛的"fractional Stokes-Einstein (FSE)"关系来概括，即

$$D \propto \left(\frac{\eta}{T}\right)^{-\zeta} \tag{6.55}$$

式中，ζ 为常数，当 $\zeta = 1$ 时，即为正常的 S-E 关系，当温度较高时，$\zeta = 1.05$，当温度降低后，ζ 转变成了 1.83，说明在液态 $Ce_{70}Al_{10}Ni_{20}$ 合金中，当温度降低时发生了 S-E 关系到 FSE 关系的转变，这是由于液态 $Ce_{70}Al_{10}Ni_{20}$ 合金内原子动力学的不均匀性所造成的。体系的黏度是由液态金属中运动缓慢区域决定的，Ce 原子尺寸较大，造成了局部区域运动缓慢，而小原子 Ni 在这些区域间快速移动，这种黏度与扩散的主体的不一致导致了 S-E 关系的失效。

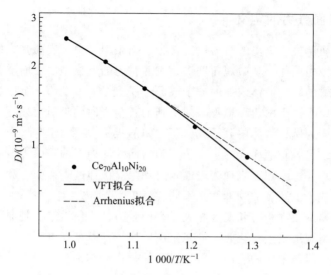

图 6.29　液态 $Ce_{70}Al_{10}Ni_{20}$ 熔体中 Ni 原子的自扩散系数与温度的关系[18]

6.4　表面张力

　　表面张力是一个和液体息息相关的物理性质，生活中也有很多有趣的现象向我们展示着表面张力的存在。例如，水黾在水面行走而不会掉入水中，硬币漂浮于水面而不会下沉，还有外太空空间站中的饮用水被挤出容器袋后会变成一个水球漂浮于空中。这些看起来很特别的现象其内在机理都是由于表面张力的作用，水黾和硬币都是由于水的表面张力的支撑才能展现"水上漂"，在外太空失重条件下水由于表面张力的作用自动缩成球体。对于液体来说，表面张力是一个重要且基础的物理性质，任何表面或界面现象都和表面张力有关，对表面或界面现象的研究也必然需要表面张力数据的支持。对于液态金属特别是高温液态金属来说，表面张力的研究有助于对冶金、焊接、凝固等过程的进一步理解。例如，冶金工业中气泡形核、熔渣与熔体的界面反应、熔体中的杂质分离等，焊接过程中焊料的润湿性、铺展性等，凝固过程中的形核生长、质量运输等，在这些过程中表面张力都是关键参数。深入研究表面张力也对理解这些表界面现象有着极大的推动作用。液态金属的直接利用也离不开表面张力的作用。例如，在低熔点镓基液态金属的图案化过程中表面张力直接影响其与基板之间的润湿性。此外对液态金属驱动控制的重要途径之一也是通过调控表面张力梯度实现的。可见表面张力是实际应用所需的一个重要调控参数。因此研究测量液态金属的表面张力不仅具有科学意义也具有实际的应用价值。

6.4.1　表面张力的定义

液体表面单位距离上的张力被定义为表面张力。由于表面张力的作用，液体表面趋向低表面能。从微观角度讲，表面张力的形成是由表面层分子或原子受力不均导致的，在液体内部的分子或原子受到的合力为 0，而在表面或界面上的分子或原子由于两边环境不一样受到的各个方向的吸引力并不均衡。以水和空气的界面为例，液体中分子或原子之间的吸引力要大于空气中粒子间的吸引力，总的结果就是液面上的水分子受到指向液体内部的吸引力，液体也会有缩小液面的趋势，宏观上表现为表面张力现象。液体的表面张力和表面能在数值上是一致的，但两者的物理意义不同。

液态金属的表面张力和温度相关。表面张力从本质上来讲是原子间相互作用的结果，当温度发生变化时，液态金属的原子活跃度发生变化，表面张力随之发生改变。液态金属的表面张力和温度的关系基本都符合线性关系：

$$\sigma = \sigma_m + \frac{\mathrm{d}\sigma}{\mathrm{d}T}(T - T_m) \tag{6.56}$$

式中，σ_m 是液态金属在熔点时的表面张力；$\mathrm{d}\sigma/\mathrm{d}T$ 是表面张力的温度系数。通常对于液态金属其表面张力随温度升高而下降，即温度系数 $\mathrm{d}\sigma/\mathrm{d}T$ 为负值。从热力学上讲，纯金属的温度系数不可能为正值，偶尔所报道的液态纯金属出现正的温度系数多是因为存在污染，例如被氧化或者含杂质。对于有些体系在某一温度区间内也可能存在正的温度系数，即随着温度升高表面张力增大，例如加入了Ⅵ族元素的铁水，在这种情况下表面活性剂(O、S、Se、Te 等)会随温度升高而从表面分离，从而导致表面张力增大[24]。这些存在正温度系数的体系，其表面张力也不会随着温度一直增加，而会存在一个临界温度，此时表面张力曲线达到最大值。

少量的表面活性剂或杂质都会对表面张力产生显著的影响，从而导致了精准测定表面张力的困难。对于液态金属，氧气就是表面活性因素之一，它会使液态金属氧化，影响液态金属表面张力，即使较低的氧气浓度也能使得表面张力发生较为明显的变化。此外，表面张力的温度系数也会随氧含量的变化而变化，一些液态纯金属随氧含量的变化，其表面张力的温度系数出现反常变化而变为正值，这种效应是由表面对氧气的吸附能力随温度变化导致的。恒温条件下，如图 6.30 所示为典型的表面张力随氧浓度变化曲线示意图，其中纵坐标为表面张力约化比值，横坐标为氧分压，在氧极低浓度值($X_0 \approx 0$)到饱和点($X_0 = X_{sat}$)之间的范围内，表面张力随氧浓度的变化而变化，整个曲线可以分为 3 个阶段：第 1 阶段氧含量特别低，即 $X_0 \approx 0$，此时的表面张力与纯金属的表面张力几乎相等；第 2 阶段氧含量为 $0 < X_0 < X_{max}$，X_{max} 为曲线拐点表示此时

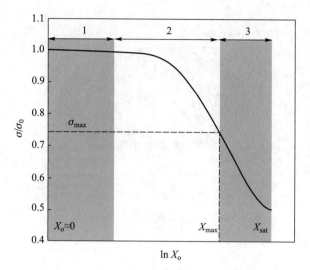

图 6.30　表面张力随氧浓度变化关系示意图[25]

吸附速率达到最大值，该阶段中液态金属被逐渐氧化，表面张力呈现下降趋势；第 3 阶段氧含量 $X_0 > X_{max}$，此阶段内表面张力减小的速度变缓，并且最终趋近于一个固定值 σ_{sat}，对应于饱和氧浓度 X_{sat}。

6.4.2　表面张力的实验测定方法

6.4.2.1　静滴法

当金属液滴置于某一不浸润且水平的基板上时，液滴会呈现出椭球形如图 6.31 所示，依据此时液滴的形状来测量液态金属的表面张力[2]。静滴法的特点是实验技术相对简单、样品使用量少、操作方便，并且可以实时观察表面张力的变化，静滴法同时也可以测量接触角、铺展系数等其他性质参量。

图 6.31 示意了基板上金属液滴的形状。其中，Y 为液滴椭圆轮廓上的任取一点；YO' 为 Y 点处曲面法线；Φ 为过 Y 点法线与对称轴的夹角；以椭圆最高点 O 为原点，Y 点的水平坐标为 x，垂直坐标为 z，在顶点 O 处 $z=0$，$x=0$。

通过 Young-Laplace 方程可知液滴表面附加压力（即液滴凹面和凸面侧压力差）与液滴外形之间的关系为

$$P_1 - P_2 = \Delta P = \sigma \left(\frac{1}{r_1} + \frac{1}{r_2} \right) \tag{6.57}$$

式中，P_1 和 P_2 分别为液滴凹面和凸面侧的压力；ΔP 为液滴表面附加压力；r_1 和 r_2 为液滴曲面某处的主要曲率半径。当液滴为球体时，$r_1 = r_2 = r$，则

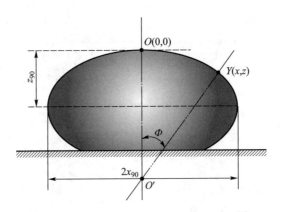

图 6.31 静滴法测量液态金属表面张力[2]

$$\Delta P = \frac{2\sigma}{r} \tag{6.58}$$

当液滴平铺时，$r_1 = r_2 = \infty$，则

$$\Delta P = 0 \tag{6.59}$$

具体分析液滴表面任一点 Y 处的情况，Young-Laplace 方程可以改写为

$$\Delta P = \sigma \left(\frac{1}{r_1} + \frac{1}{r_2} \right) = \Delta\rho gz + P_o \tag{6.60}$$

式中，$\Delta\rho$ 为液相和气相的密度差，g 为重力加速度，P_o 为顶点 O 处的附加压力。对于顶点 O，$r_1 = r_2 = r_o$，$z = 0$ 其中 r_o 为椭圆顶点 O 处的曲率半径，其大小取决于液滴的大小，则 P_o 取值为 $2\sigma/r_o$。取任一点 Y 处有 $r_1 = r_1$，$r_2 = x/\sin\varPhi$，则式（6.60）可以写为

$$\sigma \left(\frac{1}{r_1} + \frac{1}{x/\sin\varPhi} \right) = \frac{2\sigma}{r_o} + \Delta\rho gz \tag{6.61}$$

定义形状因子

$$\beta = \frac{\Delta\rho g r_o^2}{\sigma} \tag{6.62}$$

则式（6.61）可进一步简化为

$$\frac{1}{r_1/r_o} + \frac{\sin\varPhi}{x/r_o} = 2 + \beta \frac{z}{r_o} \tag{6.63}$$

式（6.63）即为静滴法计算液滴表面张力的基本方程。通过求解该方程即可得到表面张力。

Bashforth 和 Adams 计算了不同的 β 和 $\varPhi$ 值对应的 x/r_o、z/r_o、x/z 的数值，并制成了数值表。测量 $\varPhi = 90°$ 时 Y 点的坐标值 x_{90} 和 z_{90}（分别对应液滴最大水

平截面半径和该截面到顶点 O 的最大垂直距离），依据这两个值并通过查表得到相应 β 和 r_0 值，然后通过查表所得数值计算得表面张力。对液滴尺寸的测量精度直接影响到表面张力数值的误差，x 和 z 取值上微小的差异也可能导致表面张力值出现较为明显的偏差。通过该方法得到的表面张力数值精度依赖于液滴形状，当 x_{90}/z_{90} 值范围在 $1.5 \sim 2.0$ 时，准确性较高。

另一种精度较高的处理方法是通过 Dorsey 经验方程来计算表面张力值。这种方法避免了对赤道面精确定位的要求，但是需要构造与对称轴成 $45°$ 角的切线，并测量从切点到顶点之间的距离 y，然后代入 Dorsey 方程：

$$\sigma = \Delta\rho g x_{90}^2 \left(\frac{0.052}{f} - 0.1227 + 0.0481 f \right) \qquad (6.64)$$

其中

$$f = \frac{y}{x_{90}} - 0.4142 \qquad (6.65)$$

通过 Dorsey 经验方程可直接计算出表面张力，且其精度高于查询 Bashforth-Adams 数值表所得值。

借助计算机技术和影像技术，静滴法测量表面张力的精度得以进一步提升，通过 CCD 相机可以获得高分辨率的液滴图像，然后采用软件拟合液滴轮廓得到高精度的形状参数，进而通过软件包计算得到表面张力数值。

当液滴越大时，静滴法的测量精度越高，然而在实际测量过程中通常很难单独获得轴对称较好的大液滴。基于此问题，为了使大液滴保持轴对称性，发展了基于静滴法的"约束液滴法"。不同于传统静滴法中液滴置于基板上，"约束液滴法"中使用一种具有锋利边缘的特殊圆形坩埚代替了基板。"约束液滴法"不仅制造出更大的轴对称液滴，同时对于润湿或不润湿的材料都适用[24,26]。

6.4.2.2 悬滴法

悬滴法和静滴法类似，都属于滴外形法，是通过液滴外形数据来计算表面张力的[2]。在该方法中，金属液滴在毛细管孔处自由悬挂，其形状示意图如图 6.32 所示。这种悬挂的形状是液滴表面张力和重力一同作用的结果，悬滴法的液滴可以看成静滴法液滴的倒置。为了便于测量，Andreas 等引入了形状因子 Y 以及 Z，分别为

$$Y = \frac{d_e}{d_s} \qquad (6.66)$$

$$Z = \beta \left(\frac{d_e}{r_0} \right)^2 = \frac{\Delta\rho g d_e^2}{\sigma} \qquad (6.67)$$

式中，d_e 为液滴的赤道直径；d_s 为距离原点高度 d_e 处的直径。建立相应形状

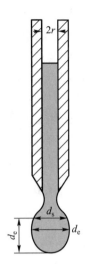

图 6.32　悬滴法以及滴重法测表面张力示意图[2]

的数值表，并通过测量得到的 d_e 和 d_s 即形状因子 Y 来查询另一个形状因子 Z 的值，此时若两相的密度差已知，则可得到表面张力数值。

　　悬滴法与静滴法存在类似的精确度方面的问题，此外悬滴法还容易受到微小扰动的干扰导致液滴脱离毛细管，且悬滴法测量表面张力的温度范围也小于静滴法。悬滴法的优点在于可以通过替换毛细管为所测量材料金属棒使得化学相容性方面的问题得以规避，同时通过激光或者电子束加热金属棒使得其末端熔化成悬挂的金属液滴，但该方法同时带来了测温困难等问题。

图 6.33　联合测量法测量表面张力过程中液滴的变形过程[27]

　　悬滴法和静滴法对于一些高温金属以及高活性金属例如 Ti，测量的难度很大，因此一种结合静滴法和悬滴法的联合测量方法被应用于测量高温金属的表面张力[27]。该方法的测量过程是先将材料棒切成所需质量大小，然后置于铝毛细管中，金属被加热熔化后从毛细管中挤出，挤出的同时通过摄像机高速记录图像，数秒后，液滴与基板接触，随后通过往相互远离的方向移动毛细管和基板，使液滴被拉伸并且破碎，最终在基板上留下一滴金属液滴，整个液滴的变形过程如图 6.33 所示。尽管该方法无法避免液滴与毛细管和基板的接触，但是接触时间很短且仅有数秒。由于液滴是从毛细管中挤出的，因此氧化的影响很小。在该过程中，液滴大、对称性好，故有效提高了测量精度。

6.4.2.3 滴重法

滴重法测量液态金属表面张力的过程是在毛细管末端缓慢制造一个液滴，示意图如图 6.32 所示，液滴不断增大直到脱离毛细管滴落，通过多次重复该滴落过程直到足以确定每个液滴的平均质量[26]。在理想情况下，当液滴从毛细管上脱离时，作用在脱离点的引力将与表面张力的值大小相等、方向相反，则有

$$m_{ideal}g = 2\pi r\sigma \tag{6.68}$$

式中，r 为毛细管的半径；m_{ideal} 为理想条件下的液滴质量。

在实际情况中，液滴的形成和分离是一个复杂的过程，例如液滴过早脱离往往会伴随着一个或多个非常小的卫星小液滴，又或者断裂后仍旧有部分液滴残留在毛细管上，这些情况都会导致液滴的实际质量总是小于"理想"质量。因此，需要引入修正系数 Γ 进行修正

$$mg = 2\pi r\sigma\Gamma \tag{6.69}$$

则有

$$\sigma = \frac{mg}{2\pi r\Gamma} \tag{6.70}$$

修正系数 Γ 通常使用低密度和低表面张力的液体标定，同时修正系数 Γ 是关于 V/r^3（或 $m/\rho r^3$）的函数。通常的做法是通过液滴质量确定体积，然后从 Γ 和 $r/V^{1/3}$ 的数值表中得到相关的 Γ 值。对于毛细管的选择，通常选择 $r/V^{1/3}$ 大小范围在 0.6~1.2 之间，因为在这个范围内修正系数 Γ 的变化范围最小。同时在测量表面张力过程中，尽量使用锥形管以减小润湿角效应带来的影响。

滴重法的重点是要液滴形成缓慢，特别是在最后脱离阶段。通常是通过调节毛细管上方施加于液体表面的压力来调节下落液滴的形成速率。对于高温金属，可以通过直接熔化特定直径的材料棒尖端来产生下落的液滴。该方法虽然直接避免了容器带来的污染，但同时也带来了很多额外的问题，例如需要将熔化区域限制在尖端，且对加热范围，加热温度的控制要求都很高，同时对液滴的滴落速度也难以控制等。

6.4.2.4 最大泡压法

将一根半径为 r 的毛细管浸入到距液体表面为 h 的深处，并将惰性气体通入毛细管中，逐渐增加气体的压力，于是在毛细管中就会形成一个气/液界面。当压力增加到一定程度时，弯液面就会脱离毛细管而成为气泡，当气泡半径恰好等于毛细管半径时，气泡内的压力最大，为

$$P_{max} = \rho g h + \frac{2\sigma}{r} \tag{6.71}$$

式中，右边第一项为液体产生的压力，其中 ρ 为液体密度；第二项是克服熔体表面张力形成气泡所需的压力。

采用最大泡压法测定表面张力的优点在于：① 可以连续测量，而且每次测量都有新鲜的表面形成，这样表面污染的影响可以降到最低；② 可以避免使用高温时液体的密度，从而减少了密度测量误差的传递。但同时该方法也存在一些缺点，例如熔体与毛细管材料必须要有很好的浸润性，否则将会使表面张力的测定值偏低；该方法仍旧存在少量的表面污染。

6.4.2.5　毛细管上升法

当一个半径为 r 的干净毛细管浸入液态金属中时，管中的液态金属液面通常是弯曲的，曲面形状取决于液态金属和毛细管材质之间的润湿性，同时也遵循 Laplace 方程。如图 6.34 所展示的是液态金属和毛细管材料润湿的情况，此时接触角 θ 小于 90°，表面张力产生的附加力为向上的拉力，毛细管内液面上升，直至液柱的重力与拉力平衡。当平衡时，毛细管内液面高于管外液面，液面呈凹形，此时 A、B、O 三点之间的压力关系可表示如下：

$$P_A = h_0 g \rho_l - \frac{2\sigma}{r_1} + P_O = h_0 g \rho_g + P_O = P_B \tag{6.72}$$

式中，P_A、P_B、P_O 分别表示图 6.34 中 A，B，O 三点的压力；h_0 为毛细管内液面高度；ρ_l、ρ_g 分别为液体密度和气体密度；r_1 为液面曲率半径，当毛细管很细时可认为 $r_1 = r/\cos\theta$；θ 为液态金属和毛细管壁的接触角。由式（6.72）可以推导出表面张力为

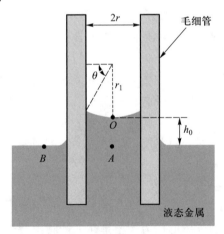

图 6.34　毛细管上升法测量液体表面张力示意图

$$\sigma = \frac{h_0 g \Delta \rho r}{2 \cos \theta} \tag{6.73}$$

式中，$\Delta\rho$ 为液态金属和气体的密度差。

毛细管上升法测量表面张力的原理简单，可测量低熔点液态金属的表面张力。但这种方法测量表面张力的局限性较大。例如对于非润湿体系，此时液面高度会低于管外液面，液态金属的不透明性会导致 h_0 难以测定；出于观察液面的需求，毛细管的材质必须是透明的，这限制了材料的选择只能是玻璃，这也导致这种方法对于许多高温的或者会与玻璃反应的液态金属不适用。

6.4.2.6　悬浮液滴振荡法

传统测量方法都存在着与器壁接触所带来的表面污染，使得熔体在熔点以下容易发生异质形核而无法进入深过冷状态，这就注定了这些测量方式只能测量液态金属熔点附近及以上的温度区域的表面张力，而不可能应用于深过冷熔体。同时传统测量方法对于高温熔体的测量通常存在很大的局限性，无论是高温或者高活性都给传统的测量方法带来了困难。鉴于这些情况，人们积极探索无容器表面张力测定方法。

从 20 世纪 70 年代发展起来的悬浮液滴振荡法便是实现无容器测定表面张力的方法之一。悬浮液滴振荡法是通过液滴的本征振荡频率与表面张力之间的关系来测定表面张力的。不同的悬浮方法，其具体处理过程也会有所不同，例如电磁悬浮需要考虑电磁场的影响，而静电悬浮需要考虑静电场的影响，不同的悬浮场带来的影响不同。这里主要介绍基于电磁悬浮和静电悬浮条件下的悬浮液滴振荡法。

1. 静电悬浮液滴振荡法

根据 Rayleigh 公式，当一个孤立的液滴作轴对称振荡时，它的 l 阶振荡频率与表面张力相关，其关系可表示如下：

$$(2\pi f_l)^2 = l(l-1)(l+2)\frac{\sigma}{\rho r_0^3} \tag{6.74}$$

式中，f_l 为 l 阶振荡本征频率；r_0 为液滴为理想球形时的半径。

由式(6.74)可知，孤立的悬浮液滴在 2 阶轴对称振荡时，其振荡本征频率和表面张力之间有如下关系：

$$f_2^2 = \frac{2\sigma}{\pi^2 \rho r_0^3} \tag{6.75}$$

由于静电悬浮中悬浮样品表面带有电荷，熔体同时受到重力场和静电场的影响，因此实际得到的振荡频率与理想状态下孤立液滴的振荡频率之间有所偏差，需要做如下修正处理：

$$f_{2m}^2 = f_2^2 \left(1 - \frac{Q^2}{64\pi^2 r_0^3 \sigma \varepsilon_0}\right) \left[1 - F(\sigma,\ q,\ e)\right] \tag{6.76}$$

$$F(\sigma,\ q,\ e) = \frac{(243.31\sigma^2 - 63.14q^2\sigma + 1.54q^4)e^2}{176\sigma^3 - 120q^2 + 27q^2\sigma - 2q^6} \tag{6.77}$$

$$q^2 = \frac{Q^2}{16\pi^2 r_0^2 \varepsilon_0} \tag{6.78}$$

$$e = E^2 r_0 \varepsilon_0 \tag{6.79}$$

$$mg = EQ = \frac{U}{l}Q \tag{6.80}$$

式中，f_{2m} 为实际采集到的 2 阶振荡本征频率；f_2 为理想带电液滴的 2 阶振荡本征频率，如式 (6.75) 所示；Q 为悬浮液滴所带的电荷量；ε_0 为真空介电常数；E 为上下电极间的电场强度；U 为上下电极间电压；l 为上下电极间距；m 为样品质量。结合式 (6.75) 至式 (6.80) 便可得到液滴的表面张力，由此可知悬浮液滴振荡法测量表面张力的关键便是准确测量液滴的本征振荡频率。

图 6.35 展示了静电悬浮液滴振荡法测量液态金属表面张力的装置示意图。由于静电悬浮的特性，悬浮液滴几乎是静态悬浮，形状接近正球体，此时通过采集 CMOS 照片即可测得液态金属密度数据。悬浮液滴的振荡需要通过额外施加一个激励信号才能发生，激励振荡过程如下：当熔体稳定悬浮后，在悬浮电压上叠加一个幅值远小于悬浮电压的正弦激励信号，调节激励信号的幅值 (ε) 和频率 (f)，当频率与样品的本征振荡频率接近且幅值合适时会引起熔体的共振，此时熔体会以 2 阶轴对称方式振荡。图 6.35 也展示了熔体振荡信号的采集过程，一束穿过样品的准直激光，经过一道狭缝，由于狭缝宽度小于熔体半径且位于阴影中央，最终会在光电探测器上留下投影。当样品振荡时，其形状

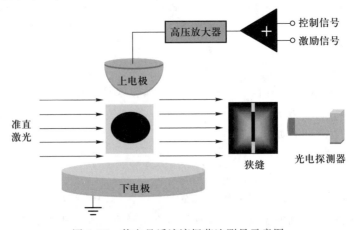

图 6.35　静电悬浮液滴振荡法测量示意图

发生周期性变化，光电探测器接收到的信号也会发生周期性变化。图 6.36 展示了对样品振荡信号的处理过程，通过在另一个方向布置的 CMOS 相机，可以同步观察样品的振荡情况，图 6.36(a)是拍摄到的一次完整的熔体进行 2 阶轴对称振荡过程。关闭激励信号后，样品进行自由衰减振荡，采集到的衰减振荡信号如图 6.36(b)所示，将衰减信号进行快速傅里叶变换(FFT)后得到图 6.36(c)所示的频谱结果，峰值最高点即为测得的样品本征频率。

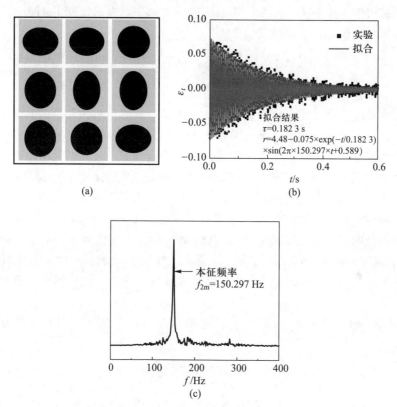

图 6.36　静电悬浮液滴振荡信号采集：(a)悬浮熔体的 2 阶轴对称振荡过程；(b)关闭激励信号后的振荡衰减曲线；(c)经 FFT 变换后测得的本征频率

与其他测量方法相比，静电悬浮液滴振荡法测量表面张力具有以下优点：

(1)无容器悬浮，避免了液态金属与器壁的接触，适用于高温和高活性液态金属表面张力的测定。

(2)超高真空的测试环境极大程度上避免了氧化对表面张力的影响：一方面实验环境中的氧含量几乎为 0；另一方面可通过多次热循环来蒸发样品表面因其他环节产生的氧化物。

（3）由于无容器处理消除了器壁引入的异质形核，液滴容易实现深过冷，所以该法可以测定过冷熔体的表面张力。

（4）由于静电悬浮中加热与悬浮相互独立，可通过负反馈控制激光功率来实现样品的精准控温，得到准确的表面张力与温度的关系。

2. 电磁悬浮液滴振荡法

高频电磁场中悬浮液滴在外来微小扰动的作用下将产生振荡，其振荡频率与表面张力的大小相关。如果已知液滴的振荡频率就可以根据 Rayleigh 方程确定出对应温度下悬浮液滴的表面张力

$$\sigma = \frac{3}{8}\pi m f_R^2 \tag{6.81}$$

式中，f_R 是电磁悬浮液滴的 2 阶轴对称振荡本征频率。

在电磁悬浮条件下，由于重力场和电磁场的共同作用，悬浮液滴会经常发生旋转，同时形状会偏离球形，导致 Rayleigh 频率的分裂与平移，即实际采集得到的频峰会不止一个。电磁悬浮液滴的振荡信号采集过程和静电悬浮液滴类似，对采集到的振荡信号进行 FFT，得到液滴振荡的频谱。图 6.37 是电磁悬浮振荡法得到的典型液滴振荡频谱图，图中存在两处频峰段，在 4~8 Hz 范围内的低频段的频峰 f_{tr} 对应液滴在悬浮过程中的质心的平移频率，在 40~50 Hz 范围内的频峰 $f_{2,l}$ 对应液滴在表面张力驱动下振荡产生的频率，对于给定的合金，其振荡频率的大小由表面张力决定，所以这两处的频率也是按规律呈现的。在这种情况下，Rayleigh 公式必须经过适当的修正才能应用于表面张力的测定。

Cummings 和 Blackburn 给出了在电磁悬浮条件下液滴振荡频率的修正表达式：

$$f_R^2 = \frac{1}{5}\sum_{l=-2}^{2} f_{2,l}^2 - 2f_{tr}^2 \tag{6.82}$$

式中，l 表示分裂模式，通常存在 5 种模式即分裂成 5 个频峰，所以 l 取值从 −2 到 2；f_{tr} 表示液滴质心平均平移频率即低频段的频峰均值。结合式（6.81）和式（6.82）即可得到悬浮液滴的表面张力。

与传统的接触式测量方法相比，电磁悬浮液滴振荡法具有 4 个方面的优点：

（1）避免了液态金属与器壁的接触，因此减少了环境对样品的污染，这对于高温和高活性导电材料表面张力的测定非常有意义，因为在高温下液态金属极易与器壁反应；

（2）表面张力的测定不依赖于密度值，因而就避免了密度测量传递过来的误差（大约为±5%）；

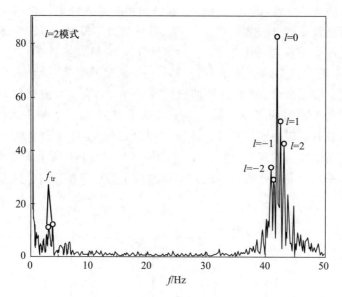

图 6.37　电磁悬浮振荡法得到的典型液滴振荡频谱示意图[28]

（3）由于无容器处理消除了器壁引入的异质形核，液滴容易实现深过冷，所以该法可以测定过冷熔体的表面张力；

（4）通过调节气流可以将过冷态保持一段时间，这就使表面张力的测定成为可能。因此，电磁悬浮液滴振荡法是测定高温、高活性金属或合金过冷熔体表面张力的有效方法。

6.4.3　计算模拟方法

目前获取液态金属表面张力数据主要有 3 种途径：实验测定[29]、经验估计[30]、计算模拟[31]。实验测定液态金属表面张力是最可靠的数据来源，然而总是存在局限性，一方面对某些高熔点、高活性、高饱和蒸气压、易氧化之类的液态金属实验测量困难，另一方面测量液态金属表面张力时的温度范围有所限制，通常难以达到深过冷区间。经验方程通常并没有较为明确的物理意义，多应用于精度要求不高时。计算模拟技术已是研究材料性质的一个重要手段，既可以用于和实验结果互相印证，也可以用于探索实验手段无法达到的领域，例如模拟深过冷液态金属的物理性质。计算模拟方法包括蒙特卡罗、分子动力学和第一性原理计算，通过构建合适的模型并选择合适的模拟参数可以计算得到液态金属的热物理性质，包括实验中难以保持的亚稳态时的性质。计算模拟方法具有高效获取大批量数据的特点，已成为研究热物理性质和行为的重要工具之一。本节主要介绍如何利用计算模拟求得液态金属的表面张力数据。

构建如图 6.38 所示的真空-液相-真空模型，通过模拟压力张量来计算表面张力是目前常见的方法之一[29,32,33]。在分子动力学模拟中，模型可以如此构建：先以金属原子构建一个沿 x、y、z 3 个方向满足周期性条件的 NPT 系综（等温等压系综，该系综中原子数目 N、压强 P 以及温度 T 保持不变）盒子，并进行平衡，随后撤销 z 方向的周期性边界条件，并在 z 方向延长盒子，在液相两侧形成两个相同的真空区域，随后对这个整体设定为 NVT 系综（正则系综，该系综具有恒定的粒子数 N、体积 V 以及温度 T）并进行平衡。由此得到一个类似三明治结构的真空-液相-真空模型，其中液相区域很窄类似于液膜，平行于 x-y 平面。表面张力可以通过对压力张量的法向和切向分量差在界面上积分求得。

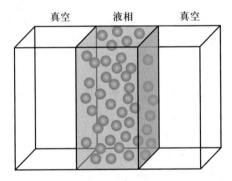

图 6.38　分子动力学模拟计算表面张力的真空-液相-真空模型示意图[32]

表面张力数值上和单位面积表面自由能相等，因此也可以通过计算表面自由能来获取表面张力，图 6.39 展示了液体分离模型的示意图，这是目前最常见且最简单的方法之一[29,31-33]。该模型可以如此构建：在周期性条件下构建好金属液柱，然后假定在系统盒子中存在一个平行于 x 轴和 y 轴并垂直于 z 轴的平面。原则上该平面位置 z_0 可以任意设置，只要与系统盒子的 z 轴上下周期性边界距离大于势函数的截断距离 L_c，以避免 z 轴方向上周期性边界条件的影响。随后计算位于 z_0+L_c 到 z_0-L_c 范围内的原子的总势能 U，并分别计算位于 z_0+L_c 到 z_0 范围内的原子总势能 U_1 和 z_0 到 z_0-L_c 范围内的原子总势能 U_2。由此便模拟了一个液柱被分成两个体积相等的液柱的过程，在此过程中产生了两个新的表面，整个系统总自由能的变化等于两个表面的表面能之和。整个过程中内聚力的做功 W 可以被定义为分开液柱所需的功，表面张力可由如下关系式求得：

$$\sigma = \frac{1}{2}W = \frac{U - (U_1 + U_2)}{2} \tag{6.83}$$

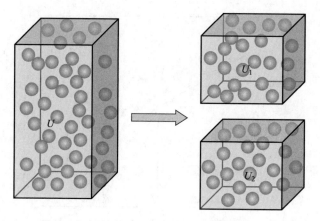

图 6.39　分子动力学模拟计算表面张力的液体分离模型示意图[31]

6.4.4　深过冷液态合金的表面张力

6.4.4.1　深过冷二元 Ni-Si 合金的表面张力

深过冷状态下的热物理性质参数如表面张力是开展快速凝固所必需的数据。传统的接触式表面张力测量方法难以获取过冷态数据，而非接触式的电磁悬浮液滴振荡法可以避免容器壁的污染，有利于液态金属达到并保持深过冷状态，从而实现对深过冷液态金属表面张力的测定。Ni-Si 合金是典型的共晶体系，由于其强度高、耐腐蚀等特点，具有非常好的工业应用价值。此外目前深过冷合金熔体的表面张力研究多集中于纯金属和简单的匀晶或共晶体系，而对于 Ni-Si 合金这种金属-半导体体系的研究相对较少，因此对 Ni-Si 合金表面张力的研究具有重要意义。这里通过电磁悬浮振荡法测量了深过冷液态 Ni-Si 合金的表面张力[29,34]。

为验证实验系统的有效性，首先利用电磁悬浮液滴振荡法对液态纯 Ni 的表面张力进行标定，所得结果如图 6.40(a)所示。实验中达到的最大过冷度为 201 K，测得的液态纯 Ni 的表面张力(单位为 N·m^{-1})与温度存在线性函数关系

$$\sigma_{Ni} = 1.764 - 3.3 \times 10^{-4}(T - T_m) \tag{6.84}$$

图 6.40(a)中也给出了韩秀君[35]和 Egry[36]等的实验测量结果，可以看出其与本结果较为相符，在熔点处的表面张力值偏差小于 1%，温度系数也是在合理的范围内。进一步选择 Ni$_{80}$Cu$_{20}$ 匀晶合金进行实验，测得的表面张力(单位为 N·m^{-1})结果如图 6.40(b)所示，其和温度的线性函数关系为

$$\sigma_{Ni_{80}Cu_{20}} = 1.514 - 1.95 \times 10^{-4}(T - T_L) \tag{6.85}$$

从图 6.40(b)中可以看到测得的液态 Ni$_{80}$Cu$_{20}$ 匀晶合金的表面张力的温度

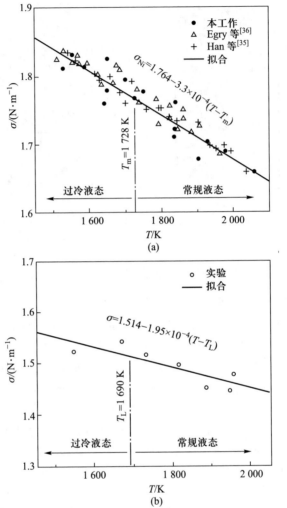

图 6.40　实验测定表面张力结果：（a）液态 $Ni^{[29]}$；（b）$Ni_{80}Cu_{20}^{[34]}$

范围是 1 544～1 957 K，最大过冷度达 146 K，略小于纯 Ni 所达的最大过冷度，其表面张力也小于液态纯 Ni。

对 Ni-Si 合金表面张力的测定是通过选择两个比较有代表性的成分点进行实验的，一个是 $Ni_{90.1}Si_{9.9}$ 合金，另一个是 $Ni_{70.2}Si_{29.8}$ 合金。本节通过大量的实验，测定了不同温度下液态 $Ni_{90.1}Si_{9.9}$ 合金和液态 $Ni_{70.2}Si_{29.8}$ 合金熔体的悬浮振荡频谱，并通过式（6.82）对所得振荡频率进行修正处理，最后通过式（6.81）得到表面张力随温度的变化关系，实验温度范围分别为 1 417～1 994 K 和 1 306～1 895 K。实验测得的两个合金成分的表面张力（单位为 $N \cdot m^{-1}$）与温度都存在线性函数关系：

$$\sigma_{\text{Ni}_{90.1}\text{Si}_{9.9}} = 1.697 - 3.97 \times 10^{-4}(T - T_{\text{L}}) \tag{6.86}$$

$$\sigma_{\text{Ni}_{70.2}\text{Si}_{29.8}} = 1.693 - 4.23 \times 10^{-4}(T - T_{\text{E}}) \tag{6.87}$$

实验中获得的最大过冷度分别为 206 K（$0.13T_{\text{L}}$）和 182 K（$0.12T_{\text{E}}$），表面张力值在熔点附近没有发生突变，而是连续变化的。随着温度的降低，液态合金熔体的表面张力线性地增大。表 6.3 中列出了 Ni-Si 合金以及纯 Ni 和纯 Si 的表面张力实验数据。虽然这两个合金与纯 Ni 相比，在各自熔点处的表面张力值相差不大，但随着半导体元素 Si 的引入，合金的熔点降低，在同一温度下随着 Si 含量的增大表面张力在逐渐减小。纯组元 Si 的表面张力是最小的，这两个合金表面张力的减小可归因于 Si 的引入。同时，这两个合金表面张力的温度系数都介于两个纯组元 Ni 和 Si 的温度系数之间，Si 的温度系数的绝对值是最大的，随着元素 Si 的引入，合金的温度系数的绝对值也在增大。

表 6.3 液态 Ni-Si 合金及其纯组元的表面张力

成分	$T_{\text{m}}(T_{\text{L}})/\text{K}$	$\sigma_{\text{m}}/(\text{N·m}^{-1})$	$\text{d}\sigma/\text{d}T/(10^{-4}\,\text{N·m}^{-1}\text{·K}^{-1})$
Ni[29]	1 728	1.764	−3.30
Si[37]	1 687	0.78	−6.5
Ni$_{90.1}$Si$_{9.9}$ [38]	1 623	1.697	−3.97
Ni$_{70.2}$Si$_{29.8}$ [39]	1 693	1.693	−4.23

6.4.4.2 深过冷三元 Fe-Cu-Mo 偏晶合金的表面张力

Fe-Cu-Mo 合金是典型的三元偏晶合金系，3 个组元中两两组元组成的合金体系中，Cu-Mo 是典型的偏晶体系、Fe-Cu 和 Fe-Mo 是典型的包晶体系，且各自相图上都存在相分离区间，Fe-Cu-Mo 合金在航空工业中有着美好的应用前景，但由于其熔点高和存在相分离区间，无论是研究其宏观性质还是微观结构，实验上都存在巨大的难度。因此，对其过冷表面张力进行实验定量测定具有重要的科学意义和应用价值。该合金系有两个三相偏晶点 Fe$_{78}$Cu$_{15}$Mo$_7$ 和 Fe$_{71.5}$Cu$_{3.5}$Mo$_{25}$，同时还存在两相偏晶成分 Fe$_{77.5}$Cu$_{13}$Mo$_{9.5}$。以 Fe$_{71.5}$Cu$_{3.5}$Mo$_{25}$ 三相偏晶为例，实验中对这种合金的表面张力随温度的变化进行了研究，取得的最大过冷度为 173 K。实验测得的表面张力（单位为 N·m^{-1}）与温度的关系如图 6.41 所示，数据拟合结果如下：

$$\sigma_{\text{Fe}_{71.5}\text{Cu}_{3.5}\text{Mo}_{25}} = 1.661 - 4.1 \times 10^{-4}(T - T_{\text{L}}) \tag{6.88}$$

由式（6.88）可以看到，该合金表面张力与温度呈线性函数关系，且随着

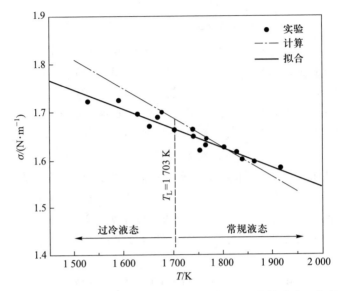

图 6.41　液态 $Fe_{71.5}Cu_{3.5}Mo_{25}$ 合金熔体表面张力的实验与计算结果随温度变化关系[40]

过冷度的增大而增大。对另外一个三相偏晶点 $Fe_{78}Cu_{15}Mo_7$ 和二相偏晶点 $Fe_{77.5}Cu_{13}Mo_{9.5}$ 也进行了表面张力测量，所得结果类似。为了便于比较，将纯组元 Fe、Cu 和 Mo 的表面张力和实验所测得的 Fe-Cu-Mo 合金的表面张力结果一并列于表 6.4 中。从表中可以看出，$Fe_{77.5}Cu_{13}Mo_{9.5}$、$Fe_{78}Cu_{15}Mo_7$ 和 $Fe_{71.5}Cu_{3.5}Mo_{25}$ 这 3 个成分的合金在相同温度下的表面张力均比纯 Fe 和纯 Mo 小、比纯 Cu 要大，纯组元 Mo 和 Cu 的表面张力分别是最大和最小，Cu 的引入是这 3 个合金表面张力比纯 Fe 和纯 Mo 小的主要原因。$Fe_{71.5}Cu_{3.5}Mo_{25}$ 的表面张力是这 3 个合金中最大的，这是由于该合金是 Cu 的含量最小而 Mo 的含量最大的。表 6.4 同时展示了部分通过悬浮振荡法测得的高温液态金属及合金的表面张力数据。

表 6.4　部分高温液态金属及合金的表面张力

成分	$T_m(T_L)/K$	$\sigma_m/(N \cdot m^{-1})$	$d\sigma/dT/(10^{-4}N \cdot m^{-1} \cdot K^{-1})$
Fe[41]	1 811	1.92	−3.97
Cu[41]	1 357	1.29	−2.34
Mo[42]	2 896	2.29	−2.6
$Fe_{77.5}Cu_{13}Mo_{9.5}$[40]	1 703	1.588	−3.7

成分	$T_m(T_L)/K$	$\sigma_m/(N \cdot m^{-1})$	$d\sigma/dT/(10^{-4}N \cdot m^{-1} \cdot K^{-1})$
$Fe_{78}Cu_{15}Mo_7$[40]	1 693	1.587	−4.0
$Fe_{71.5}Cu_{3.5}Mo_{25}$[40]	1 703	1.661	−4.1
Te[43]	1 629	8.93	−1.0
Co[35]	1 768	1.875	−3.48
Ti[44]	1 943	1.557	−1.56
Zr[45]	2 128	1.45	−1.77
V[46]	2 183	1.935	−2.7
Ru[47]	2 606	2.26	−2.4
Ir[48]	2 719	2.23	−1.7
Nb[49]	2 750	1.76	−2.11
Ta[50]	3 290	2.15	−2.1
Os[51]	3 306	2.48	−3.4
Re[52]	3 453	2.71	−2.3
W[53]	3 695	2.477	−3.1
$Co_{93.6}Mo_{6.4}$[54]	1 744	1.895	−3.1
$Co_{82}Mo_{18}$[54]	1 682	1.932	−3.3
$Co_{73}Mo_{27}$[54]	1 607	1.989	−3.4
$Ti_{49}Al_{51}$[55]	1 753	1.094	−1.422
$Ti_{80}Al_{20}$[28]	1 963	1.313	−2.496
$Ti_{45}Al_{55}$[56]	1 814	1.131	−1.812
$Ti_{50}Al_{45}Nb_5$[56]	1 837	1.138	−2.018
$Ti_{45}Al_{45}Nb_{10}$[56]	1 865	1.171	−2.233
Ti−6Al−4V[57]	1 933	1.38	−3.13
$Co_{58.8}Si_{41.2}$[58]	1 607	1.604	−4
$Ni_{90}Cu_5Fe_5$[59]	1 719	1.799	−4.972

续表

成分	$T_m(T_L)/K$	$\sigma_m/(N\cdot m^{-1})$	$d\sigma/dT/(10^{-4}N\cdot m^{-1}\cdot K^{-1})$
$Ni_{85}Cu_5Fe_5Sn_5$[59]	1 644	1.546	-5.057
$Ni_{80}Cu_5Fe_5Sn_5Ge_5$[59]	1 641	1.357	-5.385
$Fe_{90}Si_{6.95}Sn_{3.05}$[49]	1 714	0.987	1.11

6.5　黏度

当流体内部发生流动时会产生内摩擦力从而阻碍相对运动，这就是流体的黏滞性。任何流体都具有黏滞性，黏度则是用来度量流体黏滞性的物理量。宏观上来看，黏度越大，流体黏性越强，流动能力越弱。例如，常温常压下，水的黏度为 1 mPa·s，橄榄油的黏度约为 10^2 mPa·s，水银的黏度为 1.526 mPa·s，沥青的黏度高达 2.3×10^{11} mPa·s，这些常见的物质都属于液态，但其黏度差别非常大，表现为流动能力差距明显。水、橄榄油以及水银都可以轻易流动，而著名的沥青滴漏实验至今已历经了近一个世纪，才滴落 9 滴沥青。锥形火山口和盾形火山口的形成也是因为不同种类熔岩的黏度不同，高黏度的熔岩由于黏度大，流动缓慢，导致凝固前会不断累积，最终形成锥形火山口，而低黏度熔岩则容易向四周流动，凝固时堆积较少，最终形成盾形火山口。对于液态金属，黏度可用来描述液态金属动力学过程，是表征液态金属内部原子输运特性的重要物理性质，反映了原子间以及原子团簇间相互作用力的大小；同时，黏度还是液态金属结构敏感物理量，可以反映熔体微观结构的变化。在工程应用上，铸造过程中铸型的填充，冶金过程中杂质分离、气泡排除，凝固组织偏析的成因，以及其他和液态金属流动相关的动力学过程等都直接或间接与黏度相关。由此可以看出，研究液态金属的黏度既存在科学意义也具备工程应用需求。

6.5.1　黏度的定义

当两层流体发生相对运动时，在层界面会产生抗变形的力，这种抗力与流体的变形速度成比例，流体抵抗变形的特性就是黏滞性，简称黏性。黏性本质上是由内摩擦产生的，当两层液体做相对运动时，两层液体分子间的平均距离增大，不同层之间将产生切向力，其方向为阻止流层间的相对运动，即宏观表现为产生黏滞力以抵抗液体的相对运动。

牛顿最早提出了流体内摩擦的概念，并给出了表征内摩擦力的定律，从中可以得到黏度的定义：

$$\eta = \frac{\kappa}{\mathrm{d}v/\mathrm{d}y} \tag{6.89}$$

式中，η 为流体的黏度；κ 为剪切应力；$\mathrm{d}v/\mathrm{d}y$ 为速度梯度。该式定义的黏度又称为动力黏度(dynamic viscosity)，工程上常用的运动黏度定义为动力黏度与密度的比值，这里主要讨论的是前一种。如果一种流体遵从式(6.89)，即为牛顿流体，牛顿流体的黏度与切应力以及运动速率无关，当发生相对运动时牛顿流体的黏性切应力与速度梯度之间满足线性关系，而不满足切应力与速度梯度线性关系的流体为非牛顿流体。

温度是影响黏度的最主要因素之一。温度越低，流体分子间的距离越小，分子间作用力越大，从而导致流体黏性越大、黏度越高。和表面张力不同，黏度随温度变化并不是呈线性的，温度越低，黏度变化幅度越大。

为了描述及预测液态金属的黏度，发展了很多半经验及经验模型，其中最常见的是 Arrhenius 方程：

$$\eta = \eta_0 \exp\left(\frac{E_a}{RT}\right) \tag{6.90}$$

式中，η_0 为指数前置因子，是一个和液态金属性质相关的常数，E_a 为黏性流动活化能，这两个参数通常由实验数据拟合而来；R 为理想气体常数($8.314\,4\ \mathrm{J\cdot mol^{-1}\cdot K^{-1}}$)；$T$ 为绝对温度。

Andrade 通过液态和固态金属在熔点处比热容相近的特点，提出液体和固体在熔点附近的本征频率相等的假设，由此推出液态金属在熔点处的黏度为

$$\eta(T_m) = C_A \frac{(T_m M)^{1/2}}{V^{2/3}} \tag{6.91}$$

式中，C_A 为常数，值为 $1.655 \times 10^{-7}\ \mathrm{J^{1/2} \cdot K^{-1/2} \cdot mol^{-1/6}}$（后被修正为 $1.8 \times 10^{-7}\ \mathrm{J^{1/2} \cdot K^{-1/2} \cdot mol^{-1/6}}$）；$M$ 为相对原子质量；V 是液态金属在熔点 T_m 处的摩尔体积[60]。Andrade 将该模型延伸到全温度范围，并提出了黏度与温度的 Andrade 公式：

$$\eta = \frac{A_1}{v^{1/3}} \exp\left(\frac{A_2}{vT}\right) \tag{6.92}$$

式中，A_1 和 A_2 为常数；v 为比体积。Andrade 公式结合了准晶体理论和黏性流动活化能理论，这一模型对纯金属黏度的预测结果较为成功。基于此，很多研究者在 Andrade 公式上进行改进和创新，使其成为黏度半经验模型的一个重要分支。

Kaptay[61]结合活化能以及自由体积概念对 Andrade 公式进行改进，提出了 Kaptay 统一方程：

$$\eta = A_k \frac{(MT)^{1/2}}{V^{2/3}} \exp\left(B_k \frac{T_m}{T} \right) \tag{6.93}$$

式中，A_k 和 B_k 都是半经验参数。Kaptay 检测了 15 种液态纯金属的 101 个测量结果，给出这两个半经验参数的值分别为 $A_k = (1.80\pm0.39)\times10^{-8}\ \mathrm{J}^{1/2}\cdot\mathrm{K}^{-1/2}\cdot\mathrm{mol}^{-1/6}$，$B_k = 2.34\pm0.20$。利用这些参数，Kaptay 对 32 种液态金属的黏度-温度关系进行了预测。式(6.93)对液态的半导体元素(Si、Ge、Sb、Bi)应用时，只要将其实际熔点进行一定校正也是有效的。当某一纯组元的黏度-温度关系未知时，可以用该模型进行估计。

Moelwyn-Hughes (MH)公式是第一个考虑内聚能与合金黏性流动之间关系的模型，其表达式如下：

$$\eta = (X_1\eta_1 + X_2\eta_2) \times \left(1 - \frac{2\Delta H}{RT} \right) \tag{6.94}$$

$$\Delta H = x_1 x_2 \Omega \tag{6.95}$$

式中，Ω 为混合焓参数；下标 1、2 表示组元。MH 公式在大多数情况下符合得并不好[60]，因此被采用的较少。

Iida 等[2,62]提出 Iida-Ueda-Morita (IUM)公式，该模型不仅考虑了过剩热力学参数，也考虑了组分原子质量和大小的差异带来的影响：

$$\eta^E = (X_1\eta_1 + X_2\eta_2) \times (\eta^E_{h,d} + \eta^E_{h,m} + \eta^E_S) \tag{6.96}$$

$$\eta^E_{h,d} = \frac{-5X_1X_2(d_1 - d_2)^2}{X_1d_1 + X_2d_2} \tag{6.97}$$

$$\eta^E_{h,m} = 2\left\{ \left[1 + \frac{X_1X_2(m_1^{1/2} - m_2^{1/2})}{X_1m_1^{1/2} + X_2m_2^{1/2}} \right]^{1/2} - 1 \right\} \tag{6.98}$$

$$\eta^E_S = \frac{0.12X_1X_2\Delta U}{k_B T} \tag{6.99}$$

式中，$\eta^E = \eta-(X_1\eta_1+X_2\eta_2)$ 为剩余黏度；d_i 是组元 i 的原子直径(Pauling 理论中的正离子直径)；m_i 是原子质量；ΔU 为交换能。式(6.97)和式(6.98)项为原子黏滞运动摩擦系数的硬交互作用项，与原子直径和原子质量大小有关，反映了基本原子物理量对黏性运动的影响。式(6.99)项为原子黏滞运动摩擦系数的软交互作用项，与系统的化学势有关。用该模型计算液态二元合金黏度时，对于规则溶液或近似规则溶液的计算值与实验值符合较好。

Hirai[63]通过系统分析液态金属及合金的黏度数据，基于 Arrhenius 公式得到了一个可计算二元合金黏度的 Hirai 公式：

$$\eta = H_1 \exp \frac{H_2}{RT} \tag{6.100}$$

$$H_1 = \frac{1.7 \times 10^{-7} \rho^{2/3} T_L^{1/2} M^{-1/6}}{\exp(H_2/RT_L)} \tag{6.101}$$

$$H_2 = 2.65 T_L^{1.27} \tag{6.102}$$

式中，T_L 为合金的液相线温度。

Kaptay 统一方程只局限于液态纯金属。因此，Budai、Benko 以及 Kaptay 将参数扩展到多元合金系，并给出了 Budai-Benko-Kaptay（BBK）方程[60]：

$$\eta_i = A_k \frac{\left(\sum_i X_i M_i \right)^{1/2}}{\left(\sum_i X_i V_i + \Delta V^E \right)^{2/3}} T^{1/2} \exp\left[\frac{B_k}{T} \left(\sum_i X_i T_{m,i} - \frac{\Delta H_{mix}}{q \cdot R} \right) \right] \tag{6.103}$$

式中，半经验参数 $q \approx 25.4 \pm 2$；X_i、M_i、V_i、$T_{m,i}$ 分别是纯金属 i 的摩尔分数、相对原子质量、摩尔体积以及熔点；ΔH_{mix} 为混合焓；ΔV^E 为过剩摩尔体积。

从上述黏度半经验模型可以看到，当已知纯组元黏度时则可以利用 Moelwyn-Hughes（MH）公式或者 Iida-Ueda-Morita（IUM）公式计算二元合金的黏度，当纯组元黏度未知时则可通过 Kaptay 统一公式计算纯组元黏度，随后再结合 MH 公式或者 IUM 公式计算二元或多元合金黏度，或者可以通过 BBK 公式和 Hirai 公式直接在缺少纯组元黏度数据的情况下计算多组元合金的黏度。

液态金属黏度还可以通过与其他物理性质的关系求得[64]，例如熔体黏度和扩散系数之间存在 Stokes-Einstein 关系：

$$\eta = \frac{k_B T}{6\pi r D} \tag{6.104}$$

式中，D 为扩散系数；k_B 为 Boltzmann 常量；r 为原子或原子集团的半径。表面张力和黏度之间则满足如下关系[37]：

$$\eta = \frac{16}{15} \sqrt{\frac{M}{k_B T}} \sigma \tag{6.105}$$

6.5.2　黏度的实验测定方法

6.5.2.1　毛细管法

如图 6.42 所示为毛细管法测液体黏度示意图，其原理是基于：一定体积的液体在给定的压力下流过一细管的时间与黏度有关。19 世纪法国的科学家泊肃叶（Poiseuille）提出了黏性流体在细管中流动的泊肃叶定律。即当黏性流体在外力作用下，在管中做匀速流动时，外力等于黏性力，给出了泊肃叶方程，又称哈根-泊肃叶（Hagen-Poiseuille）方程：

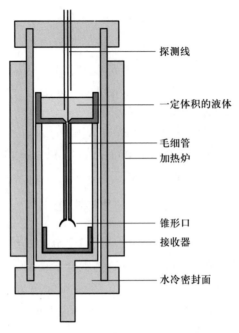

探测线

一定体积的液体

毛细管
加热炉

锥形口
接收器

水冷密封面

图 6.42　毛细管法测液态金属黏度示意图[65]

$$\eta = \frac{\pi r^4 P}{8Vl}t = \frac{\pi r^4 \rho g h}{8Vl}t \qquad (6.106)$$

式中，r 和 l 分别是毛细管的半径和长度；h 是液柱的有效高度；V 是时间 t 内流过的液体体积；$\rho g h$ 可用 P 表示沿着毛细管的压降。该式是建立在外力完全用于克服内摩擦力的假设上的，实际情况则需要考虑一部分外力用来做功转变为在管子中流动的动能，以及当流体流出毛细管时在末端由于表面张力等因素造成的消耗。于是得到修正的泊肃叶公式：

$$\eta = \frac{\pi r^4 \rho g h t}{8V(l+nr)} - \frac{m\rho V}{8\pi(l+nr)t} \qquad (6.107)$$

式中，m 是动能修正系数；n 是实验测定的常数；nr 是端部修正项以校正表面张力效应；右式第二项是动能修正项。该方法实验过程简单，避免了许多尺寸测量误差，且常用于测量运动黏度，即式（6.107）可化为下面形式：

$$\frac{\eta}{\rho} = C_1 t - C_2 t \qquad (6.108)$$

对于同一个毛细管黏度计，其中的参数 r、l、h 以及 V 都是固定的，因此 C_1、C_2 都可以通过标准参考样品标定出。在用毛细管法测量液态金属的黏度时，毛细管既要很细（$r<0.15\sim0.2\ \mathrm{mm}$），又要足够长（$l>70\sim80\ \mathrm{mm}$），这样才能确保液态金属做线性流动。

毛细管法具有诸多优点，例如操作简便、成本低、测量精度高等。但同时这种方法有两个不足之处，一个是无法避免高温的限制，特别是毛细管材料的耐高温程度直接决定了适用的液态金属范围。目前所使用的毛细管材料多为耐热玻璃和石英，受此限制，这种方法只能用于熔点低于 1 400~1 500 K 的金属。另一方面，毛细管容易受气泡或氧化物夹杂堵塞从而导致测量误差，因此这也对液态金属的纯度有所要求，试样要保证高纯且无污染。

6.5.2.2 振荡容器法

目前，主要有两种振荡容器设计，一种是悬挂坩埚型，另一种是站立坩埚型，悬挂坩埚型由于操作相对简单而应用更多。图 6.43 展示了回转式振荡容器法实验装置示意图，测量液体置于悬挂的圆筒状坩埚中，悬挂坩埚自由振荡时受到液体内摩擦产生的阻尼，使得自由振荡逐渐衰减。根据这一原理可以通过测量振荡幅度的减小量以及振荡频率来测得液体的黏度。悬挂圆筒坩埚的阻尼振荡可以用一个微分方程描述：

$$I\left(\frac{\mathrm{d}^2\phi}{\mathrm{d}t^2}\right) + J\left(\frac{\mathrm{d}\phi}{\mathrm{d}t}\right) + D(\phi) = 0 \qquad (6.109)$$

式中，I 为振荡系统的转动惯量；ϕ 是一小段液体从平衡位置偏转的偏转角；D 是悬丝的力常数；J 是关于液体密度、黏度、坩埚内径以及坩埚中液体高度的函数，可以通过求解运动液体的 Navier-Stokes 方程获得。

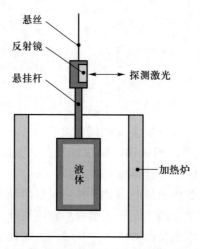

悬丝

反射镜

悬挂杆

探测激光

液体

加热炉

图 6.43 振荡容器法测液态金属黏度示意图[66]

振荡容器法测量黏度的主要问题在于实际振荡系统的微分方程在数学上很难处理，从而在实验测得的振幅衰减与计算的液体黏度之间缺乏一个准确的公式。对此，研究者们也从理论和实验上进行了研究，并提出了几个根据实验数据来计算黏度的公式。目前应用比较多的主要有 Shvidkovskiy 公式和 Roscoe 公式。

在 Shvidkovskiy 公式中，黏度为

$$\eta = \frac{\rho}{\pi}\left(\frac{I}{mR_a}\right)^2 \frac{\left(\lambda - \lambda_0 \dfrac{\theta}{\theta_0}\right)^2}{\theta A^2} \tag{6.110}$$

$$A = 1 - \frac{3}{2}\frac{\lambda}{2\pi} - \frac{3}{8}\left(\frac{\lambda}{2\pi}\right)^2 - a + \left(b - c\frac{\lambda}{2\pi}\right)\frac{2nR_a}{H} \tag{6.111}$$

式中，λ 和 λ_0 分别表示装入液体和空坩埚时摆动的对数衰减率；θ 与 θ_0 分别表示装入液体和空坩埚时的对数衰减周期；R_a 为坩埚内径；n 为液体试样水平面接触的个数(开口容器 $n=1$，封闭容器 $n=2$)。A 为考虑了坩埚底部动量传递的校正因子，由式(6.111)给出，其中 a、b、c 为常数，H 为坩埚内液面高度。

在 Roscoe 公式中黏度为

$$\eta = \left(\frac{I\lambda}{\pi R_a HZ}\right)^2 \frac{1}{\pi \rho \theta} \tag{6.112}$$

$$Z = \left(1 + \frac{R_a}{4H}\right)a_0 - \left(\frac{3}{2} + \frac{4R_a}{\pi H}\right)\frac{1}{p} + \left(\frac{3}{8} + \frac{9R_a}{4H}\right)\frac{a_2}{2p^2} \tag{6.113}$$

$$p = \sqrt{\frac{\pi \rho}{\eta \theta}}R_a \tag{6.114}$$

$$a_0 = 1 - \frac{3}{2}\frac{\lambda}{2\pi} - \frac{3}{8}\left(\frac{\lambda}{2\pi}\right)^2 \tag{6.115}$$

$$a_2 = 1 + \frac{1}{2}\frac{\lambda}{2\pi} + \frac{1}{8}\left(\frac{\lambda}{2\pi}\right)^2 \tag{6.116}$$

除了这两个公式外，还有很多其他研究者提出的计算公式，例如 Andrade 和 Chiong 提出了球形振荡坩埚适用的黏度计算公式，Elyukhina[67] 提出的振荡容器法测量非牛顿流体的黏度计算公式等。

总而言之，振荡容器法测量液态金属黏度是目前最为重要也是最主要的方法，其优点在于设备简单、操作简单、坩埚形状不复杂，对振荡频率以及振幅衰减可以精确测定，适用于高温熔体等。其缺点主要在于缺乏精确的理论计算公式，目前采用的都是半经验公式，且不同的公式计算所得结果可能偏差较大。

6.5.2.3　旋转法

旋转法的原理是浸于流体中的物体旋转时(或物体静止流体旋转)将受到

流体的黏性力矩的作用，黏性力矩的大小与流体的黏度成正比，通过测量黏性力矩即可求得黏度[68]。旋转体的类型有很多种，可以是同心圆柱、单圆柱、薄片、球等。图 6.44 是以同心圆柱作为旋转体，同心圆柱由内筒和外筒组成，所测液体位于两者之间，旋转同心圆柱法测量液体黏度也有两种情况，一种是筒旋转、杯静止，另一种是杯旋转、筒静止。在仅内筒旋转情况下，通过分析液体的剪切速率以及所受的剪切应力，结合牛顿定律，则可求得液体黏度为

$$\eta = \frac{M}{4\pi h \omega_1}\left(\frac{1}{r_1^2} - \frac{1}{r_a^2}\right) \tag{6.117}$$

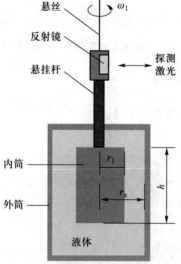

图 6.44 旋转同心圆柱法测液态金属黏度示意图[2]

式中，M 为黏性力矩；h 为内筒高度；ω_1 为内筒旋转角速度；r_1 为内筒半径；r_a 为外筒内径。当内筒静止、外筒旋转，或者内外筒同时以不同角速度旋转时，最终得到的黏度表达式与式(6.117)一样，只需将式中的角速度 ω_1 改为外筒角速度 ω_a 或内外筒角速度差 $\omega = \omega_a - \omega_1$，得到 Couette-Margules 式：

$$\eta = \frac{M}{4\pi h \omega}\left(\frac{1}{r_1^2} - \frac{1}{r_a^2}\right) = \frac{(r_a^2 - r_1^2)}{4\pi h r_a^2 r_1^2}\frac{M}{\omega} \tag{6.118}$$

可以看到对于同一个仪器装置，上式可以简化表达为

$$\eta = C_s \frac{M}{\omega} \tag{6.119}$$

式中，C_s 是一个只与筒尺寸相关的系数，对于同一个仪器，C_s 是一个常量，只需要测量黏性力矩和角速度即可得到黏度。

旋转同心圆柱法的优点主要在于适用于低黏度流体、易于温度控制、操作简便，可以测得不同剪切速率下的流体黏度等。该方法同时也面临很多问题，一是难以确保在高温高速情况下内外筒的同心同轴旋转，二是流体在高转速下可能会发生湍流现象，三是测量低黏度流体时要求较小的内外筒半径间隔，这些都导致了旋转同心圆柱法在测量高温液态金属黏度时难度加大。

6.5.2.4 振动板法

如图 6.45 所示，将一个做线性振动的薄平板片浸入到液体中时，它的振动就会因受到液体的黏滞力的阻碍而逐渐减慢。如果给浸在液体中的薄片施加一恒定的驱动力，那么薄片的共振振幅就是一个与黏度相关的值。

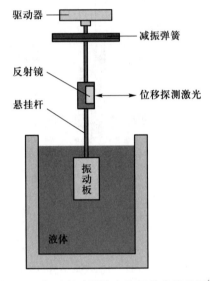

图 6.45 振动板法测液态金属黏度示意图[65]

通过分别测量薄平板在液体以及在真空(或空气)中的共振振幅，可以得到如下关系式：

$$\rho\eta = \frac{R_{\mathrm{M}}^2}{\pi f A^2}\left(\frac{f_{\mathrm{a}} Z_{\mathrm{a}}}{f Z} - 1\right)^2 \tag{6.120}$$

式中 ρ 为液体密度；Z_{a} 和 Z 分别为在空气中和液体中振荡的振幅；f_{a} 和 f 分别为在空气中和液体中谐振的频率；A 是薄平板的有效面积；R_{M} 是机械阻抗的实际分量，通常薄平板在空气中和液体中的共振频率可认为近似相等，则此时式(6.120)可以简化为

$$\rho\eta = K\left(\frac{Z_{\mathrm{a}}}{Z} - 1\right)^2 \tag{6.121}$$

$$K = \frac{R_{\mathrm{M}}^2}{\pi f A^2} \tag{6.122}$$

式中，K 是系统常数，可由标准试样标定。

该方法的优点在于它可以在较大范围内对黏度进行瞬时或连续的测量。此外，设备的构造和操作都相对简单。但该方法不适用于测量低黏度的液态金属，这是由于对低黏度液体，振动薄片的面积需要做得很大并且缓慢振荡。

6.5.2.5　悬浮液滴振荡法

前面介绍过通过悬浮液滴振荡法测定金属液滴的本征振荡频率，结合 Rayleigh 公式测定液滴的表面张力。在静电悬浮条件下，金属液滴由所受静电场力抵消重力，实现无容器悬浮，同时由于静电屏蔽效应，液滴的电荷都分布在表面，内部几乎没有扰动，金属液滴可视为准静态悬浮。测量本征频率时，需要通过在悬浮电压上额外叠加一正弦激励信号，当激励信号的频率与液态金属的本征频率接近时，金属液滴会以 2 阶轴对称方式振荡。随后撤去激励信号，受黏滞力的阻尼作用，液滴振荡会逐渐衰弱，直至又恢复准静态悬浮，衰减振荡曲线如图 6.46 所示。通过对衰减振荡曲线进行快速傅里叶变换（FFT）

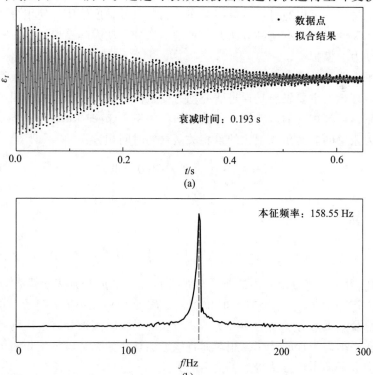

图 6.46　静电悬浮条件下液滴振荡频率处理：（a）金属液滴衰减振荡曲线；
（b）FFT 后得到的频谱

得到本征频率。整个振荡衰减过程振幅 ε_t 满足方程：

$$\varepsilon_t = \varepsilon_0 e^{-t/\tau} \sin(2\pi f t + \varphi_0) \tag{6.123}$$

式中，ε_0 为最大振幅；t 是时间；τ 为衰减时间常数；f 为本征频率；φ_0 为相位。通过衰减时间即可求得黏度：

$$\eta = \frac{\rho r_0^2}{5\tau} \tag{6.124}$$

式中，r_0 为液滴呈球形时半径；ρ 为液态金属密度。改变熔体温度，重复上述步骤，最终可得到液态金属黏度随温度的变化。悬浮液滴振荡法，避免了液态金属与器壁的接触，适用于高温和高活性液态金属表面张力的测定，由于无容器处理消除了器壁引入的异质形核，液滴容易实现深过冷，可以测定过冷熔体的黏度。

6.5.3　计算模拟方法

目前实验测定液态金属的黏度还存在较大局限性，无论是高温或者低黏度特性，都使得测量难度加大，现有的实验测量技术存在诸多限制。得益于计算机技术的发展，可以通过计算模拟液态金属获取其黏度性质。使用分子动力学模拟流体黏度时主要有两种方法，一种是平衡分子动力学模拟，另一种是非平衡分子动力学模拟[32]。

在平衡分子动力学方法中，计算液态金属的黏度采用的是 Kubo 线性响应理论，该理论的主要思想是通过研究动力变量围绕其平衡态微扰的相关函数的变化关系，得到相关输运特性与函数之间的关系。Green-Kubo 理论将黏度视作内部压力张量的非对角线组元的自相关函数的时间积分：

$$\eta = \frac{V}{k_B T} \int_0^\infty \langle \boldsymbol{P}(t) \cdot \boldsymbol{P}(0) \rangle \, \mathrm{d}t \tag{6.125}$$

式中，向量 $\boldsymbol{P}(0)$ 和 $\boldsymbol{P}(t)$ 分别为 0 时刻和 t 时刻的压力张量，压力张量的定义如式（6.126）

$$P_{\alpha\beta} = \sum_{j=1}^N \left(\frac{p_{\alpha j} p_{\beta j}}{m_j} + r_{j\alpha} F_{j\beta} \right), \quad (\alpha, \beta = x, y, z) \tag{6.126}$$

式中，$P_{\alpha\beta}$ 为压力张量矩阵中的非对角线组元；$p_{\alpha j}$ 和 $p_{\beta j}$ 分别表示沿着 α 和 β 方向的第 j 个粒子的矩；$r_{j\alpha}$ 是粒子的位置量；$F_{j\beta}$ 是作用在第 j 个粒子上的力在 β 方向的分量。平衡分子动力学方法需要较长的模拟时间来等待系统的弛豫，且只可用于平衡态附近的计算，相对而言该方法计算液态金属黏度较为困难，因此非平衡分子动力学方法得到了更多的关注。

非平衡动力学方法模拟获得黏度的核心思想是通过沿固定方向产生稳定的剪切流动，然后依据黏度的定义来计算。构建液态金属的流动有两种，分别为

Couette 流和 Poiseuille 流。

在 Couette 流中，流体被限定在两个平行墙中，两面墙以恒定的相对速度发生滑动。先在 x 和 y 轴方向上应用周期性边界条件，然后创建两个垂直于 z 轴的平行墙，中间为液态金属。上面的墙以速度 v_x 沿 x 轴正向移动，同时下面的墙以速度 $-v_x$ 沿 x 轴反向移动。如果墙面足够粗糙的话，则会在墙面附近出现一个薄且相对稳定的流体层，如此便在液态金属中建立了 Couette 流，则剪切速率为

$$\sigma = \frac{\mathrm{d}v_x}{\mathrm{d}z} \tag{6.127}$$

此时黏度等于压力张量与剪切速率的比值为

$$\eta = -\frac{P_{xy}}{\sigma} \tag{6.128}$$

在 Poiseuille 流中，液态金属是被限制在两面固定的墙中流动的，此时墙不动，液态金属流动。通过 Navier-Stokes 方程和热传导方程可以得到速度和温度分布：

$$v_x(z) = \frac{\rho g L_z^2}{2\eta} \left[\frac{1}{4} - \left(z - \frac{1}{2} \right)^2 \right] \tag{6.129}$$

$$T(z) = T_w + \frac{\rho^2 g^2 L_z^4}{12\lambda\eta} \left[\frac{1}{16} - \left(z - \frac{1}{2} \right)^4 \right] \tag{6.130}$$

式中，L_z 为宽度；T_w 为墙的温度且在整个模拟过程中始终为一个常数；λ 为热导率。同样在 x 和 y 方向上布置为周期性边界条件，模拟范围被切分为多个平行于墙的层，计算各个层的平均流速和温度，随后根据式（6.129）和式（6.130）拟合速度和温度分布，由此便可以得到黏度和热导率。

6.5.4　深过冷液态合金的黏度

6.5.4.1　液态 Zr-Fe 合金的黏度

Zr-Fe 合金体系得益于其优异的机械性能、耐腐蚀性以及低中子吸收截面，其富锆区主要被应用于核工业作为燃料棒材料、结构部件材料等。基于核工业的特殊性，可靠的计算机模拟安全测试至关重要，因此迫切需要精确的热物性数据。同时，Zr-Fe 合金也是重要的非晶成分，大块非晶形成能力一直是制约非晶应用的关键因素，无论是通过成分设计创新还是凝固技术改进都需要准确的液态热物性数据作为理论研究的参数。

本节对液态 Zr-Fe 合金的热物性参数进行了测量，通过采用基于静电悬浮无容器技术的悬浮振荡法采集特定温度下熔体的自由振荡衰减常数，然后根据式（6.124）得到液态 Zr-Fe 合金的黏度。实验所采用的样品直径约为 2.5 mm，

以便于静电悬浮样品在微小激励信号下发生谐振。受限于样品挥发情况，所取 Zr-Fe 合金成分分布范围为富 Zr 区，测得的结果如图 6.47 所示，用 Arrhenius 公式拟合，符合较好，拟合结果列于表 6.5 中。通过拟合结果得到液态 $Zr_{100-x}Fe_x$

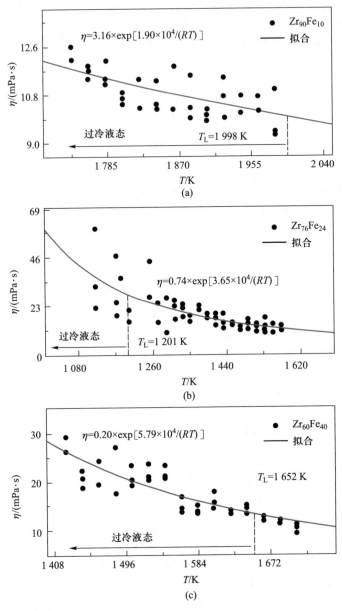

图 6.47　采用悬浮液滴振荡法测得的液态 Zr-Fe 合金黏度

（$x=10$、24、40）合金在液相线温度处的黏度分别为 9.92 mPa·s、28.62 mPa·s

表 6.5　实验拟合所得的液态 Zr-Fe 合金的黏度

合金	T_L/K	温度范围/K	ΔT/K	η_L/ （mPa·s）	η_0/ （mPa·s）	E_a/ （10^4 J·mol^{-1}）	不确定度
Zr$_{90}$Fe$_{10}$	1 998	1 743～1 983	255	9.92	3.16	1.90	±5.82%
Zr$_{76}$Fe$_{24}$	1 201	1 123～1 573	78	28.62	0.74	3.65	±19.45%
Zr$_{60}$Fe$_{40}$	1 652	1 423～1 703	229	13.54	0.20	5.79	±2.74%

以及 13.54 mPa·s。与 Ohishi 等测得的液态 Zr$_{76}$Fe$_{24}$ 合金在液相线处黏度值（47.33 mPa·s）相比，偏差 65.37%。而在 1 473 K 时，这一偏差降为 36%～16%。原因之一是由于 Ohishi 等[69]的测量结果温度范围都高于液相线温度，由此导致当拟合结果外延至液相线温度时带来较大的偏差。同时由于 Zr$_{76}$Fe$_{24}$ 成分点为共晶点，实验中也发现该成分点的过冷能力相对于其他几个成分点较弱，当温度降至液相线温度以下时，测量结果的波动明显变大。

　　由于不同成分液相线温度差别较大，通过外延拟合结果至同一温度，对不同成分点的黏度值进行比较，图 6.48 展示了液态 Zr-Fe 合金黏度在 1 300 和 1 800 K 温度下随成分变化，其中空心点为外延的结果，实心点为实际测量所

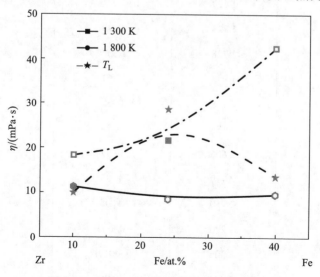

图 6.48　液态 Zr-Fe 合金黏度随铁含量变化

得结果。可以看到，在同一温度下，除了在 $Zr_{76}Fe_{24}$ 成分点处黏度有所下降外，液态 Zr-Fe 合金的黏度整体呈现随铁含量的增加而增大的趋势。从表 6.5 可以看出，拟合所得黏性流动活化能也呈现相同的趋势，结合黏性流动活化能的定义(流体单元从一个平衡位置移动到下一个平衡位置所需的活化能)，可以认为随着铁含量的增加，对于富锆区的液态 Zr-Fe 合金，其原子间相互作用力增大，导致流体黏性增大，黏性流动活化能增大。图 6.48 中虚线展示了不同 Zr-Fe 成分在液相线温度(T_L)处黏度值 η_L 随成分的变化趋势，可以看到 η_L 先随铁含量而增大，随后在 $Zr_{76}Fe_{24}$ 达到最大值之后又减小，分析原因可能是由于液相线温度不同所导致的，$Zr_{76}Fe_{24}$ 的液相线温度远远低于其他几个成分点，因此这个成分点表现出的黏度更大。

6.5.4.2　高温液态金属及合金的黏度数据

悬浮液滴振荡法目前已发展成为一种测量高温液态金属及合金黏度的重要方法，利用该方法对高温液态金属进行黏度测量可获得较大的温度范围，包括低于液相线温度的过冷区域。测得的结果多用 Arrhenius 方程拟合，表 6.6 列举了部分利用悬浮液滴振荡法测量得的高温液态金属及合金的黏度数据。

表 6.6　部分高温液态金属/合金的黏度

液态金属/合金	$T_m(T_L)$/K	η_0/(mPa·s)	E_a/(10^4 J·mol^{-1})
Te[43]	1 629	0.583	4.1
Ni[70]	1 728	0.79	2.73
Co[35]	1 768	1.767	1.199 5
Ti[70]	1 943	0.61	2.7
Zr[70]	2 128	0.37	4.48
V[46]	2 183	1.23	2.27
Ru[47]	2 606	0.47	5.12
Ir[48]	2 719	1.85	3.0
Nb[70]	2 750	1.05	3.55
Ta[50]	3 290	0.004	21.3
Os[51]	3 306	0.001 67	22
Re[52]	3 453	0.08	13.3
W[53]	3 695	0.11	12.8

液态金属/合金	$T_m(T_L)/K$	$\eta_0/(mPa\cdot s)$	$E_a/(10^4 J\cdot mol^{-1})$
$Mo^{[42]}$	2 896	0.27	7.3
$Ni_{90.1}Si_{9.9}^{[38]}$	1 623	1.447	1.25
$Ni_{70.2}Si_{29.8}^{[39]}$	1 693	1.371	1.19
$Fe_{77.5}Cu_{13}Mo_{9.5}^{[40]}$	1 703	1.471	1.229 7
$Fe_{78}Cu_{15}Mo_7^{[40]}$	1 693	1.354	1.324
$Fe_{71.5}Cu_{3.5}Mo_{25}^{[40]}$	1 703	1.522	1.303 3
$Co_{93.6}Mo_{6-4}^{[54]}$	1 744	1.948	1.094 7
$Co_{82}Mo_{18}^{[54]}$	1 682	1.967	1.138 7
$Co_{73}Mo_{17}^{[54]}$	1 607	2.035	1.145 6
$Co_{58.8}Si_{41.2}^{[58]}$	1 607	0.957	1.57
$Ti_{49}Al_{51}^{[55]}$	1 753	0.916	1.031
$Ti_{80}Al_{20}^{[28]}$	1 963	0.96	1.409
$Ti_{45}Al_{55}^{[56]}$	1 814	0.921	1.114
$Ti_{50}Al_{45}Nb_5^{[56]}$	1 837	0.925	1.164
$Ti_{45}Al_{45}Nb_{10}^{[56]}$	1 865	0.933	1.247
$Ni_{90}Cu_5Fe_5^{[59]}$	1 719	1.548	1.311
$Ni_{85}Cu_5Fe_5Sn_5^{[59]}$	1 644	1.435	1.206
$Ni_{80}Cu_5Fe_5Sn_5Ge_5^{[59]}$	1 641	1.181	1.301

6.6　本章小结

　　本章主要介绍了液态金属的密度、比热容、扩散系数、表面张力以及黏度等性质的概念,梳理了测定这些性质的常用实验方法以及计算模拟方法,并阐述了关于液态金属热物理性质的研究现状及一些代表性研究结果。

　　液态金属的密度既是工业上重要的参数,也是基础研究中与液态金属结构息息相关的性质。液态金属密度可通过传统的阿基米德法、膨胀计法、最大泡压法、γ 射线衰减法、高能射线成像法以及悬浮法进行测量。本章以 Ti-Ni 合金为例，展示了在悬浮无容器条件下测得的密度、过剩体积以及热膨胀系数。液态金属的比热容是计算传热过程及吉布斯自由能的重要参数，可通过乳化热分析法、非晶加热法、超快脉冲加热法、冷却曲线法以及落滴式量热计法等测定。本章以液态 Ni-Si 和 Fe-Cu-Mo 合金为例，展示了典型液态金属的热力学性质。扩散系数是衡量液态金属中原子运动行为的物理量，可以通过毛细管源法、准弹性中子散射法、扩散偶法、X 射线成像法等进行实验测定，也可以通过计算模拟得到原子的均方位移来求得扩散系数，本章以 Ce-Al-Ni 合金为例，介绍了其自扩散行为并阐述了其自扩散系数与黏度之间的关系。表面张力对于理解液态金属中的表界面现象具有重要作用，也是实际应用中的一个重要调控参数。液态金属的表面张力可以通过静滴法、悬滴法、滴重法、最大泡压法、毛细管上升法以及悬浮液滴振荡法等测定，此外，计算模拟也是研究液态金属表面张力的一个重要途径，其中值得一提的是，通过悬浮振荡法可以探索一般实验方法无法到达的深过冷区间的性质。这里以二元 Ni-Si 和三元 Fe-Cu-Mo 为例，展示了深过冷合金熔体的表面张力。黏度是表征液态金属内部原子输运特性的重要物理性质，常见的测量液态金属黏度的方法有毛细管法、振荡容器法、旋转法、振动板法、悬浮液滴振荡法，其中，悬浮液滴振荡法是测定高温液态金属及合金黏度的重要方法，本章最后列举了使用该方法测得的液态 Zr-Fe 合金以及其他典型高温液态金属的黏度数据。

参考文献

[1] Rhim W K, Chung S K, Rulison A J, et al. Measurements of thermophysical properties of molten silicon by a high-temperature electrostatic levitator [J]. International Journal of Thermophysics, 1997, 18(2)：459-469.

[2] Iida T, Guthrie R I L. The Physical Properties of Liquid Metals [M]. New York：Oxford University Press, 1988.

[3] Zou P F, Wang H P, Yang S J, et al. Anomalous temperature dependence of liquid state density for $Ni_{50}Ti_{50}$ alloy investigated under electrostatic levitation state [J]. Chemical Physics Letters, 2017, 681：101-104.

[4] 杨尚京. 难熔金属材料的静电悬浮过程与快速凝固机理研究 [D]. 西安：西北工业大学, 2018.

[5] Zou P F, Wang H P, Yang S J, et al. Density Measurement and Atomic Structure Simulation of Metastable Liquid Ti-Ni Alloys [J]. Metallurgical and Materials Transactions A：Physical Metallurgy and Materials Science, 2018, 49(11)：5488-5496.

[6] Wang H P, Zheng C H, Zou P F, et al. Density determination and simulation of Inconel

718 alloy at normal and metastable liquid states [J]. Journal of Materials Science & Technology, 2018, 34(3): 436-439.

[7] Chen H S, Turnbull D. The specific heat of tin and gallium in their stable and undercooled pure liquid states[J]. Acta Metallurgica, 1968, 16(3): 369-373.

[8] Perepezko J H, Paik J S. Thermodynamic properties of undercooled liquid metals [J]. Journal of Non-Crystalline Solids, 1984, 61: 113-118.

[9] Ohsaka K, Gatewood J R, Trinh E H. An apparatus for the specific heat measurement of undercooled liquids[J]. Scripta Metallurgica Et Materialia, 1991, 25: 1459-1464.

[10] Barth M, Joo F, Wei B, et al. Measurement of the enthalpy and specific heat of undercooled nickel and iron melts [J]. Journal of Non-Crystalline Solids, 1993, 156: 398-401.

[11] Wilde G, Mitsch C, Görler G P, et al. Specific heat and related thermodynamic functions of undercooled Cu-Ni and Au melts[J]. Journal of Non-Crystalline Solids, 1996, 205: 425-429.

[12] 韩秀君. 亚稳金属熔体的热物理性质及其快速凝固研究[D]. 西安: 西北工业大学, 2002.

[13] Dinsdale A T. SGTE Data for Pure Elements [M]. United Kingdom: National Physical Laboratory Teddington, 1989.

[14] Chen H S, Turnbull D. Thermal properties of gold-silicon binary alloy near the eutectic composition[J]. Journal of Applied Physics, 1967, 38(9): 3646-3650.

[15] Kaschnitz E, Pottlacher G, Jäger H. A new microsecond pulse-heating system to investigate thermophysical properties of solid and liquid metals[J]. International Journal of Thermophysics, 1992, 13(4): 699-710.

[16] Wang H P, Luo B C, Chang J, et al. Specific heat and related thermophysical properties of liquid Fe-Cu-Mo alloy [J]. Science in China Series G: Physics Mechanics & Astronomy, 2007, 50(4): 397-406.

[17] Zhang L J, Du Y, Steinbach I, et al. Diffusivities of an Al-Fe-Ni melt and their effects on the microstructure during solidification [J]. Acta Materialia, 2010, 58(10): 3664-3675.

[18] 胡金亮. Ce基金属熔体的微观动力学行为研究[D]. 合肥: 合肥工业大学, 2018.

[19] Blagoveshchenskii N M, Novikov A G, Savostin V V. Self-diffusion in liquid lithium and lead from coherent quasi-elastic neutron scattering data[J]. Physics of the Solid State, 2014, 56(1): 120-124.

[20] Sondermann E, Kargl F, Meyer A. Influence of cross correlations on interdiffusion in Al-rich Al-Ni melts[J]. Physical Review B, 2016, 93(18): 184201.

[21] Zhang B, Griesche A, Meyer A. Diffusion in Al-Cu melts studied by time-resolved X-ray radiography[J]. Physical Review Letters, 2010, 104(3): 035902.

[22] Divinski S, Kang Y-S, Löser W, et al. Ni and Fe tracer diffusion in the B2-ordered

$Ni_{40}Fe_{10}Al_{50}$ ternary alloy[J]. Intermetallics, 2004, 12(5): 511-518.

[23] Meyer A, Stüber S, Holland-Moritz D, et al. Determination of self-diffusion coefficients by quasielastic neutron scattering measurements of levitated Ni droplets[J]. Physical Review B, 2008, 77(9): 092201.

[24] Egry I, Ricci E, Novakovic R, et al. Surface tension of liquid metals and alloys: Recent developments[J]. Advances in Colloid and Interface Science, 2010, 159(2): 198-212.

[25] Ricci E, Passerone A, Joud J C. Thermodynamic study of adsorption in liquid metal-oxygen systems[J]. Surface Science, 1988, 206(3): 533-553.

[26] Keene B J. Review of data for the surface tension of pure metals[J]. International Materials Reviews, 1993, 38(4): 157-192.

[27] Nowak R, Lanata T, Sobczak N, et al. Surface tension of γ - TiAl - based alloys[J]. Journal of Materials Science, 2010, 45(8): 1993-2001.

[28] Zhou K, Wang H P, Wei B. Determining thermophysical properties of undercooled liquid Ti- Al alloy by electromagnetic levitation [J]. Chemical Physics Letters, 2012, 521: 52-54.

[29] Wang H P, Chang J, Wei B. Measurement and calculation of surface tension for undercooled liquid nickel and its alloy [J]. Journal of Applied Physics, 2009, 106 (3): 033506.

[30] Aqra F, Ayyad A. Theoretical calculations of the surface tension of liquid transition metals [J]. Metallurgical and Materials Transactions B: Process Metallurgy and Materials Processing Science, 2011, 42(1): 5-8.

[31] Chen M, Yang C, Guo Z Y. A Monte Carlo simulation on surface tension of liquid nickel [J]. Materials Science & Engineering A, 2000, 292(2): 203-206.

[32] Lü Y J, Chen M. Thermophysical properties of undercooled alloys: An overview of the molecular simulation approaches[J]. International journal of molecular sciences, 2011, 12 (1): 278-316.

[33] Nijmeijer M J P, Bakker A F, Bruin C, et al. A molecular dynamics simulation of the Lennard-Jones liquid-vapor interface[J]. The Journal of Chemical Physics, 1988, 89(6): 3789-3792.

[34] 王海鹏. 深过冷液态 Ni/Fe 基合金的热物理性质与快速凝固研究[D]. 西安: 西北工业大学, 2008.

[35] Han X J, Wang N, Wei B. Thermophysical properties of undercooled liquid cobalt[J]. Philosophical Magazine Letters, 2002, 82(8): 451-459.

[36] Egry I I, Lohoefer G, Jacobs G. Surface tension of liquid metals: Results from measurements on ground and in space [J]. Physical Review Letters, 1995, 75 (22): 4043-4046.

[37] Egry I. On the relation between surface tension and viscosity for liquid metals[J]. Scripta Metallurgica Et Materialia, 1993, 28(10): 1273-1276.

[38] Wang H P, Cao C D, Wei B. Thermophysical properties of a highly superheated and undercooled Ni-Si alloy melt[J]. Applied Physics Letters, 2004, 84(20): 4062.

[39] Wang H P, Wei B B. Surface tension and specific heat of liquid $Ni_{70.2}Si_{29.8}$ alloy[J]. Chinese Science Bulletin, 2005, 50(10): 945-949.

[40] Wang H P, Luo B C, Qin T, et al. Surface tension of liquid ternary Fe-Cu-Mo alloys measured by electromagnetic levitation oscillating drop method[J]. The Journal of Chemical Physics, 2008, 129(12): 124706.

[41] Brillo J, Egry I. Surface tension of nickel, copper, iron and their binary alloys[J]. Journal of Materials Science, 2005, 40(9): 2213-2216.

[42] Paradis P F, Ishikawa T, Koike N. Non-contact measurements of the surface tension and viscosity of molybdenum using an electrostatic levitation furnace[J]. International Journal of Refractory Metals and Hard Materials, 2007, 25(1): 95-100.

[43] Paradis P F, Ishikawa T, Koike N, et al. Physical Properties of Liquid Tehium Measmd by Levitation Techniques[J]. Journal of Rare Earths, 2007, 25(6): 665-669.

[44] Paradis P F, Ishikawa T, Yoda S. Non-contact measurements of surface tension and viscosity of niobium, zirconium, and titanium using an electrostatic levitation furnace[J]. International Journal of Thermophysics, 2002, 23(3): 825-842.

[45] 王磊, 胡亮, 杨尚京, 等. 静电悬浮条件下液态锆的热物理性质与快速枝晶生长 [J]. 中国有色金属学报, 2018, 28(09): 1816-1823.

[46] Okada J T, Ishikawa T, Watanabe Y, et al. Surface tension and viscosity of molten vanadium measured with an electrostatic levitation furnace[J]. The Journal of Chemical Thermodynamics, 2010, 42(7): 856-859.

[47] Paradis P F, Ishikawa T, Lee G W, et al. Materials properties measurements and particle beam interactions studies using electrostatic levitation[J]. Materials Science and Engineering R, 2014, 76: 1-53.

[48] Ishikawa T, Paradis P F, Fujii R, et al. Thermophysical property measurements of liquid and supercooled iridium by containerless methods[J]. International Journal of Thermophysics, 2005, 26(3): 893-904.

[49] 罗炳池. 三元 Fe/Ni 基偏晶合金相分离与快速凝固的实验和计算研究[D]. 西安: 西北工业大学, 2009.

[50] Paradis P F, Ishikawa T, Yoda S. Surface tension and viscosity of liquid and undercooled tantalum measured by a containerless method[J]. Journal of Applied Physics, 2005, 97(5): 053506.

[51] Paradis P F, Ishikawa T, Koike N. Physical properties of equilibrium and nonequilibrium liquid osmium measured by levitation techniques[J]. Journal of Applied Physics, 2006, 100(10): 103523.

[52] Ishikawa T, Paradis P F, Yoda S. Noncontact surface tension and viscosity measurements of rhenium in the liquid and undercooled states[J]. Applied Physics Letters, 2004, 85

（24）：5866-5868.

[53] Ishikawa T, Paradis P F. Thermophysical properties of molten refractory metals measured by an electrostatic levitator[J]. Journal of Electronic Materials, 2005, 34(12)：1526-1532.

[54] Han X J, Wei B. Thermophysical properties of undercooled liquid Co-Mo alloys[J]. Philosophical Magazine, 2003, 83(13)：1511-1532.

[55] Zhou K, Wang H P, Chang J, et al. Surface tension of substantially undercooled liquid Ti-Al alloy[J]. Philosophical Magazine Letters, 2010, 90(6)：455-462.

[56] Zhou K, Wang H P, Chang J, et al. Surface tension measurement of metastable liquid Ti-Al-Nb alloys[J]. Applied Physics A, 2011, 105(1)：211-214.

[57] Zhou K, Wei B. Determination of the thermophysical properties of liquid and solid Ti-6Al-4V alloy[J]. Applied Physics A, 2016, 122(3)：248.

[58] Wang H P, Yao W J, Cao C D, et al. Surface tension of superheated and undercooled liquid Co-Si alloy[J]. Applied Physics Letters, 2004, 85(16)：3414.

[59] Chang J, Wang H P, Zhou K, et al. Surface tension measurement of undercooled liquid Ni-based multicomponent alloys [J]. Philosophical Magazine Letters, 2012, 92 (9)：428-435.

[60] Budai I, Benkö M Z, Kaptay G. Comparison of different theoretical models to experimental data on viscosity of binary liquid alloys [J]. Materials Science Forum, 2007, 537：489-496.

[61] Kaptay G. A unified equation for the viscosity of pure liquid metals[J]. Zeitschrift Fur Metallkunde, 2005, 96(1)：24-31.

[62] Iida T, Ueda M, Zen-Ichiro M. On the excess viscosity of liquid alloys and the atomic interaction of their constituents[J]. Tetsu-to-Hagane, 1976, 62(9)：1169-1178.

[63] Hirai M. Estimation of viscosities of liquid alloys[J]. Isij International, 1993, 33(2)：251-258.

[64] 孙春静. 金属熔体的黏滞特性及相关物性的研究[D]. 济南：山东大学, 2007.

[65] Brooks R F, Dinsdale A T, Quested P N. The measurement of viscosity of alloys：A review of methods, data and models[J]. Measurement Science and Technology, 2005, 16 (2)：354-362.

[66] Cheng J, Gröbner J, Hort N, et al. Measurement and calculation of the viscosity of metals-a review of the current status and developing trends [J]. Measurement Science and Technology, 2014, 25(6)：62001.

[67] Elyukhina I. Nonlinear oscillating-cup viscometry[J]. Rheologica Acta, 2011, 50(4)：327-334.

[68] 陈惠钊. 粘度测量[M]. 北京：中国计量出版社, 1994.

[69] Yuji Ohishi, Hiroaki Muta, Ken Kurosaki, et al. Thermophysical properties of molten core materials：Zr-Fe alloys measured by electrostatic levitation[J]. Journal of Nuclear Science

and Technology, 2016, 53(12): 1943-1950.

[70] Ishikawa T, Paradis P F, Okada J T, et al. Viscosity measurements of molten refractory metals using an electrostatic levitator[J]. Measurement Science and Technology, 2012, 23 (2): 25305.

第 7 章
液态金属中的晶体生长

　　液态金属中的晶体生长既是凝聚态物理学科物质相变的重要研究内容，又是金属材料领域材料制备与加工的关键问题，是凝聚态物理、原子分子物理、流体物理、空间物理、传热学、材料科学与工程等众多学科的交叉领域。研究液态金属中的晶体生长，对于探索液态金属中无序分布的原子向有序分布转变的物理规律、阐明液态金属中温度场和浓度场对晶体生长过程的作用机理、构建超常条件下液态金属晶体的生长理论、发展新兴的金属材料制备方法具有重要的科学意义和工程价值[1,2]。

　　无论是匀晶和共晶，还是包晶和偏晶，液态金属中的晶体生长研究均经历了从传统的近平衡稳态生长到非平衡快速生长的转变过程[3,4]。为了更全面系统地阐述液态金属中的晶体生长规律，本章分别介绍了液态金属晶体生长的 4 种典型类型，即单相枝晶生长、两相共生生长、复相竞争生长和偏晶相分离；并重点介绍了深过冷条件下不同体系晶体生长机制，不仅揭示了深过冷条件下液态金属的凝固规律，而且可用于指导新型材料的研发和改善材料的物理化学性质[5-7]。

7.1　单相枝晶生长

　　液态金属中晶体多以枝晶方式生长，这是一种非线性的微观组织形成过程。在这个过程中不仅液-固界面呈现出复杂且有趣的微观结构，而且原子通过液-固界面扩散，会引起温度场改变，对于合金，还会引起浓度场改变，致使液-固界面推移过程中形成热过冷、成分过冷、曲率过冷及动力学过冷。尽管过冷在金属材料中十分普遍，但实现深过冷十分不易，随之而来的就是深过冷液态金属中的枝晶生长机制研究十分匮乏，其中，枝晶生长动力学是诸多问题的源头[8-13]，其迷人之处在于，过冷度与枝晶生长动力学的关系决定了如何实现金属材料凝固制备的主动控制。通常，随着过冷度增大，液态金属中枝晶生长形态从发达的树枝状向等轴状转变。图 7.1 是在自由落体条件下 Fe-10 wt.% Co-10 wt.% Ni 单相固溶体合金的树枝晶与等轴晶的组织形貌，图 7.1(a)所示为直径为 840 μm 的过冷金属液滴的凝固组织形貌，由一、二次枝晶臂发达的树枝晶构成；而当金属液滴直径减小为 80 μm 时，凝固组织转变为等轴晶，如图 7.1(b)所示[14]，这样的微观组织正是工业界金属材料制备所需要的。金属材料的应用性能与枝晶形态、尺寸、成分分布密切相关，本节主要介绍单相枝晶生长机制与快速晶体生长规律。

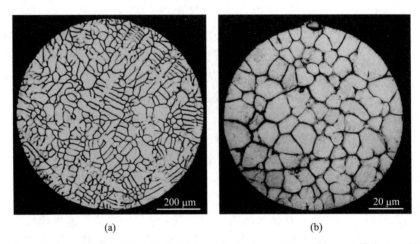

图 7.1　自由落体条件下不同直径 Fe-10 wt.% Co-10 wt.% Ni 单相固溶体合金液滴的凝固组织形貌[14]：(a) 直径为 840 μm；(b) 直径为 80 μm

7.1.1　凝固机制

在液态纯金属中的枝晶生长过程中，只有温度场会发生变化，浓度场则不会发生变化；而对于液态合金，温度场和浓度场均发生变化，并且二者互相作用，使得液态金属中的枝晶生长机制研究变得更为复杂。液态金属中各组元原子可以较为自由地扩散，从整个体系看，各组元原子均匀分布在液相中，当析出新固相后，新固相的固溶度或高于或低于液相的溶质浓度，其生长会引起溶质在固相和剩余液相中的重新分配，即溶质再分配。

在平衡凝固过程中，液相中原子处于无序状态，而在某一特定温度下形成的固相则具有周期性排列的晶格结构，每个晶格中溶质原子具有相对固定的位置，并在该位置处做热振动，所以固相的溶质固溶度是确定的，当固相中溶质饱和后，多余的原子重新扩散至液相中。然而，在深过冷快速凝固条件下，固-液界面的推进速度超过原子在液态金属中的扩散速度，液相中的溶质或溶剂原子没有充分的时间扩散，所以原子被"截留"至固相中，使固相晶内微观偏析程度减小，成分更加均匀[15,16]。

在平衡条件下，溶质再分配具有一定的规律性，固相与液相中的溶质浓度能够达到平衡态。平衡溶质分配系数就是指在平衡条件下，原子充分扩散后，固相与液相体系达到平衡状态时，合金固相的溶质浓度与液相溶质浓度的比值，用 K_0 表示，表达式为 $K_0 = C_S / C_L$[17]。图 7.2 表示两种不同的溶质分配行为，其中，图 7.2（a）所示为平衡溶质分配系数 $K_0 < 1$ 的情况，液态金属的溶质浓度为 C_0。在平衡凝固条件下，当温度降至 T_L 时，液相的溶质浓度为 C_0，新生固相的溶质浓度为 $K_0 C_0$。随着温度的进一步降低，固相与液相的溶质浓度分别沿固相线与液相线转变；当温度降至 T_S 时，剩余液相的溶质浓度增至 C_0 / K_0，固相的浓度增至 C_0。而图 7.2（b）所示为溶质分配系数 $K_0 > 1$ 的情况，当温度降至 T_L 时，液相的溶质浓度为 C_0，新生固相的溶质浓度为 $K_0 C_0$，这里新生固相的溶质浓度明显高于液相的溶质浓度，溶质向固相富集；当温度降至 T_S 时，固相的溶质浓度减小至 C_0，液相的溶质浓度减小至 C_0 / K_0。由上述可知，无论 K_0 小于或者大于 1，当 $|K_0|$ 在数值上距离 1 比较远时，开始形核时

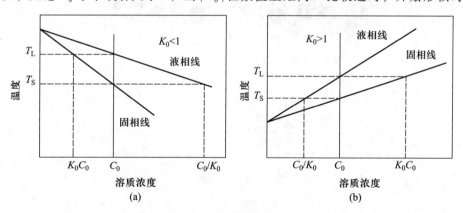

图 7.2　液态二元合金的平衡溶质分配系数：（a）$K_0 < 1$；（b）$K_0 > 1$[17]

固相溶质浓度 $K_0 C_0$ 与完全凝固时溶质浓度 C_0 的差值较大，所以在常规凝固条件下，合金微观组织会形成偏析。

　　在平衡凝固条件下，溶质原子在固相与液相中重新分配且充分扩散，两相溶质浓度达到均衡。然而，平衡凝固过程只是一种理想态，实际凝固过程多在近平衡或非平衡条件下进行，溶质原子不能在固相与液相中扩散均匀，例如，在液相中，固-液界面前沿与距离界面较远处的溶质浓度差异较大。因此，科学家们提出了局部平衡假说，该假说认为，在近平衡凝固条件下，在固-液界面前沿局部区域的固、液相中，溶质浓度处于局部平衡状态，通俗解释就是在近平衡凝固过程中，固-液界面前沿固相与液相中溶质浓度沿平衡相图中的固、液相线变化，并且界面前沿固相与液相溶质浓度的商为 K_0。

　　液相中固-液界面前沿聚集的原子不能充分扩散导致产生浓度梯度。图 7.3 表示当 $K_0 < 1$ 时液相中溶质浓度的变化情况，这里只考虑扩散不考虑对流。假设合金原溶质浓度为 C_0，固相中溶质均匀且浓度为 C_S，则固-液界面前沿的液相中溶质浓度为 $C_L = C_S / K_0$。在近平衡条件下，由于溶质再分配，凝固过程中固相固溶度饱和后，多余原子会通过固-液界面扩散至液相中，而固-液界面前沿聚集的原子不能充分扩散，所以从固-液界面前沿至距离更远的液相区存在溶质浓度梯度，如图 7.3（a）所示，从固相中扩散出的白色溶质原子在固-液界面前沿聚集。固-液界面前沿局部区域满足：$C_S / C_L = K_0$，但在距离固-液界面较远处的液相区溶质浓度仍为 C_0，如图 7.3（b）所示。

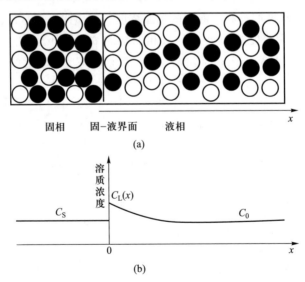

图 7.3　近平衡凝固过程液相中溶质浓度的变化示意图：（a）原子分布示意图；
（b）液相中溶质浓度随距固-液界面的距离的变化曲线

在初步认识枝晶生长过程中液相溶质浓度变化的基础上，人们将目光投向枝晶生长形态，树枝晶、柱状晶、等轴晶均是枝晶最典型的形态，这些多样的枝晶形态均是在固-液界面失稳后产生的。那么，什么因素影响固-液界面的稳定性从而产生多种样式的枝晶形态？为了深入研究单相枝晶形态演变过程，科学家们尝试了各种办法，但枝晶生长过程中的尖端半径和生长速度并不易直接测量，而且液相中的温度梯度与溶质浓度分布更难以获取。同时，生长过程还涉及非线性科学领域的诸多问题，例如，传热、传质、界面动力学和毛细效应等多种因素耦合等，因此很难通过数学方法解释凝固形态问题[18]。现有相关理论大都简化了枝晶尖端形态和外界环境对枝晶的作用，这种简化处理为增进对枝晶形态变化规律的认识做出了重要贡献。

尽管对枝晶生长机制的研究遇到许多困难，但由于液态金属中的枝晶生长在科学和工程领域均具有重要意义，科学家们还是经过坚持不懈的努力，在单相枝晶的自由生长理论研究方面取得了长足的进展，逐渐从固-液界面稳定性方向揭示了单相枝晶结构出现复杂形态的原因。早在 1947 年，Ivantsov[19] 就提出了具有旋转抛物面的针状晶和片状晶的稳定扩散解理论，该理论的前提条件是固-液界面上温度或浓度处处相等。Ivantsov 函数的具体数学解析式为

$$\Omega = \mathrm{Iv}(Pe) = Pe\exp(Pe)E_1(Pe) \tag{7.1}$$

式中，Ω 为无量纲过饱和度；Pe 为 Peclet 数；$\mathrm{Iv}(Pe)$ 为 Ivantsov 函数；$E_1(Pe)$ 为第一指数积分函数，$E_1(Pe)$ 表达式为

$$E_1(Pe) = \int_{Pe}^{\infty} \frac{\exp(-Z)}{Z}\mathrm{d}Z \tag{7.2}$$

Ivantsov 函数可用于温度和溶质场的计算，被广泛应用于自由枝晶生长模型。此外，Ivantsov 函数得出 Peclet 数仅由枝晶尖端的过冷度确定，但未能给出尖端半径、生长速率、生长条件和热物性参数之间的唯一确定关系，而且弯曲的枝晶界面是不可能等温或等浓度的。

之后，Langer 和 Mulller-Krumbhaar[20,21] 假设枝晶尖端为平面或球面并处于一种临界稳定状态，即处于尖端分叉不稳定和侧枝不稳定的临界状态，并对抛物型枝晶尖端的小 Peclet 数情况进行了线性稳定分析。经大量的实验总结，他们得到了一组离散解，并定义了稳定常数 δ，该常数能够决定一定过冷度 ΔT 下的枝晶尖端半径 r 和生长速率 v，其表达式为

$$\frac{L_c L_t}{r^2} = \delta \tag{7.3}$$

式中，L_t 为热扩散长度的平均值，其表达式为 $L_t = 2D_t/v$，其中 D_t 为热扩散系数；v 为晶体生长速度；L_c 为毛细长度的平均值；r 为枝晶尖端半径。通过式 (7.3) 计算，当 r 值约等于固-液平界面失稳的最小扰动波长 λ_w 时，$\delta = \delta^* \approx$

0.025 3，该理论称作 LM-K 理论或临界稳定性准则。当 $\delta > \delta^*$ 时，枝晶半径 r 逐渐增加，使得 δ 减小，尖端半径增加会使相邻侧枝不稳定；当 $\delta < \delta^*$ 时，枝晶半径 r 逐渐减小，从而使得 δ 增加，致使枝晶尖端出现分叉不稳定。经验证，临界稳定常数 δ^* 的实验值与理论值吻合得较好，但该临界稳定性理论存在不足之处，其中，最突出的问题是只对枝晶尖端做了局部稳定性分析，事实上，从端点至侧向，扰动第一波的整个尖端均稳定，此外，该方程忽略了尖端形状的作用，尖端形状应作为该方程解的一部分。此后，科学家们试图将枝晶形状作为稳态解的一部分建立严格的理论模型。

1974 年，Nash 和 Glicksman 建立了 Nash-Glicksman（N-G）方程[22]，该方程不仅考虑了针状晶的形状和表面曲率效应而且将针状晶形状和温度场等问题合并在一起，因此，方程较复杂不易解。Kruskal 和 Segur 建立了 N-G 方程的简化方程，局域唯象方程表达式为[18]

$$\cos \psi(s) = \frac{\mathrm{d}\psi(s)}{\mathrm{d}s} + \frac{\mathrm{d}^3 \psi(s)}{\mathrm{d}s^3} \tag{7.4}$$

式中，s 为枝晶模型参数，在枝晶模型尖端 $s=0$；$\psi(s)$ 为 s 的光滑函数，表示针状枝晶模型上任意一点切线与尖端切线的夹角。边界条件为：尖端光滑条件 $\psi(0) = 0°$；远场条件为：$\psi(s)$ 在 s 趋向于正无穷时为 $\pi/2$，在 s 趋向于负无穷时为 $-\pi/2$。然而，该方程在固-液界面能各向同性时无解。为解 N-G 方程，科学家们分别提出了整体界面波理论（global trapped wave theory，GTW 理论）和微观可解性理论（microscopic-solvability theory，MST 理论），两个理论均具有自洽的数学解。

界面能各向异性虽小但对固-液界面形态转变很重要，MST 理论的核心点就是沿界面引入界面张力各向异性常数 a，在此基础上，科学家们对式（7.4）进行计算并从无数离散的定常解中发现只有一个定常解稳定，即：$\delta = ka^{7/4}$，其中，k 为常数，此后，在 MST 理论中，$\delta = ka^{7/4}$ 成为除 Ivantsov 解之外另一制约枝晶生长形态的关系式。

而 GTW 理论认为系统总界面扰动能是有限的，当尖端半径 $r \to \infty$ 时，固-液界面为振幅趋于 0 的外行波，因此，GTW 理论从修改 N-G 问题的远场条件出发，沿 Ivantsov 抛物面叠加一个频率为 0.21 的振荡模式，得出稳定常数为 $\delta = 0.042\ 6$。

稳定常数在研究液态金属的单相枝晶生长具有重要作用，LM-K 理论、MST 理论和 GTW 理论在计算稳定常数方面做出了重要贡献，并且现有实验结果均与相应的理论值吻合得较好。而对于快速枝晶生长，上述理论模型则表现出很大的局限性，为此，科学家们进一步发展了新的枝晶生长模型。

7.1.2 LKT/BCT 快速枝晶生长模型

枝晶生长模型主要研究枝晶的尖端过冷度 ΔT 与生长速率 v 和尖端半径 r 之间的关系。20 世纪 80 年代，在 Ivantsov 稳态扩散理论的基础上，Lipton 等[23]建立了 LGK 枝晶生长模型用于预测柱状晶向等轴晶转变的条件。该模型中假设固-液界面处局域热力学平衡，无需考虑溶质偏析过程，即溶质分配系数为常数。在小过冷和小 Peclet 数时该模型适用，但在大过冷条件下，模拟值与实验值相差很大，因此，LGK 模型揭示了小过冷条件下自由枝晶生长的基本规律。

Lipton 等[24]在 LGK 模型基础上提出了描述大过冷条件下枝晶生长规律的 LKT 模型。LKT 模型中枝晶尖端的过冷度依然有热过冷度 ΔT_t、成分过冷度 ΔT_c 和曲率过冷度 ΔT_r 组成，作为 LGK 模型的改良，该模型在 v 与 r 的关系中引入了溶质稳定性系数 ξ_c 和热稳定性系数 ξ_t。当 Peclet 数较小时，LKT 模型就是 LGK 模型。LKT 模型预测枝晶尖端的过冷度与生长速度呈幂指数的关系：$v = a\Delta T^b$（a、b 为常数），但对于深过冷条件该模型不适用，原因是 LKT 模型是基于局域平衡假设提出的，随着过冷度增大，当枝晶生长速度高于液态合金中原子扩散速度时，固-液界面前沿局域平衡的假设将不成立。

在 LKT 模型的基础上，Boettinger、Coriell 和 Trivedi[15]提出溶质分配系数和液相线斜率随枝晶生长速度的变化而变化，建立了适用深过冷条件的 LKT/BCT 枝晶生长模型，该模型把自由枝晶生长理论延伸至非平衡凝固条件下的枝晶生长过程。在快速凝固过程中，枝晶生长时会出现显著的溶质截留效应，主要原因是固-液界面的推移速度较快，液相中的原子来不及扩散而被"截留"在固相中，因此，快速凝固过程中枝晶生长更复杂。Boettinger 等用分子动力学方法研究了动力学过冷对快速枝晶生长的作用，在枝晶尖端的总过冷度中增添了动力学过冷度，因此，LKT/BCT 模型中，枝晶尖端的过冷度由 4 部分组成：

$$\Delta T = \Delta T_t + \Delta T_c + \Delta T_r + \Delta T_k \tag{7.5}$$

式中，ΔT_t 为热过冷度；ΔT_c 为成分过冷度；ΔT_r 为曲率过冷度；ΔT_k 为动力学过冷度。式(7.1)中 Ivantsov 函数可用于温度场和溶质浓度场的计算，其中，温度场中热 Peclet 数表达式为

$$Pe_t = \frac{vr}{2D_t} \tag{7.6}$$

$$\Omega_t = \frac{\Delta T_t C_p}{\Delta H_m} \tag{7.7}$$

式中，v 表示枝晶生长速度；r 表示枝晶尖端半径；D_t 为热扩散系数；C_p 表示定压比热容；ΔH_m 表示结晶焓。

溶质扩散场中溶质 Peclet 数的表达式为

$$Pe_c = \frac{vr}{2D_L} \tag{7.8}$$

$$\Omega_c = \frac{C_L - C_0}{C_L - C_S} = \frac{C_L - C_0}{C_L(1 - K_0)} \tag{7.9}$$

式中，D_L 表示溶质在液相中的扩散系数；C_L 表示固-液界面上液相成分；C_S 表示固相成分。而非平衡凝固条件下，枝晶尖端液、固相溶质浓度分别为

$$C_L = \frac{C_0}{1 - (1 - K)\mathrm{Iv}(Pe_c)} \tag{7.10}$$

$$C_S = \frac{KC_0}{1 - (1 - K)\mathrm{Iv}(Pe_c)} \tag{7.11}$$

根据 Aziz[25] 的研究结果，在枝晶快速生长过程中，生长速率较快会使固-液界面前沿的溶质分配系数 K_0、液相线斜率 k_L 改变为

$$K = \frac{C_S}{C_L} = \frac{K_0 + v/v_D}{1 + v/v_D} = \frac{K_0 + (a_0/D_t)v}{1 + (a_0/D_t)v} \tag{7.12}$$

$$k_L^* = k_L\left\{1 + \frac{K_0 - K[1 - \ln(K/K_0)]}{1 - K_0}\right\} \tag{7.13}$$

经计算，枝晶尖端的各过冷度分别是

$$\Delta T_t = \frac{\Delta H_m}{C_p}\mathrm{Iv}(Pe_t) \tag{7.14}$$

$$\Delta T_c = k_L^*(C_0 - C_L) = k_L C_0\left[1 - \frac{k_L^*/k_L}{1 - (1 - K)\mathrm{Iv}(Pe_c)}\right] \tag{7.15}$$

$$\Delta T_r = \frac{2\Gamma}{r} = \frac{2\sigma_L}{r\Delta S_m} \tag{7.16}$$

动力学过冷度为

$$\Delta T_k = \frac{v}{\mu} \tag{7.17}$$

$$\mu = \frac{\Delta H_m v_0}{RT_L^2} \tag{7.18}$$

总过冷度可以表示为

$$\Delta T = \frac{\Delta H_m}{C_p}\mathrm{Iv}(Pe_t) + k_L C_0\left[1 - \frac{k_L^*/k_L}{1 - (1 - K)\mathrm{Iv}(Pe_c)}\right] + \frac{2\Gamma}{r} + \frac{v}{\mu} \tag{7.19}$$

式中，μ 为动力学生长系数；v_0 为声速；a_0 为原子间距；v_D 为液相原子扩散速率；R 为理想气体常数。

为得到 v 与 r 之间唯一解，引入稳定性判据：

$$r = \lambda_w \qquad (7.20)$$

式中，λ_w 为最小稳定性波长。Trivedi、Kurz 和 Fisher 推导的枝晶尖端半径的稳定性判据为

$$r = \left[\frac{\Gamma}{\delta(k_L G_c - G_t)} \right]^{1/2} \qquad (7.21)$$

式中，G_c 和 G_t 分别为液-固界面处的浓度梯度和温度梯度；δ 是稳定常数。作为 LKT 模型的改良，LKT/BCT 模型在 v 与 r 的关系中也引入了溶质稳定性系数 ξ_c 和热稳定性系数 ξ_t，表达式为

$$r = \left[\frac{\Gamma}{\delta(k_L G_c \xi_c - G_t \xi_t)} \right]^{1/2} \qquad (7.22)$$

式中，

$$\xi_c = 1 + \frac{2K}{1 - 2K - \sqrt{1 + \frac{1}{\delta Pe_c^2}}} \qquad (7.23)$$

$$\xi_t = 1 - \frac{1}{\sqrt{1 + \frac{1}{\delta Pe_t^2}}} \qquad (7.24)$$

将 G_c 和 G_t 分别代入式 (7.22)，则枝晶的尖端半径为

$$r = \frac{\Gamma / \delta}{\dfrac{Pe_t \Delta H_m}{C_p} \xi_t - \dfrac{2k_L Pe_c C_0(1 - K)}{1 - (1 - K)\mathrm{Iv}(Pe_c)} \xi_c} \qquad (7.25)$$

LKT/BCT 模型可以实现深过冷条件下，过冷度、枝晶尖端半径和枝晶生长速率之间关系的定量分析。经验证，该模型能够较准确地描述过冷液态金属中的枝晶生长过程，是目前描述快速枝晶生长最为成功的理论模型。

7.1.3 单相合金的深过冷快速凝固

在深过冷条件下，高的过冷度使得液态金属的凝固过程和凝固组织形态发生改变。通常，随着过冷度增加，固、液相的吉布斯自由能差值增加，因此，液态金属的形核率和新生固相的生长速率均会改变。研究表明，枝晶的生长速率随过冷度的增加而增大，此外，凝固组织显著细化，凝固组织形态也由常见的树枝晶向等轴枝晶或者等轴晶转变。这里分别以液态 Fe-6.0 at.% Zr 亚共晶合金中初生枝晶和液态 Ni-10 wt.% Cu-10 wt.% Fe-10 wt.% Co 四元合金中单相枝晶生长动力学为例，说明深过冷条件下液态金属中枝晶生长规律。

图 7.4 为采用 LKT/BCT 枝晶生长理论模型研究过冷液态 Fe-6.0 at.% Zr

亚共晶合金中初生 α-Fe 枝晶生长动力学的结果，其中 ΔT_{p} 表示组成总过冷的各个部分过冷度的统称。随着过冷度的增加，α-Fe 枝晶的生长速率逐渐加快，如图 7.4(a) 所示。图 7.4(b) 表示部分过冷度对于总过冷的贡献，各个过冷度随着总过冷度的增加而增大，动力学过冷、热过冷、曲率过冷和溶质过冷对总过冷的贡献程度逐渐增加，其中，溶质过冷起主导作用。

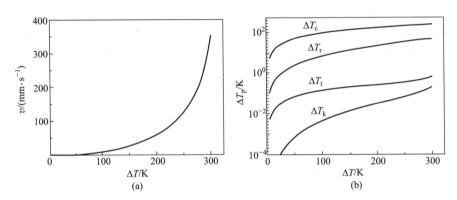

图 7.4　过冷液态 Fe-6.0 at.% Zr 亚共晶合金中初生 α-Fe 枝晶生长速度与过冷度的关系：
（a）过冷度与枝晶生长速率的关系；（b）部分过冷度对总过冷度的贡献

　　多组元单相枝晶的生长过程较复杂，这主要是因为溶质原子扩散场相互耦合，而这种耦合机制难以被研究。当前科学家们主要借助凝固组织形态推测溶质扩散机制，但缺乏理论依据。因此，对多元单相枝晶生长动力学机制的研究意义重大，不仅能够完善枝晶生长模型，而且能够揭示多元合金枝晶生长的动力学行为。宋贤征等[26]选取 Ni-10 wt.% Cu-10 wt.% Fe-10 wt.% Co 合金为研究对象，采用熔融玻璃净化技术和电磁悬浮技术实现了该 Ni 基合金的深过冷快速凝固，对于枝晶生长速率的测定结果表明，枝晶的生长速率 v 随 ΔT 呈指数关系增长，满足关系式：$v = 0.08 \times \Delta T^{1.16}$。

　　图 7.5 中的虚线是运用 LKT 模型计算纯 Ni 枝晶生长速率的结果，白色圆点是实验测量的纯 Ni 枝晶生长速率，可见，当过冷度小于 180 K 时，实验测量结果与模型计算结果符合得很好，然而，随着过冷度进一步增加，模型计算值远大于实验测量值。研究还发现，Ni 基合金的枝晶生长速率 v 随 ΔT 的变化趋势与纯 Ni 基本一致，但 Ni 基合金的枝晶生长速率明显大于纯 Ni。液态 Ni 基合金达到的最大过冷度是 276 K（$0.16T_{\text{L}}$），凝固组织为 α-Ni 单相固溶体，当过冷度超过临界值 $\Delta T = 111$ K 时，α-Ni 枝晶由粗大枝晶转变为等轴晶，并且伴随晶粒的显著细化，而当过冷度大于 200 K 时，凝固组织发生显著溶质截留，液态合金实现无偏析凝固，凝固组织如图 7.6 所示。

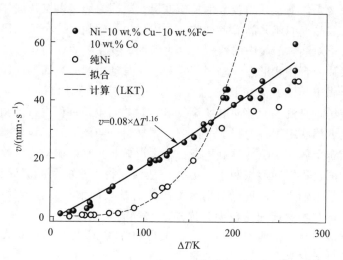

图 7.5 Ni-10 wt.% Cu-10 wt.% Fe-10 wt.% Co 合金中枝晶生长速度随过冷度的变化[26]

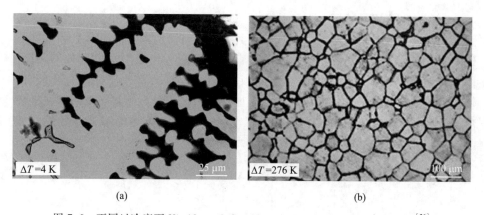

图 7.6 不同过冷度下 Ni-10 wt.% Cu-10 wt.% Fe-10 wt.% Co 合金组织[26]

7.2 两相共生生长

在液态金属相变行为中，共晶生长十分普遍，如 3 000 年前开始使用的铅锡合金就是典型的两相共生共晶体系，当今航空工业普遍应用的铝硅合金，亦是共晶体系，可以说，液态金属中共晶生长一直是凝聚态物理和材料科学领域的重要课题[27-30]。共晶合金因液固相变是两固相从液相中共生生长及液-固界面前沿温度场和溶质浓度场的特殊分布而引起科学家们的青睐[31,32]。

在近平衡条件下，共晶合金生长速度慢，凝固组织多以层片或棒状为主要形态，偏离共晶点的亚共晶或者过共晶首先析出初生相，剩余液相形成共晶组织。研究人员对液态金属中的两相共生生长的研究主要关注与合金应用性能密切相关的层片或者棒状形态、厚度、间距、生长动力学等方面的问题。为了实现对液态金属中晶体共生生长的过程控制，研究人员采用超声导入、电磁搅拌、强静磁场、直流或者脉冲电场等技术，对共晶生长过程进行干预，从而制备出层片或者棒状组织一定程度可控的金属材料。与此同时，科学家通过深过冷技术使液态金属处于热力学亚稳态，增大形核与生长的驱动力，改变共晶合金在传统凝固过程中的形核和生长方式，从而获得丰富的共晶凝固组织形态。尤其是，科学家们为了从理论上揭示不同热力学条件下共晶合金的凝固规律，提出了相应的共生生长理论模型，描述了共晶合金的生长动力学过程[33]。本节主要介绍液态金属中两相共晶合金的凝固机制和 TMK 共晶生长模型，以及在深过冷条件下共晶合金的凝固规律。

7.2.1　凝固机制

对于液态金属中共晶合金晶体生长研究主要集中在液固相变路径、共晶组织生长机制及凝固组织形态 3 个方面。共晶合金可分为亚共晶、共晶和过共晶组织，3 种成分的合金凝固路径、溶质再分配机制和组织生长机制各不相同。图 7.7 是典型的二元共晶合金相图示意图，图中标注出 3 个不同的合金成分，依次为亚共晶、共晶和过共晶。其中，虚线 1 所在成分为亚共晶成分，在平衡凝固条件下，液态金属 L 冷却先析出 α 初生相，当温度逐渐降低至共晶相变

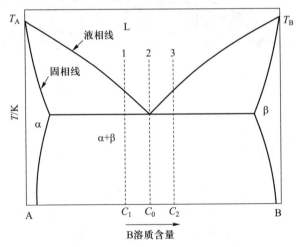

图 7.7　常见的二元共晶合金相图示意图

温度时，剩余液相 $L_{余}$ 凝固形成（α+β）共晶组织，其凝固路径可以表述为：$L→α$，$L_{余}→α+β$。析出 α 初生相的溶质含量低于 C_1，固溶度沿着固相线升高，而剩余液相的溶质浓度沿液相线逐渐升高，当温度降至共晶相变温度时，剩余液相的溶质浓度为 C_0，随后，剩余液相发生共晶相变。共晶组织通常会借助初生相表面形核生长，α 和 β 相的溶质固溶度分别沿着各自固相线随着温度降低而改变。

图中虚线 2 所在的成分为共晶成分，在平衡凝固条件下，α 和 β 相直接从液态金属 L 中析出，其凝固路径表述为：$L→α+β$，并且 α 和 β 相协同生长，两相的固溶度分别沿着各自固相线随着温度降低而改变。

虚线 3 所在的成分为过共晶成分，在平衡凝固条件下，β 初生相从液态金属中率先析出，随着温度的降低，β 初生相固溶度沿该相固相线改变，当温度逐渐降低至共晶相变平台温度时，剩余液相 $L_{余}$ 凝固形成（α+β）共晶组织，其凝固路径可以表述为：$L→β$，$L_{余}→α+β$。

典型共晶合金凝固组织形貌如图 7.8 所示，图 7.8(a) 为层片状共晶组织，黑色的 α-Fe 相层片与灰色的 Fe_2Zr 相层片交替排列；图 7.8(b) 为棒状共晶组织，由白色 Ag_2Al 相和黑色 Al_2Cu 相组成，其中，Ag_2Al 相呈棒状[34]；图 7.8(c) 所示为 $Fe_{94}Zr_6$ 亚共晶合金凝固组织，该成分点的初生相为黑色的 α-Fe 枝晶相，（α-Fe+Fe_2Zr）共晶组织次于初生相凝固并分布在 α-Fe 枝晶间隙中，共晶组织依附初生相表面形核生长，组织形态呈弯曲层片状，如图 7.8(d) 所示。

以层片共晶组织为例来说明两相是如何协同生长以及生长过程中会受哪些因素影响。层片共晶组织生长主要依靠共晶层片不断向剩余液相中纵向延伸；而在共晶层片的横向增值方面，并不意味着每一层片单独形核生长，通常是通过层片搭桥的方式增值。图 7.9 展示了层片共晶组织的纵向生长过程，α 相和 β 相均为非小平面型晶体，并没有特定的生长取向，固-液界面前沿温度场与溶质浓度场共同作用影响凝固组织形态。结合图 7.7 和图 7.9 分析平衡条件下层片共晶组织固-液界面前沿的原子扩散机制，由于层片共晶组织的生长方向垂直于固-液界面，随着层片共晶组织向剩余液态金属中延伸，α 相固-液界面前沿会有 B 原子富集，而 β 相固-液界面前沿有 A 原子富集。通常，α 相固-液界面前沿富集的 B 原子主要向相邻层片的 β 相中横向扩散，而 β 相中富集的 A 原子则主要向 α 相固-液界面前沿横向扩散，共晶层片的生长和固-液界面前沿溶质的原子扩散是动态过程，可见，α 相与 β 相固-液界面前沿溶质浓度场并不均匀，而是存在一定的浓度梯度。如图 7.10(a) 表示固-液界面前沿溶质浓度分布示意图，从 α 相层片中央至两侧，B 溶质的含量逐渐减少，同样，从 β 相层片中央至两侧，A 原子的溶质含量也逐渐减小。但从图 7.7 中二元共晶相图上看，无论是 α 相或 β 相，合金液相线温度均是随溶质含量的增

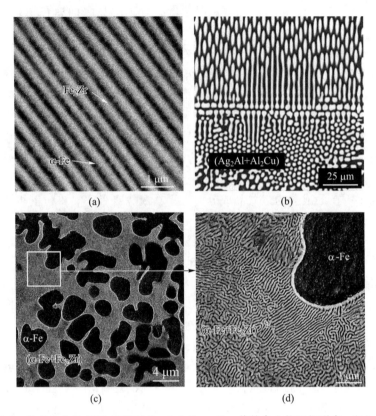

图 7.8　共晶合金的 SEM 组织照片：(a) $Fe_{91.2}Zr_{9.8}$ 共晶合金的组织形态；(b) $Al_{63.9}$ $Cu_{15.5}Ag_{20.6}$ 共晶合金的凝固组织形态[34]；(c) $Fe_{94}Zr_6$ 亚共晶合金的凝固组织形态；(d) 图 (c) 的局部放大图

加而降低，那么，在层片共晶组织中，由于固-液界面前沿成分分布不均匀引起的成分过冷度为

$$\Delta T_c = k_L(C_0 - C^*) \tag{7.26}$$

式中，k_L 为液相线斜率；C_0 为液态金属的溶质含量；C^* 为层片固-液界面前沿的溶质含量。从图 7.10(a) 中还可以看出，在两相交界处，液态金属的溶质含量仍然为 C_0，这是由于 A 原子和 B 原子横向互扩散的结果，同样，在两相的交界处，成分过冷度也为 0。而在固-液界面前沿，两相层片中央位置的溶质含量最高，成分过冷度也最大，如图 7.10(b) 所示。共晶层片固-液界面前沿富集的大部分溶质通过横向扩散消减，通常，整个富集层厚度仅在一个共晶层片间距范围内，而在距离固-液界面更远处的剩余液相区，溶质含量仍为 C_0。那么，共晶层片为什么会细化呢？通常，在固-液界面前沿剩余液相区，

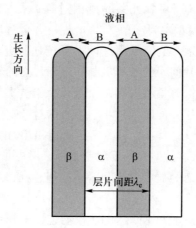

图 7.9 层片共晶组织纵向生长时固-液界面前沿原子横向扩散示意图

α 相或 β 相层片尖端处有未能充分扩散的溶质原子富集，大量富集的溶质原子迫使固-液界面的曲率发生改变，因此，固-液界面处出现一个或多个凹槽，而随着固-液界面推移，凹槽逐渐向固相中延伸，同时，凹槽内部大量积累溶质原子，因此，另外一相会在凹槽中形核生长，从而使共晶层片实现细化。影响溶质原子横向扩散的因素有很多，比如：合金冷却速率、共晶层片间距和温度梯度等。

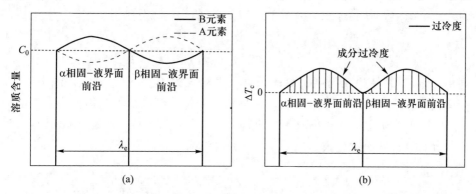

图 7.10 固-液界面前沿溶质浓度分布和成分过冷度：（a）共晶层片固-液界面前沿溶质浓度；（b）固-液界面前沿成分过冷度

7.2.2 TMK 共晶生长模型

液态金属中共晶生长模型一直在不断的发展与完善，早在 20 世纪 60 年

代，Jackson 和 Hunt 就共同对二元共晶凝固过程进行了数值求解，建立了 JH
共晶生长模型[35]。JH 模型主要求解了二元共晶合金过冷度 ΔT、层片间距 λ_e
和生长速率 v 之间的关系。他们采用该模型系统地研究了固-液界面为平界面
和在慢速推移条件下层片间距的选择机制和组织形态的转变问题，为共晶生长
理论的研究奠定了基础。该模型中有两个假设，首先是固-液界面为平界面并
且稳定慢速生长，共晶层片间距远远小于溶质的特征扩散距离，即溶质扩散场
中溶质 Peclet 数远小于 1；其次，固-液界面前沿液相成分约等于共晶成分，
过冷度足够小。因此，JH 模型在一定限制条件下考虑了溶质扩散场和固-液界
面曲率效应，适用于液态金属小过冷和慢速冷却过程，对于深过冷和快速凝固
过程并不适用。

随后，Trivedi、Magnin 和 Kurz 对 JH 模型进行了修正，建立了适用于深过
冷的 TMK 共晶生长模型，TMK 模型依然假设固-液界面前沿原子扩散是充分
的，并且考虑了两种共晶相图的共生生长过程。

一种是雪茄状的共晶相图，即在共晶相变温度以下，亚共晶和过共晶初生
相的液相线和固相线的延长线均相互平行的相图。过冷度 ΔT、生长速度 v 和
层片间距 λ_e 三者之间的函数关系式为

$$\Delta T = k_L \frac{a^L}{\lambda_e} + k_L (v\lambda_e/D_L) Q_0 P(f_V, Pe_c) \tag{7.27}$$

式中，λ_e 为共晶层片间距；v 为生长速率；D_L 为溶质在液相中的扩散系数；f_V
为共晶组织中 α 相的体积分数；Pe_c、Q_0、k_L 的表达式分别为

$$Pe_c = v\lambda_e/2D_L, \qquad Q_0 = \frac{C_0^*}{f_V(1-f_V)}, \qquad \frac{1}{k_L} = \frac{1}{k_{L\alpha}} + \frac{1}{k_{L\beta}}$$

其中，C_0^* 为共晶相变温度平台的长度，表达式为 $C_0^* = \Delta C_\alpha + \Delta C_\beta$，式中 ΔC_α
和 ΔC_β 为固-液界面前沿 α 相和 β 相分别与液相的溶质浓度差值，均为正值；
$k_{L\alpha}$ 和 $k_{L\beta}$ 分别为 α 相和 β 相液相线的斜率并均定义为正值；P 是 Peclet 数与相
体积分数有关的函数，表示为

$$P(f_V, Pe_c) = \sum_{n=1}^{\infty} \frac{1}{(n\pi)^3} [\sin(n\pi f_V)]^2 \frac{P_n}{1+\sqrt{1+P_n^2}} \tag{7.28}$$

其中，$P_n = 2n\pi/Pe_c$；a^L 是与 Gibbs-Thompson 系数、液相线斜率、两相接触角
和两相体积比有关的函数，表达式为

$$a^L = 2\left[\frac{\Gamma_\alpha \sin\theta_\alpha}{f_V k_{L\alpha}} + \frac{\Gamma_\beta \sin\theta_\beta}{(1-f_V)k_{L\beta}} \right] \tag{7.29}$$

其中，Γ_α 和 Γ_β 分别为 α 相与 β 相的 Gibbs-Thompson 系数；θ_α 和 θ_β 分别为层
片共晶中 α 和 β 相的接触角。

运用共晶在最小过冷条件下生长的极限条件[36]，将式(7.27)对 λ_e 求导，得出共晶层片间距与生长速率的关系式为

$$v\lambda_e^2 = a^L/Q_1^L \tag{7.30}$$

式中，Q_1^L 是与层片间距、两相体积比和 P 函数有关的函数，Q_1^L 的表达式为

$$Q_1^L = (Q_0/D_L)[P + \lambda_e(\partial P/\partial\lambda_e)] \tag{7.31}$$

并有

$$P + \lambda_e(\partial P/\partial\lambda_e) = \sum_{n=1}^{\infty} \left(\frac{1}{n\pi}\right)^3 [\sin(n\pi f_V)]^2 \times \left(\frac{P_n}{1 + \sqrt{1 + P_n^2}}\right)^2 \frac{P_n}{\sqrt{1 + P_n^2}} \tag{7.32}$$

则由式(7.27)和式(7.30)可以计算出一定过冷度条件下共晶生长速率和层片间距。

另一种共晶相图则是 α 相和 β 相的平衡溶质分配系数相等，即 $K_\alpha = K_\beta = K$，在此条件下，过冷度 ΔT、生长速度 v 和层片间距 λ_e 三者之间的函数关系式为

$$\Delta T = k_L \frac{a^L}{\lambda_e} + k_L(v\lambda_e/D_L)Q_0^* P(f_V, Pe_c, K) \tag{7.33}$$

式中，

$$P(f_V, Pe_c, K) = \sum_{n=1}^{\infty} \frac{1}{(n\pi)^3}[\sin(n\pi f_V)]^2 \frac{P_n}{2K - 1 + \sqrt{1 + P_n^2}} \tag{7.34}$$

$$Q_0^* = \frac{1 - K}{f_V(1 - f_V)} \tag{7.35}$$

运用共晶在最小过冷条件下生长的极限条件[36]，将式(7.33)对 λ_e 求导，得出共晶层片间距与生长速率的关系式为

$$v\lambda_e^2 = a^L/Q_2^L \tag{7.36}$$

式中，

$$Q_2^L = (Q_0^*/D_L)[P + \lambda_e(\partial P/\partial\lambda_e)] \tag{7.37}$$

$$P + \lambda_e(\partial P/\partial\lambda_e) = \sum_{n=1}^{\infty} \left(\frac{1}{n\pi}\right)^3 [\sin(n\pi f_V)]^2 \times \left(\frac{P_n}{2K - 1 + \sqrt{1 + P_n^2}}\right)^2 \frac{P_n}{\sqrt{1 + P_n^2}} \tag{7.38}$$

则由式(7.33)和式(7.36)可以计算出一定过冷度条件下共晶生长速率和层片间距。

TMK 模型较好地扩展了 JH 模型的应用范围，能够描述中小过冷度下的快速共晶生长过程，无论 JH 模型还是 TMK 共晶生长模型都适用层片共晶组织，

但 TMK 模型依然假设在快速凝固的过程中固-液界面原子充分扩散。然而，随着深过冷技术的高速发展，迫切需要在深过冷和大冷速等超常条件下开展更为普适的共晶生长理论的精细研究。

7.2.3　共晶合金的深过冷快速凝固

近几十年来，通过对共晶合金的深过冷液固相变研究发现，深过冷条件下共晶中各相多出现竞争形核生长现象，共晶组织形态多种多样。通常，当液态金属的过冷度较小时，共晶中各相独立形核协同生长，随着过冷度的增加，共晶组织从规则共晶向非规则共晶组织转变，而当过冷度足够大时，甚至会出现共晶中某一相优先从过冷液态金属中形核生长的现象。

以 Cu-Zr 合金为例，采用 LKT/BCT 枝晶生长模型和 TMK 共晶生长模型分别研究了在深过冷条件下 Cu-12.27 wt.% Zr 合金中（Cu）枝晶、Cu_9Zr_2 枝晶与共晶的生长行为，深入探讨了凝固组织生长速度随过冷度的变化关系，结果如图 7.11(a)所示[37]。随着过冷度的增加，（Cu）枝晶、Cu_9Zr_2 枝晶和共晶组织的生长速率均不断增加，其中，同一过冷度下（Cu）枝晶的生长速率大于 Cu_9Zr_2 枝晶的生长速率，但两种枝晶相的生长速率均小于共晶组织的生长速率，（Cu）枝晶和 Cu_9Zr_2 枝晶协同生长速率更快。实验发现，随着液态金属过冷度的增大，Cu-12.27 wt.% Zr 共晶合金凝固组织分布均匀，呈规则层片生长，因此，计算结果与实验相符合。同时，计算了（Cu）枝晶的部分过冷度对总体过冷度的贡献，如图 7.11(b)所示，当总过冷度小于 420 K 时，溶质过

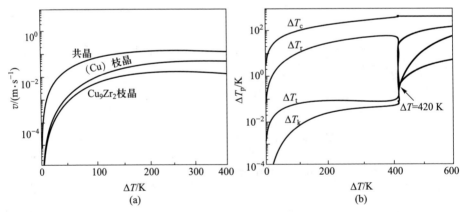

图 7.11　Cu-12.27 wt.% Zr 共晶合金中（Cu）枝晶、Cu_9Zr_2 枝晶与共晶的生长速度随过冷度的变化：（a）（Cu）枝晶、Cu_9Zr_2 枝晶和层片共晶生长速度与过冷度的关系；（b）（Cu）枝晶部分过冷度对总体过冷度的贡献[37]

冷、热过冷度、曲率过冷度和动力学过冷度均随总过冷度的增大而增大，但当总过冷度大于 420 K 时，曲率过冷度产生先减小后增大的变化趋势，而热过冷度与动力学过冷度迅速增大，但在整个凝固过程中，始终是由溶质过冷度支配 (Cu)枝晶的生长过程。

对液态金属的自由落体实验研究表明，随着凝固液滴直径的减小，液滴的过冷度与冷却速率呈指数关系增长。图 7.12 是自由落体条件下 Cu-Zr 共晶合金的快速凝固组织，灰色相为(Cu)固溶体相，黑色为金属间化合物 Cu_9Zr_2 相。对过冷 Cu-10 wt.% Zr 亚共晶合金研究发现，初生(Cu)相随液滴直径减小由粗大树枝晶向棒状晶转变，凝固组织由(Cu)枝晶和层片共晶组织向非规则共晶转变，部分区域形成花状凝固组织，图 7.12(a) 表示 Cu-10 wt.% Zr 亚共晶合

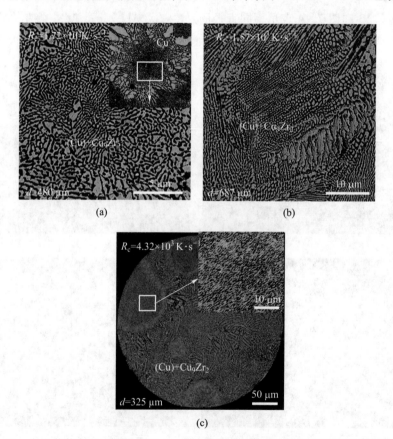

图 7.12 自由落体条件下不同直径 Cu-Zr 共晶合金凝固液滴的 SEM 显微组织形貌：
(a) 过冷 Cu-10 wt.% Zr 亚共晶合金凝固组织；(b) 过冷 Cu-12.27 wt.% Zr 共晶合金凝固组织；(c) 过冷 Cu-15 wt.% Zr 过共晶合金凝固组织[37]

金中典型的花状凝固组织，中心是由（Cu+Cu$_9$Zr$_2$）共晶组织构成，四周环绕着粗大的（Cu）枝晶。对 Cu−12.27 wt.% Zr 共晶合金研究发现，随着凝固液滴直径的减小，层片共晶组织碎断成非规则共晶，且层片间距减小，图 7.12(b) 表示直径为 687 μm 的 Cu−12.27 wt.%Zr 共晶凝固液滴合金的组织形貌，多为非规则共晶组织。Cu−15 wt.% Zr 过共晶合金初生相则为金属间化合物 Cu$_9$Zr$_2$ 相，呈条状生长，随液滴直径减小，冷却速率增大，凝固组织由宏观弯曲生长向球状晶胞转变。图 7.12(c) 为直径 325 μm 的 Cu−15 wt.% Zr 过共晶液滴合金凝固组织，凝固组织主要为球状非规则共晶胞，其中，（Cu）固溶体相与金属间化合物 Cu$_9$Zr$_2$ 相弥散分布，在周围环绕着（Cu）相枝晶，而后继续以弯曲状共晶外延生长。

图 7.13 和图 7.14 表示不同直径的过冷三元 Al$_{68.5}$Cu$_{14.1}$Ag$_{17.4}$共晶合金液滴凝固组织，组织由 α(Al)、θ(Al$_2$Cu) 和 ξ(Ag$_2$Al) 相构成[32]。当凝固液滴直径

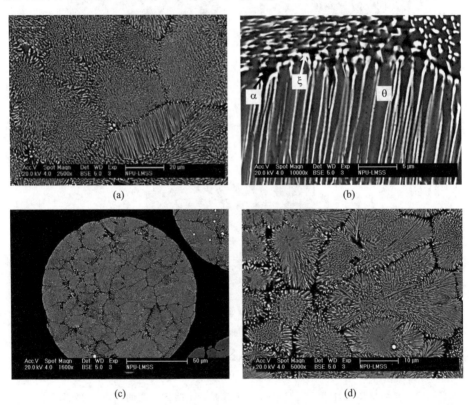

图 7.13　三元 Al$_{68.5}$Cu$_{14.1}$Ag$_{17.4}$共晶合金液滴的凝固组织：(a) 直径 800 μm；(b) 图(a) 的局部放大图；(c) 直径 400 μm；(d) 图(c)的局部放大图[32]

为 800 μm 时，晶粒粗大，α 和 ξ 两相呈棒状形态交替生长于 θ 相基体上，如图 7.13(a) 和 (b) 所示。随着凝固液滴直径的减小，当凝固液滴直径为 400 μm，液态金属的过冷度增至 109 K，晶粒显著细化，晶粒中心部凝固组织极其细小，辐射状衍生生长，形成不规则共晶晶粒，如图 7.13(c) 和 (d) 所示。而当凝固液滴直径减小至 100 μm 时，液态金属的过冷度为 235 K，凝固组织为非规则三相共晶组织，如图 7.14(a) 所示，整个凝固液滴中只有一个晶粒，共晶组织呈辐射状生长；在共晶组织中心部为非规则三相共晶组织，而在凝固液滴边缘，出现羽毛状的分枝结构，该结构是由 θ 和 ξ 两相构成的层片共晶组织，且羽毛状层片组织之间填充有 α 相，如图 7.14(b) 和 (c) 所示。

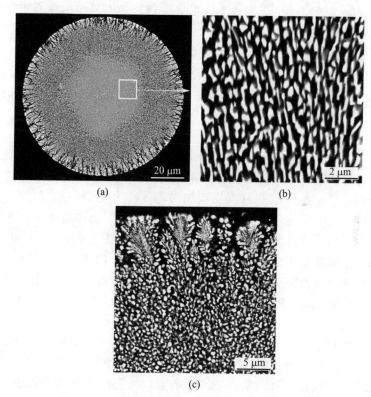

(a)　　　　　　　　　(b)

(c)

图 7.14　直径为 100 μm $Al_{68.5}Cu_{14.1}Ag_{17.4}$ 合金液滴的凝固组织[32]

7.3　复相竞争生长

复相竞争生长是液态金属凝固时的一种多相竞争生长行为。由于深过冷能够改变液态金属中各相形核和生长的驱动力，因此，在深过冷液态金属凝固过程中复相竞争生长较为强烈。共晶、包晶和偏晶等合金中均会涉及复相竞争生长，该生长行为不仅能够使液态金属获得丰富的凝固组织形貌而且还有利于改善合金的力学性能。本节以包晶合金为例，主要介绍包晶合金的凝固机制和深过冷条件下的复相竞争生长规律。

包晶合金作为重要的结构与功能材料一直是材料科学领域的研究热点，其液固相变的特点是初生相与剩余液相发生相变反应生成新固相[38-40]。因初生相与剩余液相的包晶相变涉及长程固态扩散，所以包晶相变如果完全进行则需要漫长的时间。而实际的包晶相变均是在近平衡或非平衡条件下进行的，原子难以充分扩散，因此，相变往往不能彻底进行，凝固组织中总会有初生相剩余，难以得到完全的包晶组织。然而，深过冷液态包晶合金的快速凝固涉及初生相与包晶相的竞争形核生长，这为优异性能包晶合金的研发提供了新路径。在深过冷条件下，液态包晶合金可能形成多种凝固路径，在快速凝固的过程中，优先生长相会抑制次生相的形核生长，从而使包晶合金获得丰富的凝固组织形态。

7.3.1　凝固机制

当前，科学家们对于包晶相变规律已有深入的认识，本节主要从二元包晶合金的凝固路径、相变机制及凝固组织形态 3 个方面进行阐述[41,42]。首先，我们来认识一下典型的包晶相图，如图 7.15 所示为二元包晶合金相图示意图。根据初生相平衡溶质分配系数是否小于 1，将包晶相图分为 $K_0 < 1$ 和 $K_0 > 1$ 两类。通常，二元包晶合金中两组元在液态时是完全互溶的，而在固态时部分互溶。包晶合金分 3 种类型的成分点，如图 7.15(a) 相图所示，ac 段为包晶相变成分区，b 点所在成分为包晶成分，所对应的温度 T_p 为包晶相变温度，ab 段所对应成分为亚包晶成分，bc 段对应成分为过包晶成分。亚包晶合金和过包晶合金的区别在于凝固路径不同、凝固组织形态存在差异。在平衡条件下，液态亚包晶合金发生包晶相变后凝固组织中有初生相剩余；而液态过包晶合金发生包晶相变后初生相被消耗尽，且存在剩余液相，在凝固组织中能看到残余液相的相变产物。结合相图 7.15(a) 分析包晶合金的凝固路径，在平衡条件下，液态包晶合金中初生相与剩余液相发生包晶相变后被消耗尽，凝固组织为包晶相，但这只是理想状态下的推演，在实际生产生活中包晶相变是在近平衡或非平衡条件下进行的，相变过程涉及原子长程固态扩散，因此，很难得到完全的包晶组织。

图 7.16 给出了包晶合金相变过程示意图，结合图 7.15(a) 所示的相图对合金凝固路径分析可知，随着液态包晶合金温度的逐渐降低，初生 α 相从液态

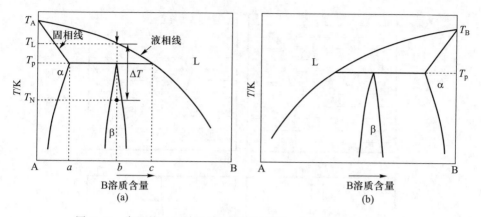

图 7.15 常见的二元包晶合金相图示意图：(a) $K_0 < 1$；(b) $K_0 > 1$

金属中析出并逐渐长大，α 相的溶质固溶度随着温度降低而沿固相线逐渐升高，剩余液相的溶质浓度沿着液相线逐渐升高。当温度降至 T_p 时，α 相的溶质固溶度达到 a 成分点，与此同时，剩余液相的溶质浓度沿着液相线升高至 c 成分点，包晶相变发生，初生 α 相与剩余液相发生包晶相变生成 β 相，其凝固路径表示为：α+L→β。图 7.16(a) 展示了包晶 β 相的依附形核过程，包晶 β 相依附初生 α 相的表面形核生长，由于液相、α 相和新生 β 相 3 相具有交界面，因此溶质原子在液相与 α 相之间迅速扩散反应生成 β 相。随着包晶相变的进一步进行，α 相会被 β 相完全包裹，如图 7.16(b) 所示。包晶相生长需要 α 相与剩余液相之间原子相互扩散，当 α 相被 β 相完全包裹后，α 相与剩余液相之间溶质扩散则需要通过 β 相，在这个过程中就会涉及原子长程固态扩散。近平衡或非平衡条件下，随着温度的降低和 β 相体积分数的增加，固态扩散越发困难，最终，包晶相变不能完全进行，初生相与液相均会剩余，而剩余液相则会发生其他相变反应，对应的凝固组织如图 7.16(c) 所示，其中剩余液相发生匀晶相变生成 γ 相。在平衡条件下，原子在固相中充分扩散，最终初生 α 相与剩余液相均会消耗尽，得到的凝固组织中只含有包晶 β 相，如图 7.16(d) 所示。

　　为了进一步阐明包晶反应过程，图 7.17 给出了包晶转变的示意图，当 α 相被 β 相包裹后，制约包晶相变的主要因素就是 α 相与剩余液相之间的原子扩散。包晶相变过程属于缓慢相变过程，当包晶 β 相在 α 相与剩余液相之间生成后，包晶相变的继续进行需要原子通过固态扩散穿过 β 相，同时，随着 β 相体积分数的增加，原子在 β 相中的扩散距离逐渐加长，包晶相变速率会逐渐降低。包晶 β 相大体分两个生长方向，第一种是 α 相与 β 相之间的固–固界面

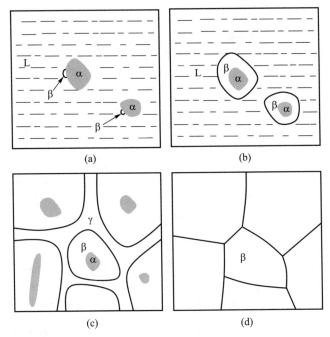

图 7.16　二元包晶相变过程示意图：(a) 包晶相形核；(b) 包晶相长大；(c) 近平衡
和非平衡条件下的包晶凝固组织；(d) 平衡凝固条件下的包晶组织

向 α 相中逐渐推移；第二种是 β 相与液相之间的固-液界面向液相中逐渐推
移，当相邻 β 相晶粒的界面相互接触时，则 β 相停止生长，如图 7.17(b) 所
示。包晶成分点的合金发生包晶相变并完全生成包晶相需要较长的时间和较恒
定的温度场，这在实际生产生活中并不易实现。

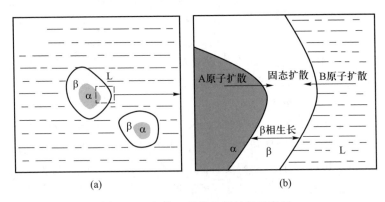

图 7.17　包晶 β 相的生长过程示意图

包晶合金的凝固组织形态十分丰富。在不同的凝固条件下，不同类型的包晶合金凝固组织形态多种多样，例如：包晶相包裹初生枝晶相、两相类共晶组织、核壳组织、初生相在包晶相中呈弥散分布或呈条带状或呈等轴晶状等。包晶合金凝固组织的多样性反映出不同凝固条件下包晶合金体系中包晶相变机理的复杂性。

7.3.2 包晶合金的深过冷快速凝固

在深过冷条件下，过冷液态包晶合金具有多种凝固路径，所获得的凝固组织形态丰富多样，这源于不同过冷度下液态包晶合金的多相竞争生长机制。图7.15(a)还展示了在深过冷条件下，过冷液态包晶合金的凝固模式，图中 b 点所在成分为包晶成分点，T_L 为液相线温度，T_N 为在深过冷条件下开始凝固时的温度。液态包晶合金过冷度的增加意味着凝固温度 T_N 降低，不同过冷度下，初生相和包晶相的形核次序与生长速率均有可能发生改变。在过冷度较大条件下，过冷液态包晶合金甚至能够过冷至包晶相变温度 T_p 以下仍然保持液态，包晶相可能转变为优先形核生长相，从而抑制次生相的形核生长，而当过冷度足够大时，过冷液态包晶合金凝固能够得到完全的包晶组织，初生相的形核生长完全被抑制。可见，随着过冷度的增加，多相竞争生长程度越发激烈。

以 Ni-16.75 at.% Zr 包晶合金为例，研究者采用落管无容器技术研究了过冷液态 Ni-16.75 at.% Zr 包晶合金的凝固规律，深入探讨了过冷液态包晶合金的复相竞争生长行为，结果如图 7.18 所示，该合金中初生相为 Ni_7Zr_2 相，包晶相仍为 Ni_5Zr 相[43]。对液态合金的自由落体实验研究表明，随着凝固液滴直径减小，液滴的过冷度与冷却速率呈指数关系增长。当凝固液滴直径为 1 120 μm 时，凝固组织由初生相 Ni_7Zr_2、包晶相 Ni_5Zr 和枝晶间的共晶($Ni+Ni_5Zr$)组成，如图 7.18(a)所示。Ni_7Zr_2 相呈板条状形貌，并且被 Ni_5Zr 相包裹，这种结构为典型的包晶组织。而在 Ni_5Zr 相中枝晶间隙为剩余液相凝固形成的共晶组织，如图 7.18(b)所示。随着过冷凝固液滴直径的减小，凝固组织形貌发生显著变化。当凝固液滴直径减小至 226 μm 时，Ni_7Zr_2 相只出现在凝固液滴的表面且数量较少，凝固液滴中心区域均为 Ni_5Zr 相，如图 7.18(c)和(d)所示。随着凝固液滴直径进一步减小，当凝固液滴直径为 67 μm 时，凝固组织中不存在 Ni_7Zr_2 相，只含有包晶相 Ni_5Zr，如图 7.18(e)和(f)所示。研究结果表明，在过冷度较大的条件下，初生相 Ni_7Zr_2 的形核和生长被完全抑制了，包晶相 Ni_5Zr 直接从过冷液态金属中凝固。

实验研究结果表明，在深过冷条件下，当过冷度足够大时，过冷液态包晶合金中包晶相会直接从过冷液态金属中优先形核生长，初生相的形核生长被抑制，包晶相变消失，从而形成丰富的凝固组织形态。吕鹏等[44]在过冷 Ni-16

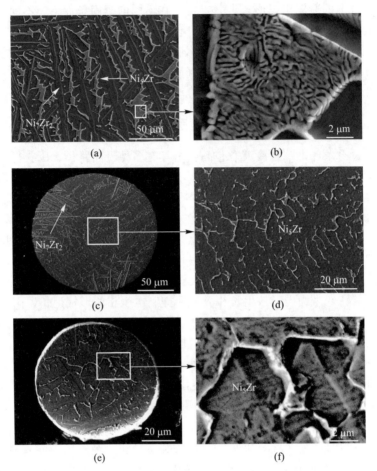

图 7.18　自由落体条件下 Ni-16.75 at.% Zr 包晶合金的凝固组织：
(a)、(b) $d = 1\,120\ \mu m$；(c)、(d) $d = 226\ \mu m$；(e)、(f) $d = 67\ \mu m$[43]

at.% Zr 亚包晶合金的电磁悬浮实验中发现了初生 Ni_7Zr_2 相与包晶 Ni_5Zr 相之间的竞争生长现象。图 7.19 给出了不同过冷度下液态 Ni-16 at.% Zr 亚包晶合金的冷却曲线，从图中可看出，当该合金的过冷度为 45 K 时，凝固冷却曲线中陆续出现 3 次再辉现象，这表明从发生凝固至凝固终止，该合金在凝固过程中有 3 次相变反应。经分析，第 1 次再辉是过冷液态 Ni-16 at.% Zr 亚包晶合金中析出 Ni_7Zr_2 相时出现的；第 2 次再辉是 Ni_7Zr_2 相与剩余液相发生包晶反应生成 Ni_5Zr 相时产生的；第 3 次再辉是剩余液相凝固生成共晶组织形成的。而当过冷液态 Ni-16 at.% Zr 亚包晶合金的过冷度为 160 K 时，凝固冷却曲线上陆续只出现两次再辉现象，与过冷度为 45 K 时的凝固冷却曲线明显不同，经分析，第 1 次再辉发生于包晶 Ni₅Zr 相从过冷液态金属中析出时；第 2 次再辉则是由于剩余液相发生共晶反应而出现的。图 7.20 所对应的是液态 Ni-16 at.% Zr 亚包晶合金分别在过冷度为 45 K 和 160 K 时的凝固组织形态，当过冷度为 45 K 时，初生相 Ni₇Zr₂ 优先生长，随后，发生包晶反应生成包晶 Ni₅Zr 相，在快速凝固过程中包晶相变并未充分进行，剩余液相发生共晶反应，凝固组织如图 7.20(a) 和(b) 所示；而当该液态合金的过冷度为 160 K 时，Ni₅Zr 相直接从过冷液态金属中析出，成为领先形核生长相，而初生 Ni₇Zr₂ 相的生长被抑制，剩余液相发生共晶反应，凝固组织如图 7.20(c) 和(d) 所示。经研究，过冷液态 Ni-16 at.% Zr 亚包晶合金优先生长相由初生 Ni₇Zr₂ 相转变为包晶 Ni₅Zr 相的临界过冷度为 106 K，当过冷度小于临界过冷度 106 K 时，初生相 Ni₇Zr₂ 为优先形核生长相，而当过冷度超过临界过冷度 106 K 时，Ni₅Zr 相会成为该过冷液态合金的优先生长相。

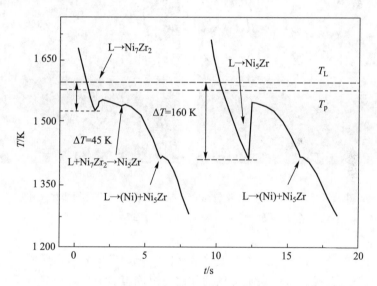

图 7.19 过冷液态 Ni-16 at.% Zr 亚包晶合金的冷却曲线[44]

7.4 液态金属相分离

液态金属中存在不混溶现象，即会发生相分离，这主要在液态偏晶合金体系中出现，如 Ni-Pb、Cu-Pb、Fe-Sn、Ni-Ag 合金等，在部分包晶合金体系也存在相分离，如 Fe-Cu 合金。这类液态金属主要由密度、熔点、表面张力差值较大的组元构成，不同类原子之间的相互作用是排斥势，在高于液相线温

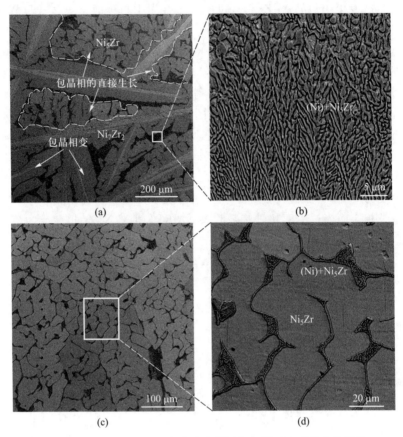

图 7.20 Ni−16 at.% Zr 亚包晶合金凝固组织随过冷度的变化规律：
(a)、(b) $\Delta T = 45$ K；(c)、(d) $\Delta T = 160$ K[44]

度时，是均匀的液体；而进入不混溶区域时，开始发生分离，形成类似油和水的分离状态。此类合金，在重力场的作用下凝固组织会出现宏观偏析，如果能够主动控制相分离过程，则可以制备出第二相弥散分布到彻底相分离以及介于二者之间的多种凝固组织材料。科学家们通过大量的地面和空间实验，探索了微重力条件下液态金属的相分离行为，发现重力消除并不能导致均匀弥散偏晶合金组织的产生，可能还会有很多非重力因素制约着偏晶合金的相分离行为，如热毛细对流作用、Ostwald 熟化作用[45]、Stokes 运动[46]、Marangoni 迁移[47]、不混溶两液相之间的界面能最小化作用[48,49]等，这些均能引起分离液相的粗化和宏观偏析。本节以偏晶合金为例，介绍液态金属中的相分离。

7.4.1 凝固机制

偏晶合金的相变特征是液态金属中会析出一个固相和另一个不相溶的液相，其凝固路径表述为：$L_1 \rightarrow \alpha + L_2$。其中，合金组元在高温液态下完全互溶，而在固态时较难溶，并且，在相图中存在一个较宽范围的两液相不混溶区。图7.21为二元偏晶合金相图示意图，图中 a 点表示偏晶相变点。下面以图中 C_0 成分点为例简要分析偏晶合金的凝固路径。在平衡凝固条件下，当加热偏晶合金使温度达到液相线温度 T_L 以上时，液态金属中 A 和 B 两组元完全互溶，并均匀混合为单一液相；当温度降低至 T_L 以下，原单一液相中会析出新成分的液相 L_1+L_2；随着液态金属温度降至偏晶相变 a 点所对应的温度，L_1 与 L_2 相溶质浓度分别沿着液相线转变为 C_1 和 C_2 浓度，偏晶相变产生，L_1 液相发生偏晶相变：$L_1 \rightarrow \alpha + L_2$，生成富集 A 组元的 α 相，而富集 B 组元的 L_2 相会继续保留液态特征；随着温度的进一步降低，L_2 相将会发生凝固相变反应。对于 L_2 相存在两种生成路径，第一种，在偏晶合金液相线温度以下，L_2 相与 L_1 相从原单一液相中产生，L_1 与 L_2 相是各向同性的，两相界面曲率是相同的；第二种是在 L_1 相的偏晶相变发生后，L_1 相发生偏晶相变产生 L_2 相。

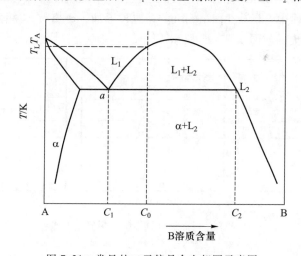

图 7.21 常见的二元偏晶合金相图示意图

偏晶合金凝固组织的典型特征是宏观分层，形成这种组织形态的主要原因是偏晶合金中 L_1 相与 L_2 相密度差别较大或液相线温度相差较大[50]。在常规凝固过程中，由于 L_1 相与 L_2 相中 A 与 B 两组元的含量不同，使两液相密度的差别可能较大，故密度小的液相上浮，而密度大的液相下沉，以上只是对在未发生偏晶相变的液相不混溶区的描述。然而，从发生偏晶相变直至完全凝固，偏晶合金组织是否出现分层，又可能会形成怎样的凝固机理？这里根据 α 相、剩余 L_1 相和 L_2 相之间界面能 $\sigma_{\alpha L_1}$、$\sigma_{\alpha L_2}$、$\sigma_{L_1 L_2}$ 的关系，基本可以分为 3 种情况：

（1）当 $\sigma_{\alpha L_2} > \sigma_{\alpha L_1} + \sigma_{L_1 L_2}$ 时，根据能量越低系统越稳定基本理论可知，形成 $\alpha - L_1$ 和 $L_1 - L_2$ 界面能之和比形成 $\alpha - L_2$ 界面的界面能低，当发生偏晶相变后，α 相从 L_1 相中形核生长，此时，L_2 相将会从 L_1 相中独立形核生长而不会依附 α 相形核，至于 L_2 相相对于 L_1 相是上浮还是下沉，由 L_1 相与 L_2 相的密度大小而定。在快速凝固的条件下，L_2 相可能会由于固-液界面推移速度过快而被"截留"至 α 相中，而不能完成完全的上浮或下沉凝并在一起；如果 L_2 相能够在 L_1 相中充分的移动凝并，则可能 α 相与 L_2 相的凝固组织会出现明显分层，如图 7.22(a) 所示。

（2）当 $\sigma_{\alpha L_1} = \sigma_{\alpha L_2} + \sigma_{L_1 L_2} \cos \theta$ 时，在发生偏析相变时，L_1 相反应会生成 α 相和 L_2 相，此时 α 相与 L_2 相部分润湿，L_2 相将会依附 α 相形核生长，如图 7.22(b) 所示。在此种凝固状态下，L_2 相的凝固组织形态多为棒状。

（3）$\sigma_{\alpha L_1} > \sigma_{\alpha L_2} + \sigma_{L_1 L_2}$ 的情况比较少见，在该情况下，偏晶相变生成 α 固相，L_2 液相与 α 相固相完全润湿，α 相会被新生 L_2 相完全包裹，从而限制其继续长大。凝固过程中会形成 $L_1 - L_2$ 和 $L_2 - \alpha$ 两种界面，α 相与 L_2 相的凝固组织可能会出现层叠状，如图 7.22(c) 所示。

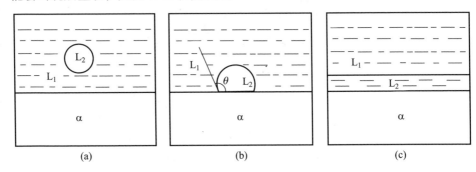

图 7.22　偏晶反应过程中三相分布模式

不仅如此，科学家们研究发现，偏晶合金中液相密度和相熔点差异并不完全是产生相分离的原因，采取一些方法并不能完全消除相分离现象而获得第二相(L_2 相)均匀分布的凝固组织。在 L_1 相发生偏晶相变的过程中，α 相首先从液相中形核生长，而最终的凝固组织形态取决于 L_2 相的形核凝固过程。通过深入的研究，科学家们基本归纳出偏晶合金中第二相的凝固过程，即第二相从液态金属中析出形核，通过对流和扩散等物质运输方式使晶核逐渐生长，晶核之间也会通过聚集碰撞和合并等方式实现长大；随着温度的降低，第二相液滴逐渐长大，并在液相中发生运动，运动的过程中会产生大液滴吞并小液滴现象，大液滴之间也会发生凝并。可见，偏晶合金的凝固组织形成过程十分复杂，是很多因素相互作用的结果。

第二相液滴运动主要是无规则的 Brownian 运动、两液相密度差导致的 Stokes 运动及温度梯度和浓度梯度导致的 Marangoni 迁移 3 种，这些液滴运动方式对凝固组织的形态起到了关键作用。在这里，Brownian 运动是指液态合金中细小第二相液滴无规则热振动，当第二相液滴形核刚刚完成后，细小的液核就会发生 Brownian 运动从而引起相互碰撞。当第二相液滴较小时，Brownian 运动在液滴碰撞、凝并长大的过程中起重要作用。假设液态合金中形成的液核具有相同的半径 r_p^*，则在 t 时刻时，因 Brownian 碰撞而改变的液核数目 $N^*(t)$ 以及由于 Brownian 碰撞体积增加至 $2V^*$ 的液核数目 $N_2(t)$ 可根据 Smoluchowski 提出的模型进行计算[51]：

$$\frac{N^*(t)}{N^*(0)} = \frac{1}{[1 + N^*(0)\tau]^2} \tag{7.39}$$

$$\frac{N_2^*(t)}{N^*(0)} = \frac{N^*(t)\tau}{[1 + N^*(0)\tau]^3} \tag{7.40}$$

式中，$\tau = 2k_B Tt/3\eta$；k_B 是 Boltzmann 常量；η 是黏滞系数；T 为温度；t 为时间。

根据式(7.39)和式(7.40)，将 Ni-58 wt.% Pb 液态合金在 1 700 K 时因 Brownian 碰撞引起的单位体积和双倍体积的液核总数对时间的变化关系进行了计算，结果如图 7.23 所示，纵坐标数值乘以 $t=0$ 时刻液核总数 $N^*(0)$ 表示 t 时刻因 Brownian 碰撞而改变的液核数目。当液态金属中存在大量液核时，即 $N^*(0)$ 较大时，液核会在较短的时间内发生碰撞凝并，且液核体积越大，发生碰撞凝并的时间越短[51]。

如果第二相液滴在液态金属中不发生运动，那么，其生长过程是靠纯扩散进行的，生长速度可以表示为

$$v(r_0, t) = D_L \frac{C_m(r_0, t) - C_1(r_0, t)}{C_\beta(t) - C_1(r_0, t)r_0} \tag{7.41}$$

式中，D_L 是扩散系数；r_0 是液滴半径；β 相为第二相；$C_m(r_0, t)$ 是 t 时刻远离液滴的基体熔体溶质的平均摩尔浓度；$C_1(r_0, t)$ 是 t 时刻液滴与基体界面处基体中溶质的摩尔浓度；$C_\beta(r_0, t)$ 是 t 时刻第二相液滴中的溶质摩尔浓度。

通常，液体中的扩散系数要比固体中的大 4~5 个数量级，因此，第二相液滴的生长速度很快。式(7.41)的生长模型是假设第二相液滴静止条件下的纯扩散生长，即在 Peclet 数较小的情况下进行的，而当液滴以速度 v 相对于基

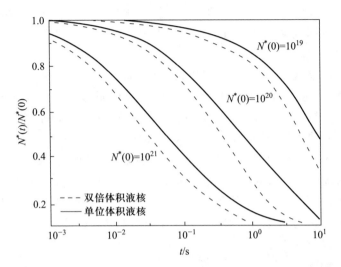

图 7.23　Ni-58 wt.% Pb 合金因 Brownian 碰撞液核数的变化与时间的关系[51]

体做层流运动时，Peclet 数大于 1，液态金属的输运在边界层内以扩散的方式进行，而在边界层外则通过对流实现。此时，液态金属的对流扩散对第二相液滴的生长速度产生影响，第二相液滴的生长速度为[51]

$$v(r_0,\ t) = \frac{2}{\pi}\sqrt{\frac{\pi}{3}}\,\frac{C_m(r_0,\ t) - C_1(r_0,\ t)}{C_\beta(t) - C_1(r_0,\ t)r_0}\left[\frac{D_L\eta_1}{2(\eta_1 + \eta_2)}\right]^{1/2}v^{1/2}r_0^{-1/2}$$

(7.42)

式中，η_1 和 η_2 分别表示基体及第二相液滴的黏滞系数。液滴的运动速度 v 由 Stokes 运动速度 v_s 和 Marangoni 迁移速度 v_m 共同决定。

其中，第二相液滴的 Stokes 运动速度为[46]

$$v_s = \frac{2g\Delta\rho r_0^2}{3}\frac{\left(\dfrac{\eta_2}{\eta_1} + 1\right)}{3\eta_2 + 2\eta_1}$$

(7.43)

式中，g 是重力加速度；$\Delta\rho$ 是第二相液滴与基体的密度差；r_0 指迁移运动中分散相小液滴半径。

而 Marangoni 迁移则是基体相表面张力梯度作用的结果，与温度场与溶质浓度场紧密相关，单个第二相液滴在基体相中的迁移速率为[47]

$$v_m = \frac{2r_0\lambda_1}{(2\lambda_1 + \lambda_2)(2\eta_1 + 3\eta_2)}\frac{\partial\sigma}{\partial T}\frac{\partial T}{\partial x}$$

(7.44)

式中，λ_1 和 λ_2 分别表示基体相与第二相液滴的导热率；σ 为表面张力；$\partial T/\partial x$ 表示温度梯度。可以看出，计算第二相液滴 Marangoni 迁移速率需要液态金属内部温度场分布参数。

7.4.2 偏晶合金的深过冷快速凝固

为充分控制偏晶合金凝固过程中的相分离行为，从而获得丰富的凝固组织形态，科学家们尝试通过限制第二相液滴的迁移和凝并来改善偏晶合金的组织结构，但第二相液滴由于密度差和温度梯度等因素会分别产生 Stokes 运动及 Marangoni 迁移，故仍然会导致液相分离，使凝固组织出现分层，因此，仍需要对偏晶合金的相分离机制进行深入研究，从而达到控制凝固组织结构的目的。空间科学与技术发展为偏晶合金相分离与快速凝固研究提供了广阔的前景，研究偏晶合金理想的空间技术主要有高真空落管技术、电磁悬浮无容器处理技术和熔融玻璃净化技术，利用这些技术可以全面研究偏晶合金在"微重力、无容器和高真空"并伴随"深过冷与急冷"等条件下的相分离机制，使偏晶合金在远离平衡状态下实现非平衡凝固。总之，不同的物理条件作用下，偏晶合金相分离的共性和特殊性有必要进一步深入研究，从而揭示该类合金凝固组织演变规律和相分离机制。现有研究表明，微重力水平越高，与 Stokes 效应相比，Marangoni 效应引起的第二液相偏移越大。

自由落体条件下偏晶合金的凝固实验引起了人们的关注。一方面，液态金属自由落体运动避免了异质形核发生，从而获得深过冷。在深过冷条件下，偏晶合金相变涉及两个或多个液相从过冷液态金属中析出形核生长，其凝固组织及规律会与常规凝固有很大不同；另一方面，科学家们发现空间失重环境能够为偏晶合金凝固组织的均匀化提供有利条件，原因是在失重状态下，削弱了因重力驱动的 Stokes 运动，同时，液态金属的温度场与浓度场将会呈空间对称分布。

图 7.24 所示为自由落体条件下二元 $Fe_{50}Sn_{50}$ 偏晶合金的相分离凝固组织，黑色相是(α-Fe)固溶体相，白色相是(Sn)固溶体相[52]。图 7.24(a)所示为双层核壳结构，壳主要由(Sn)相组成，核主要由(α-Fe)固溶体相组成，从凝固组织中看出，大量的(α-Fe)相小球均匀地分散在(Sn)相基质中，核心部(α-Fe)相也存在(Sn)相小球。模拟推测了过冷液滴凝固路径，液滴表面优先形成厚度不均匀的(Sn)相层，依附表层形核的是许多尺寸不等的(α-Fe)相小液滴，随着相分离时间的延长，(α-Fe)相小液滴逐渐长大，并向中心迁移，最终汇聚成一个大液滴，同时，(Sn)相小液滴被向外推移，相分离形态呈现两层壳核组织。在自由落体条件下，金属液滴能够获得深过冷，单一液相发生相分离生成(Sn)相和(α-Fe)相，在 Brownian 运动、Marangoni 对流和热输运的作用下，第二相液滴开始发生迁移、碰撞和凝并，由于动力学因素的影响，过冷液态金属可能形成三层或多层壳核组织，如图 7.24(b)所示是 3 层核壳结构，

从液滴表面到中心，各层按以下顺序排列：（Sn）相、（α-Fe）相和（Sn）相。图
7.24(c)所示为 5 层核壳结构，从液滴表面到中心，各层按以下顺序交替排列：
（Sn）相、（α-Fe）相、（Sn）相、（α-Fe）相、（Sn）相。

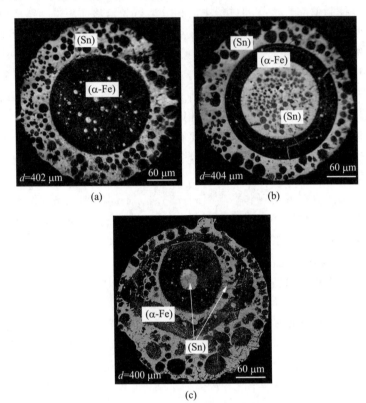

图 7.24　自由落体条件下二元 $Fe_{50}Sn_{50}$ 偏晶合金的相分离凝固组织：（a）双层核壳结构；
（b）3 层核壳结构；（c）5 层核壳结构[52]

　　根据式（7.43）和式（7.44），可以计算出 $Fe_{50}Sn_{50}$ 过冷液态金属中不同半径
的（Sn）相和（α-Fe）相液滴的 Marangoni 迁移速度 v_m 和 Stokes 运动速度 v_s，结
果如图 7.25 所示[52]。由图可知，v_m 随着小液滴半径的增加呈线性关系增大，
而 v_s 随小液滴半径的增加呈二次函数关系增大。在过冷液态 $Fe_{50}Sn_{50}$ 偏晶合金
的凝固组织中，（α-Fe）相小球和（Sn）相小球的最大半径分别为 27 μm 和 10
μm，所对应的 v_m 和 v_s 在图中已做标记。对于半径为 27 μm 的（α-Fe）相小球，
v_m 约为 246 μm·s^{-1}，远大于 v_s 值；对于半径为 10 μm 的（Sn）相小球，v_m 亦远
大于 v_s。因此，在自由落体过程中，Marangoni 迁移控制了液态 $Fe_{50}Sn_{50}$ 合金液
滴中（α-Fe）相小球和（Sn）相小球的运动。由于液滴表面的传热速度更快，液

滴中心的温度始终高于其表面温度，分散球被驱向液滴中心以减小其界面张力，并因此产生宏观的核壳结构。在微重力条件下，Marangoni 迁移对快速凝固组织的最终球粒分布和相分离形态具有显著作用[53,54]。

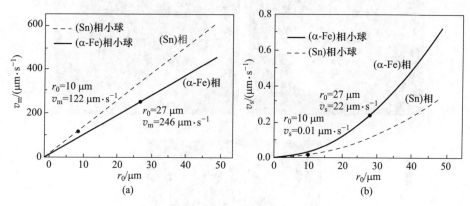

图 7.25 不混溶 $Fe_{50}Sn_{50}$ 合金液滴内分散小球的动态特征：(a)（α-Fe）相与（Sn）相小球 Marangoni 迁移速度与小球半径的关系；(b)（α-Fe）相与（Sn）相小球 Stokes 运动与小球半径的关系[52]

Ni-Cu-Pb 三元合金存在偏晶相变 $L_1 \rightarrow (Ni,Cu)+L_2(Pb)$，在自由落体条件下 $Ni_5Cu_{65}Pb_{30}$ 偏晶合金液滴获得的凝固组织具有显著的相分离特征[55]。图 7.26(a) 是直径为 500 μm 的液滴的凝固组织，黑色为（Pb）相，亮色为（Ni,Cu）相。从凝固组织可以看出，靠近表面处的（Pb）相以细小颗粒状分布在（Ni,Cu）枝晶间，而在液滴中心处，（Pb）相则以块状分布在（Ni,Cu）枝晶间隙。可推断，液滴是从中心部分开始形核凝固的，（Pb）相可以在（Ni,Cu）枝晶间流动，在（Ni,Cu）枝晶生长的同时（Pb）相被推斥，这样（Pb）相就聚集起来形成大块。从图 7.26(a) 中还可以看出，凝固液滴中心处的（Pb）相仍保留着凝固前的流动状态，但（Pb）相流动花样非常复杂，这表明（Ni,Cu）枝晶一旦开始生长，周围的温度场和浓度场就在微观上被破坏，从而影响后续凝固组织特征。

然而，在 $Ni_5Cu_{65}Pb_{30}$ 合金中，还获得了一种典型的核壳组织形态，如图 7.26(b) 和(c) 所示。从核壳组织中看出凝固组织分 3 层，最外层的薄层是表面张力最小的富（Pb）相。经计算，在该合金液相线温度处，Pb 的表面张力是 Ni 和 Cu 的约 1/4~1/3 倍，因此，液滴最外层会以富（Pb）来减小体系总能量，并且该（Pb）相是由偏晶转变生成的（Pb）相和（Ni,Cu）相凝固析出的（Pb）相两部分构成。内部较厚的两层依次为（Ni,Cu）相和（Pb）相，当液态金属达到一定过冷度后会因大量形核而促发凝固，此时，（Ni,Cu）枝晶迅速伸向过冷熔体

313

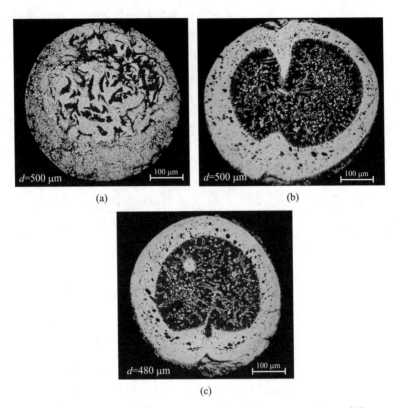

图 7.26　自由落体条件下 $Ni_5Cu_{65}Pb_{30}$ 合金的相分离凝固组织[55]

内部，枝晶间截留一部分(Pb)相后，(Pb)相以小球状分布在(Ni,Cu)相层壳上，其余(Pb)相被迫向中心迁移，因为此时(Ni,Cu)相固溶的 Pb 元素达到饱和。当温度降低至 600 K 以下，核心富(Pb)相凝固时向外析出的(Ni,Cu)相又以小球状和枝晶状分布于(Pb)相基体上。从图 7.26(b)和(c)还可以看出以(Ni,Cu)相所构成的壳与以(Pb)相所形成的核之间的界面并不是规则球形，其中，图 7.26(b)中上下两处的(Ni,Cu)相明显向内生长，有将(Pb)相核一分为二的趋势，而图 7.26(c)中的核则呈苹果状。深入研究可以发现这两种壳核组织的形成并不是偶然的。在地面条件下，相分离的驱动力主要来自两相密度差造成的 Stokes 运动；而在自由落体条件下，Stokes 运动被有效抑制，在地面条件下的"弱力"成为相分离过程的主要驱动，即由界面张力梯度引起的Marangoni 对流在驱动第二相的迁移和长大。对于图 7.26(b)和(c)中的壳核组织，其形成前提是在充分相分离的基础上进行的，可以推断，(Ni,Cu)相和(Pb)相两个液相基本或完全相分离后凝固液滴中心部位的(Pb)相可能是球形的，因为此时两相仍处于液态，在界面张力作用下为使体系的自由能最低，球形是最佳的选择，而且此时内部的温度场和浓度场也是球形对称的，一旦(Ni, Cu)相开始凝固，这种对称必然被打破，从而最终形成了图中的凝固组织。但是这也并不意味着不能形成球形的界面，如果两相的表面张力差别不大，形成球形界面的概率就大一些，即便是表面张力差别很大，也完全可以形成球形界面，只是概率小而已。

7.5 本章小结

本章重点归纳了深过冷条件下液态金属中4种典型晶体生长行为，即单相枝晶生长、两相共生生长、复相竞争生长和偏晶相分离，不仅分析了深过冷液态金属中晶体生长机理，而且总结了不同过冷度下液态金属的凝固规律。此外，结合典型的研究结果介绍了过冷液态金属中晶体生长的研究现状和代表性研究进展，旨在为深入学习深过冷液态金属中的晶体生长奠定基础，为研究深过冷液态金属凝固机制提供准确、科学的参考依据。

对于液态金属中的单相枝晶生长，从基本理论与实验上介绍了枝晶生长机制与深过冷快速凝固规律，并结合 LKT/BCT 枝晶生长模型，以液态 Fe-6.0 at.% Zr 亚共晶合金中初生枝晶和 Ni-10 wt.% Cu-10 wt.% Fe-10 wt.% Co 四元合金中单相枝晶生长动力学为例，分析了深过冷条件下液态金属中单相枝晶生长的动力学行为。液态金属凝固时不仅有单一枝晶相优先生长形成单相枝晶，而且会存在两相共同生长，生成两相共晶组织。对于液态金属中的两相共生生长，本章除了阐明了层片状共晶组织中两相共生生长机制外，还介绍了适用于深过冷液态金属凝固的 TMK 共晶生长模型，并以液态 Cu-Zr 共晶合金为例，分析了深过冷条件下两相共生生长行为和凝固组织的多样性。与两相共生生长不同，复相竞争生长是一种多相竞争生长行为，以包晶合金为例，深过冷条件下初生相与包晶相会形成竞争形核生长。以液态 Ni-Zr 合金为例，介绍了液态包晶合金的凝固机制和深过冷快速凝固规律，进一步分析了深过冷条件下包晶合金中各相竞争生长过程。为了阐明液态金属中相分离行为，本章着重以偏晶合金为例，不仅介绍了偏晶合金的凝固机制，而且分析了由 Stokes 运动和 Marangoni 迁移等引起相分离的内在机理，并以代表性研究结果——$Fe_{50}Sn_{50}$ 和 Ni-Cu-Pb 液态合金为例，介绍了液态偏晶合金的凝固组织演变规律。

参考文献

[1] Dresselhaus M S, Thomas I L. Alternative energy technologies [J]. Nature, 2001, 414

（6861）：332-337.

[2]　Ahlswede R, Cai N, Li S Y, et al. Network information flow[J]. IEEE Transactions on information theory, 2000, 46(4)：1204-1216.

[3]　Wilde G, Sebright J L, Perepezko J H. Bulk liquid undercooling and nucleation in gold[J]. Acta Materialia, 2006, 54(18)：4759-4769.

[4]　Zhai W, Wei B B. Direct nucleation and growth of peritectic phase induced by substantial undercooling condition[J]. Materials Letters, 2013, 108：145-148.

[5]　Hunziker O, Vandyoussefi M, Kuez W. Phase and microstructure selection in peritectic alloys close to the limit of constitutional undercooling[J]. Acta Materialia, 1998, 46(18)：6325-6336.

[6]　Wei B, Yang G C, Zhou Y H. High undercooling and rapid solidification of Ni-32. 5% Sn eutectic alloy[J]. Acta Metallurgica et Materialia, 1990, 39(6)：1249-1258.

[7]　Liu R P, Volkmann T, Herlach D M. Undercooling and solidification of Si by electromagnetic levitation[J]. Acta Materialia, 2001, 49(3)：439-444.

[8]　Li Y F, Li C, Wu J, et al. Microstructural feature and evolution of rapidly solidified Ni_3 Al-based superalloys[J]. Acta Metallurgica Sinica, 2019, 32(6)：764-770.

[9]　Hu L, Yang S J, Wang L, et al. Dendrite growth kinetics of β - Zr phase within highly undercooled liquid Zr-Si hypoeutectic alloys under electrostatic levitation condition [J]. Applied Physics Letters, 2017, 110(16)：164101.

[10]　Luo S B, Wang W L, Chang J, et al. A comparative study of dendritic growth within undercooled liquid pure Fe and $Fe_{50}Cu_{50}$ alloy[J]. Acta Materialia, 2014, 69：355-364.

[11]　Wang K, Wang H F, Liu F, et al. Modeling dendrite growth in undercooled concentrated multi-component alloys[J]. Acta Materialia, 2013, 61(11)：4254-4265.

[12]　Chang J, Wang H P, Wei B. Rapid dendritic growth within an undercooled Ni-Cu-Fe-Sn-Ge quinary alloy [J]. Philosophical Magazine Letters, 2008, 88 (11)：821-828.

[13]　Ruan Y, Mohajerani A, Dao M. Microstructural and mechanical-property manipulation through rapid dendrite growth and undercooling in an Fe-based multinary alloy [J]. Scientific Reports, 2016, 6：31684.

[14]　Liu W, Chang J, Wang H P. Effect of microstructure evolution on micro/nano-mechanical property of Fe - Co - Ni ternary alloys solidified under microgravity condition [J]. Steel Research International, 2018, 89(7)：1800053.

[15]　Boettinger W J, Coriell S R, Sekerka R F. Mechanisms of microsegregation-free solidification[J]. Materials Science and Engineering, 1984, 65(1)：27-36.

[16]　Wang H P, Yao W J, Wei B. Remarkable solute trapping within rapidly growing dendrites [J]. Applied Physics Letters, 2006, 89(20)：215502.

[17]　Battle T P, Pehlke R D. Equilibrium partition coefficients in iron-based alloys [J]. Metallurgical and Materials Transactions B, 1989, 20(2)：149-160.

[18] 丁国陆，严家明，黄卫东，等. 枝晶生长的稳态理论新进展[J]. 材料科学与工程，1997，15(2)：9-15.

[19] Ivantsov G P. Temperature field around a spherical, cylindrical, needle-shaped crystal, growing in a precooled melt[J]. Doklady, 1947, 58：567-569.

[20] Muller-Krumbhaar H, Langer J S. Theory of dendritic growth effects of surface tension[J]. Acta Materialia, 1978, 26：1708-1967.

[21] Langer J S, Muller-Krumbhaar H. Theory of dendritic growth elements of a stability analysis [J]. Acta Materialia, 1978, 26(11)：1681-1687.

[22] Nash G E, Glicksman M E. Capillarity-limited steady-state dendritic growth Ⅰ：Theoretical development[J]. Acta Materialia, 1974, 22：1283-1290.

[23] Lipton J, Glicsman M E, Kurz W. Dendritic growth into undercooled alloy melts[J]. Materials Science and Engineering, 1984, 65：57-63.

[24] Lipton J, Kurz W, Trivedi R. Rapid dendrite growth in undercooled alloys[J]. Acta Metallurgica, 1987, 35(4)：957-964.

[25] Aziz M J. Model for solute redistribution during rapid solidification[J]. Journal of Applied Physics, 1982, 53(2)：1158-1168.

[26] 宋贤征，王海鹏，阮莹，等. 四元 Ni 基合金中的快速枝晶生长[J]. 科学通报，2006，51(7)：777-780.

[27] Dahle A K, Nogita K, McDonald S D, Dinnis C, Lu L. Eutectic modification and microstructure development in Al-Si alloys[J]. Materials Science and Engineering：A, 2005, 413：243-248.

[28] Akamatsu S, Plapp M. Eutectic and peritectic solidification patterns[J]. Current Opinion in Solid State and Materials Science, 2016, 20(1)：46-54.

[29] Reddy S R, Yoshida S, Sunkari U, et al. Engineering heterogeneous microstructure by severe warm-rolling for enhancing strength-ductility synergy in eutectic high entropy alloys [J]. Materials Science and Engineering：A, 2019, 764(9)：138226.

[30] Trivedi R, Magnin P, Kurz W. Theory of eutectic growth under rapid solidification conditions[J]. Acta Materialia, 1987, 35(4)：971-980.

[31] Ruan Y, Wang X J, Lu X Y. Pseudobinary eutecyics in Cu-Ag-Ge alloy droplets under containerless condition[J]. Journal of Alloys and Compounds, 2013, 563：85-90.

[32] Dai F P, Xie W J, Wei B. Spherical ternary eutectic cells formed during free fall[J]. Philosophical Magazine Letters, 2009, 89(3)：170-177.

[33] Trivedi R, Magnin P, Kurz W. Theory of eutectic growth under rapid solidification conditions[J]. Acta Metallurgica, 1987, 35(4)：971-980.

[34] 代富平. 三元复相合金的液相分离与快速凝固[D]. 西安：西北工业大学，2008.

[35] Jackson K A, Hunt J D. Lamellar and rod eutectic growth[J]. Transaction of the Metallurgical Society of Aime, 1988, 236：363-376.

[36] Langer J S. Eutectic Solidification and Marginal Stability[J]. Physical Review Letters,

1980, 44(15)：1023-1026.

[37] 陈克萍，吕鹏，王海鹏. 微重力条件下 Cu-Zr 共晶合金的液固相变[J]. 物理学报，2017, 66(6)：068101.

[38] Wu Y H, Chang J, Wang W L, et al. A triple comparative study of primary dendrite growth and peritectic solidification mechanism for undercooled liquid $Fe_{59}Ti_{41}$ alloy[J]. Acta Materialia, 2017, 129：366-377.

[39] St John D H, Hogan L M. A simple prediction of the rate of the peritectic transformation [J]. Acta Materialia, 1987, 35(1)：171-174.

[40] Si Y F, Wang H P, Lü P, et al. Peritectic solidification mechanism and accompanying microhardness enhancement of rapidly quenched Ni−Zr alloys[J]. Applied Physics A, 2019, 125(2)：102.

[41] Lu X Y, Cao C D, Kolbe M, et al. Microstructure analysis of Co−Cu alloys undercooled prior to solidification[J]. Materials Science and Engineering：A, 2004, 375：1101-1104.

[42] Lü P, Wang H P. Effects of undercooling and cooling rate on peritectic phase crystallization within Ni−Zr alloy melt[J]. Metallurgical and Materials Transactions B, 2018, 49(2)：499-508.

[43] Lü P, Wang H P. Direct formation of peritectic phase but no primary phase appearance within $Ni_{83.25}Zr_{16.75}$ peritectic alloy during free fall[J]. Scientific Reports, 2016, 6(1)：22641.

[44] Lü P, Wang H P, Wei B. Competitive nucleation and growth between the primary and peritectic phases of rapidly solidifying Ni – Zr hypoperitectic alloy[J]. Metallurgical and Materials Transactions A, 2018, 50(2)：789-803.

[45] Taylor P. Ostwald ripening in emulsions[J]. Advances in Colloid and Interface Science, 1998, 75(2)：107-163.

[46] Young N O, Goldstein J S, Blocks M J. The motion of bubbles in a vertical temperature gradient[J]. Jouranl of Fluid Mechanics, 1958, 6(3)：350-356.

[47] Monti R, Savino R, Alterio G. Pushing of liquid drops by marangoni force[J]. Acta Astronautica, 2002, 51(11)：789-796.

[48] Poole M, Saunders J, Cowan B. Spinodal decomposition in solid isotopic helium mixtures [J]. Physical Review Letters, 2006, 97(12)：125301.

[49] Andrews J B, Sandlin A C, Curreri P A. Influence of gravity level and interfacial energies on dispersion-forming tendencies in hypermonotectic Cu−Pb−Al alloys[J]. Metallurgical Transactions A, 1988, 19(11)：2645-2650.

[50] Elmer J W, Aziz M J, Tanner L E, et al. Formation of bands of ultrafine beryllium particles during rapid solidification of Al−Be alloys：Modeline and direct observations[J]. Acta Metallurgica et Materialia, 1994, 42(4)：1065-1080.

[51] 王海鹏. 深过冷合金熔体的热物理性质及壳核凝固组织研究[D]. 西安：西北工业大

学，2004.

[52] Luo B C, Liu X R, Wei B. Macroscopic liquid phase separation of Fe-Sn immiscible alloy investigated by both experiment and simulation[J]. Journal of Applied Physics, 2009, 106 (5): 053523.

[53] Wu Y H, Wang W L, Chang J, et al. Evolution kinetics of microgravity facilitated spherical macrosegregation within immiscible alloys[J]. Journal of Alloys and Compounds, 2018, 763: 808-814.

[54] Wang W L, Wu Y H, Li L H, et al. Dynamic evolution process of multilayer core-shell microstructures within containerlessly solidifying $Fe_{50}Sn_{50}$ immiscible alloy [J]. Physical Review E, 2016, 93(3): 032603.

[55] 王海鹏. 深过冷液态 Ni-Fe 基合金的热物理性质与快速凝固研究[D]. 西安：西北工业大学，2008.

展望

2020 年 9 月 11 日，习近平总书记在主持召开科学家座谈会时指出，当今世界正经历百年未有之大变局，我国发展面临的国内外环境发生了深刻复杂的变化，我国"十四五"时期以及更长时期的发展对加快科技创新提出了更为迫切的要求。关于基础研究，总书记强调，基础研究是科技创新的源头，我国基础研究虽然取得显著进步，但同国际先进水平的差距还是明显的；我国面临的很多"卡脖子"技术问题，根子是基础理论研究跟不上，源头和底层的东西没有搞清楚；基础研究一方面要遵循科学发现自身规律，以探索世界奥秘的好奇心来驱动，鼓励自由探索和充分的交流辩论，另一方面要通过重大科技问题带动，在重大应用研究中抽象出理论问题，进而探索科学规律，使基础研究和应用研究相互促进。

2021 年 3 月 12 日，《中华人民共和国国民经济和社会发展第十四个五年规划和 2035 年远景目标纲要》正式发布，在"强化国家战略科技力量"部分，将"加强原创性引领性科技攻关""持之以恒加强基础研究"予以明确表述，将"加强基础学科拔尖学生培养"作为"培养造就高水平人才队伍"的规划内容，将"推进基础学科高层次人才培养模式改革"作为"提高高等教育质量"的规划内容。2021 年 3 月 16 日出版的第 6 期《求是》杂志发表了习近平总书记重要文章《努力成为世界主要科学中心和创新高地》，文章指出，我国基础科学研究短板依然突出，企业对基础研究重视不够，重大原创性成果缺乏，底层基础技术、基础工艺能力不足，工业母机、高端芯片、基础软硬件、开发平台、基本算法、基础元器件、基础材料等瓶颈仍然突出，关键核心技术受制于人的局面没有得到根本性改变；中国要强盛、要复兴，就一定要大力发展科学技术，努力成为世界主要科学中心和创新高地。从上述情况，可以看出，基础前沿科学问题的攻克和基础学科拔尖人才培养已经上升到了新的高度。

液态金属结构与性质既是材料科学与工程和凝聚态物理学科的基础前沿科学问题，又与新型金属材料制备、成形、服役等材料工程密切关联，但是，本领域的基础知识和规律仍然十分匮乏，从而制约了金属材料的升级换代。人们对事物的认识总是由浅入深，由简单到复杂，对于液态金属结构与性质也不例外。对于原子排布有序的晶体和无序的气体，科学家们已经进行了较为深入系统的研究，并建立了基本的物理框架。19 世纪，统计物理的出现促进了气体理论的构建；20 世纪初，量子力学的出现为现代固体物理理论的构建打下了坚实的基础。气体和固体理论的建立，极大地促进了现代科学和社会的进步。随着科学的进步，凝聚态物理关注的问题逐渐转换到复杂的体系，如液态金属、非晶合金、多元复相体系等，对这些复杂体系的探索将会进一步促进材料科技的发展，乃至生命科学和人类健康领域的进步，一些新规律的发现，甚至会引发人们对物质世界的认知革命和哲学层面的新思考。

虽然液态金属领域已经有了长足发展，相关模型也得以建立来解释液态金属的某些具体物理现象，但是各类模型仍具有明显的局限性，没有一个统一或者更为普适的理论模型来描述液态金属的结构与性质。从当前液态金属领域的国际研究态势和本领域的内涵式发展来看，液态金属结构与性质在以下 4 方面亟待飞跃性的突破。

（1）发展高通量的实验技术和计算方法，高效获得液态金属的重要基础性质。

液态金属的物理化学性质是金属材料和液体物理研究领域不可或缺的参数，获取液态金属的性质对于金属凝固过程的主动控制及新型结构和功能材料的开发具有重要意义。尽管研究人员设计了大量的实验仪器和方法来测定液态金属的物理化学性质，但是大多数方法只适合于低温液态金属，对于高温金属，其液态性质的测量仍受到较大的限制，因此开发新的适用于高温金属液态性质测定的方法显得尤为重要。此外，当前液态金属性质的数据十分匮乏，这导致了相关性质变化规律无法建立，因此需要扩展液态金属性质的数据集，进而探寻较为普适的液态金属物理化学性质变化规律。液态金属数据集的构建离不开高效的实验数据测定，因此需要发展高通量的液态金属性质测定仪器和装备。

随着近些年来电子计算机和超级计算机的发展，计算材料学得到了极大的拓展。例如，计算机运算能力的不断提高以及模拟方法的不断改进使得研究者可以对更大尺度的材料和更加复杂的体系进行模拟，从而获得更多以及更加准确的液态金属性质。因而运用计算机模拟获取液态金属的重要基础性质，是对实验测定的重要补充。在未来借助计算机模拟的快捷以及高通量的特性，或许将形成以"计算模拟与实验测定"并重的研究局面，从而促进液态金属性质的研究发展。

液态金属不同性质之间并不是独立的，它们之间的内在联系亦是当前和未来研究的重点，如表面张力与黏度之间存在的关系、溶质扩散系数与黏度之间的函数，等等。通过探索这些不同物理量之间的联系，一方面能够获得一些不易测定的物理性质，另一方面也能加深对液态金属物理性质的理解，进而促进"0 到 1"的液态金属理论体系的建立。

（2）液态金属中短程结构实验测定与高维结构解析。

认识液态金属在原子尺度上的结构特征，对深入认识液态金属具有重要的科学意义。在研究液态金属结构时，研究者首先借鉴了分析固体材料结构的重要手段，发展了测量液态金属样品结构的高温 X 射线衍射方法。目前，获取液态金属结构信息的主要实验方法是 X 射线衍射、同步辐射和中子散射。随着研究的发展，传统的衍射仪已无法提供足够高能量的 X 射线，难以反映更深层次的液态结构。高能 X 射线光源具有光谱范围广、偏振性好，强度高等特征，结合悬浮技术，人们得以对高熔点、深过冷的液态金属结构进行原位观测，从而揭示亚稳液态金属结构及其凝固过程中的规律。中子束射向材料时，大部分中子穿过样品，小部分中子与原子核发生碰撞产生弹性、准弹性和非弹性 3 种散射。利用中子散射技术可以弥补高能 X 射线不能识别轻原子与同位素的不足，结合悬浮技术，3 种中子散射信息分别能反映出液态金属的微观尺度结构、原子扩散运动和原子能谱信息。尽管利用现有技术已经可以准确地测量液态金属的结构，但是获得的信息是空间和时间上的平均值，想要深入研究液态金属的结构与动力学，还需进一步开发时空分辨率更高的测定方法。

实验中得到的结构因子或者分布函数是三维结构在一维的统计平均，并不能反映液态金属精细的三维结构，然而液态金属中存在的短程、中程结构往往是高阶的，如何识别不同类型原子团簇是关键的科学问题，而在高温液态金属中原子团簇的随机聚散更增加了这一研究的难度。基于薛定谔方程、牛顿力学或随机分布的原子模拟方法，可以提供不同时刻原子位置的精确信息，成为研究液态金属短程、中程结构的重要手段，并提出了不同的思路来表征模拟过程中原子的结构信息，如共有近邻分析、多面体分析等。然而，目前并没有一种方法能全面准确地反映液态金属的高维结构，新的表征方法仍需人们深入探索。

（3）液态金属结构与性质的内在关系。

宏观性质是液态结构的集中表现，而微观结构则是宏观性质的本源，研究液态结构与性质的关系对于深入理解液态金属的性质变化、液-液相变、液-固相变等具有重要的意义。现有液态金属结构研究表明，原子的短程有序结构决定了宏观行为的演化，而中长程结构在液态金属动力学行为中扮演着重要的角色。尽管目前已经有关于液态金属结构与物理性质或液态金属动力学关系的研究，但是仍缺乏对液态结构、热力学性质、动力学性质三者耦合关系的有效精细描述，尤其是对于近邻原子分布和配位，短程、中程原子扩散与输运对不同性质的作用还处于初期探索阶段。系统地分析液态金属结构-热力学-动力学之间的关系，有助于深入理解微观结构作用于宏观性质的规律，进而建立液态金属微观结构与宏观性质的关系。

（4）液态金属结构与性质在液-固相变中的作用。

气体结构的特征是短程、长程均无序，晶体结构的特征是短程、长程均有序，液体是处于两者之间的状态，其结构的特征是短程有序、长程无序。从低温到高温，或者从低压到高压，液态都是固态和气态的桥梁，液态金属结构特征的研究可以将固、液、气三者联系起来，有助于深入理解它们之间的相互转换。

液态金属中的中程结构原子团簇与晶体结构的相似性将引起凝固过程中相选择的发生，研究液态金属结构在形核过程及在相选择过程中的作用有助于理解金属凝固机理，而探索凝固过程微观结构变化对于揭示凝固过程中原子扩散、配位、拓扑结构的基本规律具有重要意义，有助于揭示凝固过程中溶质的再分布、晶体与非晶或准晶形成的根源，对构建新的液-固相变理论具有重要的科学价值和工程指导意义。

综上所述，围绕液态金属性质与结构的研究已经为建立液态金属理论打下了坚实的基础，尽管研究难度很大，但是从促进金属材料制备和新型材料研发的最新进展来看，液态金属结构与性质研究展现出了巨大的生命力，其进一步的研究成果势必对金属材料的发展产生更大的推动作用。

索引